母线保护、电容器保护及自动装置调试及检验

主　编　王婷婷　吴晋媛
副主编　黄　栋　张振东

课程思政　活页式　新形态

课件　微课　校企合作

西南交通大学出版社
·成　都·

图书在版编目（C I P）数据

母线保护、电容器保护及自动装置调试及检验 / 王婷婷，吴晋媛主编. -- 成都 ：西南交通大学出版社，2022.12
ISBN 978-7-5643-9070-9

Ⅰ. ①母… Ⅱ. ①王… ②吴… Ⅲ. ①母线保护装置－自动装置－调试方法②母线保护装置－自动装置－检测③电容器－保护装置－自动装置－调试方法④电容器－保护装置－自动装置－检测 Ⅳ. ①TM774②TM53

中国版本图书馆 CIP 数据核字（2022）第 247179 号

Muxian Baohu，Dianrongqi Baohu ji Zidong Zhuangzhi Tiaoshi ji Jianyan
母线保护、电容器保护及自动装置调试及检验

主编 王婷婷 吴晋媛

策划编辑 李芳芳
责任编辑 李芳芳
封面设计 何东琳设计工作室

出版发行 西南交通大学出版社
（四川省成都市金牛区二环路北一段 111 号
西南交通大学创新大厦 21 楼）
邮政编码 610031
发行部电话 028-87600564 028-87600533
网址 http://www.xnjdcbs.com
印刷 四川玖艺呈现印刷有限公司

成品尺寸 185 mm × 260 mm
印张 13.5
字数 321 千
版次 2022 年 12 月第 1 版
印次 2022 年 12 月第 1 次
定价 59.00 元
书号 ISBN 978-7-5643-9070-9

课件咨询电话：028-81435775

前言
PREFACE

继电保护装置的调试、检验是继电保护专业人员的非常重要的一项基础工作，也是各电力专业毕业生需要掌握的一项专业技能。本系列教材精准对接教育部颁布的《高等职业学校电力系统继电保护与自动化专业教学标准》《国家电网公司技能人员岗位能力培训规范》，结合变电二次检修岗位能力要求，融合国家电网公司技能人员岗位能力培训规范、1+X 继电保护检修专业考核标准、职业技能鉴定中级工（继电保护员）考核标准等，以任务为驱动，引导学生学习该任务所涉及的继电保护原理等基础知识，通过每个实操任务练习达到技能要求，并注重思政目标的达成。

本系列教材共三册，本书为《母线保护、电容器保护及自动装置调试及检验》。

本书共三个单元：单元 1 为双母线保护装置调试及检验，单元 2 为电容器保护装置调试及检验，单元 3 为进线及分段（内桥）备自投装置调试及检验。每个单元按照工作任务流程由浅入深讲解，从装置认知到逻辑校验，全面培养学生动手实操能力，同时注重培养学生的安全意识和团队协作能力。为了方便教师进行教学评价，本书还配有统一的《学生自评表》和《团队互评表》，学习任务配套详细的《教师评价表（实操）》。

本书单元 1 由四川电力职业技术学院吴晋媛编写，单元 2 由四川电力职业技术学院黄栋、张振东编写，单元 3 由四川电力职业技术学院王婷婷编写。全书由吴晋媛统稿，王婷婷审稿。

由于水平有限，书中不妥与疏漏之处再所难免，恳请读者批评指正。

作 者

2022 年 3 月

目录
CONTENTS

单元 1　双母线保护装置调试及检验

母线是电力系统中重要的电力元件，一旦母线发生故障将导致较大面积的停电。母线保护是保证电网安全稳定运行的重要系统设备，它的安全性、可靠性、灵敏性和快速性对保证整个区域电网的安全具有决定性的意义。一次系统接线方式有很多种，常见有单母线接线、单母线分段接线、双母线接线、桥型接线等，对于 220 kV 电压等级的变电站，常采用双母线接线型式。双母线接线具有一定代表性，掌握双母线保护装置调试方法后，对单母线、单母线分段等型式的母线保护装置调试方法也能轻松掌握。

本单元为双母线保护装置调试及检验，共有 6 个项目、14 个任务。首先对双母线保护装置进行简单认知，然后依次讲解双母线保护装置配置的主要保护逻辑的调试方法，包括差动保护逻辑、断路器失灵保护逻辑、母联死区保护逻辑、母线失灵保护逻辑以及手合充电至死区保护逻辑。以任务为驱动，层层导入，培养学生资料查找、独立思考的能力。任务实施以小组配合形式完成，培养学生的团队协作能力。通过本单元内容的学习，让学生了解母线保护逻辑并掌握双母线保护装置调试的方法。

项目一　认知双母线保护装置

任务 1　双母线保护装置认知

一、学习情境描述

本任务为完成一面双母线保护屏的认知，请完成装置信息、硬件结构、端子结构、保护配置的认知。

二、学习目标

知识目标

掌握母线保护装置的相关基础知识。

能力目标

能正确完成对双母线保护装置各硬件结构的认知。

能正确完成对双母线保护装置端子结构的认知。

思政目标

培养学生的规程规范意识。

三、任务书

完成一面双母线保护屏装置信息、硬件结构、端子结构、保护配置的认知。

四、任务导入

引导问题 1：双母线保护装置的组成包括哪几个部分?

答案：

引导问题 2：查看母线保护装置显示面板上有哪些内容?

答案：

五、任务实施

1. 完成现场一次安全措施布置

相邻屏前后悬挂“运行设备”红布帘，工作屏前后悬挂“在此工作”标识牌。

2. 工器具、资料准备

装置图纸、装置说明书。

3. 任务记录卡准备

表 1-1-1　装置认知记录表

装置信息认知				
装置调度名称	装置型号	软件版本号	CRC 码	当前定值区
硬件结构认知				

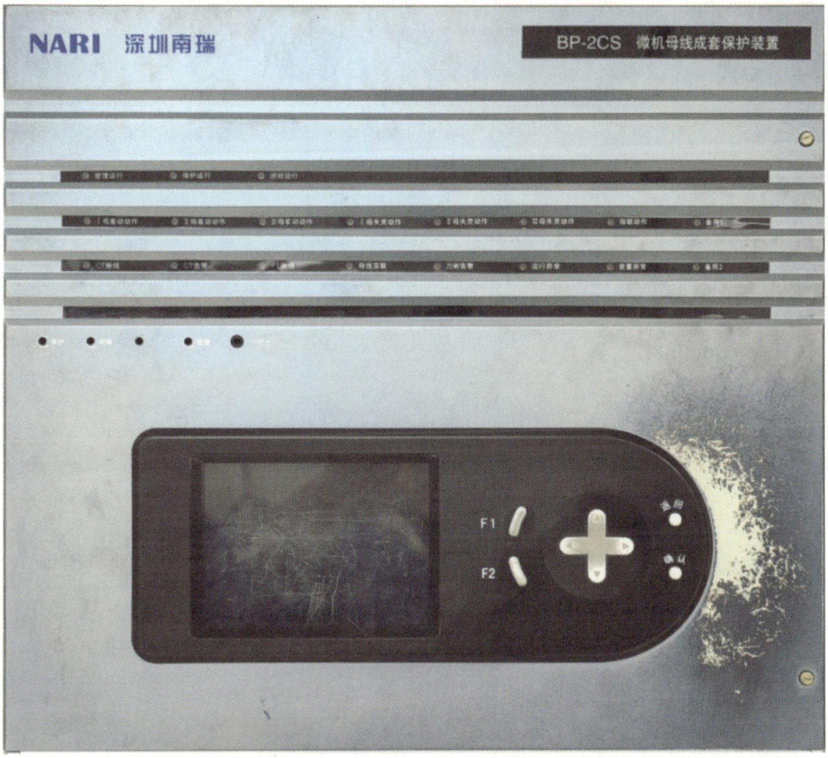

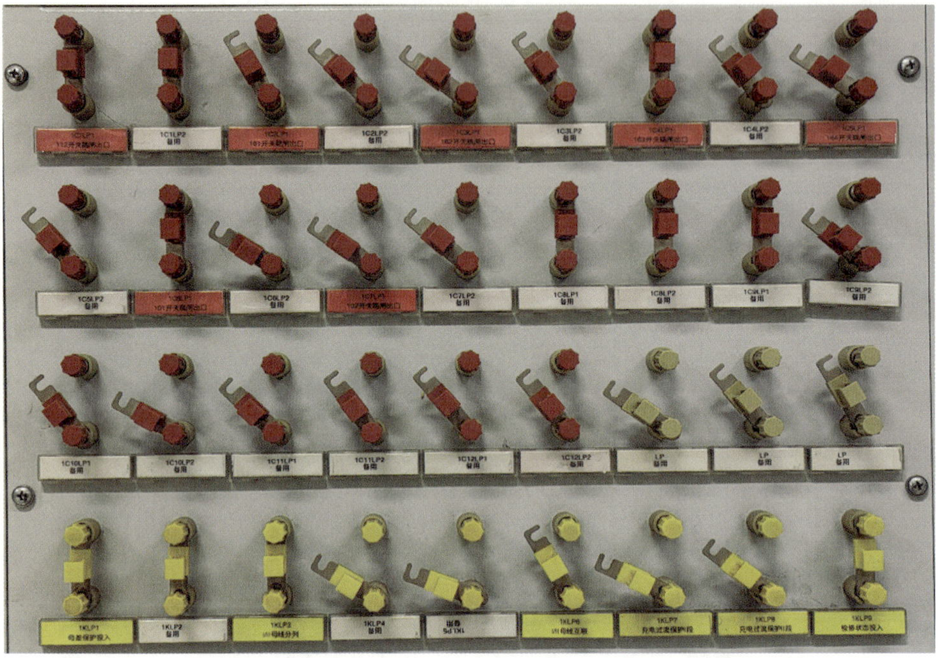

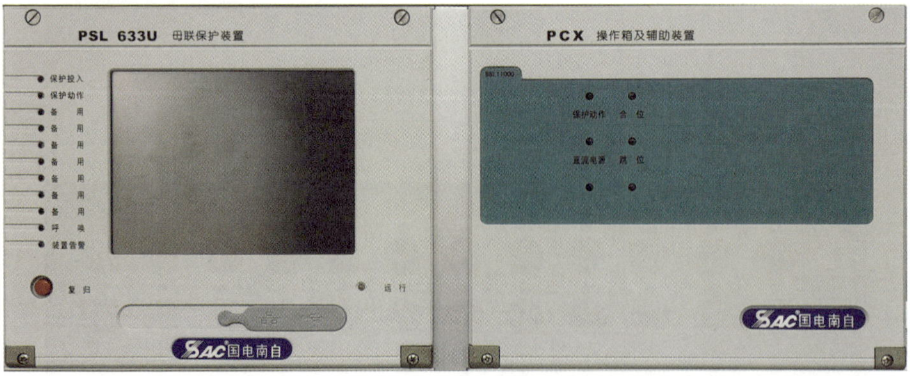
PSL 633U 母联保护装置
保护投入
保护动作
备　用
备　用
备　用
备　用
备　用
备　用
备　用
呼　唤
装置告警
复 归
运 行
PCX 操作箱及辅助装置
保护动作
合 位
直流电源
跳 位

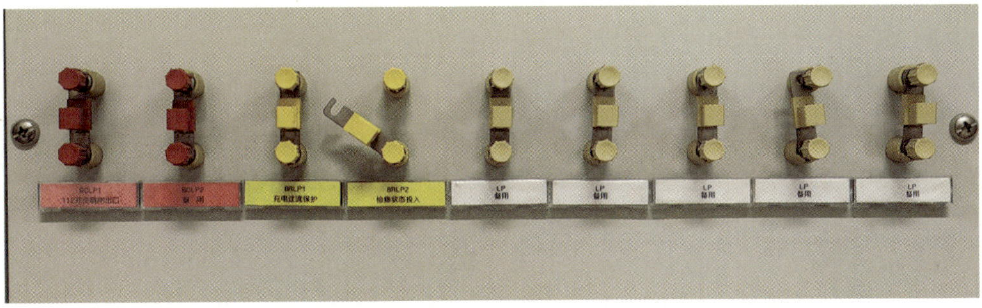

空开及端子排认知		
名称	编号	图片
交流空气开关		
直流空气开关		
电压端子		
电流端子		
开关量输入端子		
保护出口端子		
录波端子		
信号端子		

保护配置认知		
主保护	后备保护	其他保护

六、工作实施流程

（1）领取任务：按组分配屏位，每组一个屏位完成认知。

（2）工作前准备：

① 人员准备：指导教师为安全监护人，组长为工作负责人，其余人员为工作组成员。工作人员应清楚工作内容、安全措施，精神状态正常，无妨碍工作的病症。

② 危险点分析，安全预控措施：检查现场符合工作条件，分析本次工作危险点并做好相应预控措施，布置现场一次安全措施。

（3）工作人员穿着工作服。

（4）根据认知情况，填写保护装置认知报告单。

（5）归还图纸资料，对场地进行整理。

七、评价反馈

（1）学生自评，见附录 1《学生自评表》。

（2）团队互评，见附录 2《团队互评表》。

（3）教师评价，见表 1-1-2。

表 1-1-2　教师评价

序号	评价内容	小组互评	签名
1	是否按计划时间完成（15 分）		
2	完成上交情况（20 分）		
3	完成质量（25 分）		
4	语言表达能力（15 分）		
5	团队精神（15 分）		
6	创新点（10 分）		

八、相关知识点

知识点 1： 对于重要的 110 kV 及以上的变电站按照要求应当装设母线保护以保证快速切除母线故障，对于 220 kV 及以上变电站则要求配置双重化的母线保护。另对于母线故障要求有选择性切除故障及快速切除母线故障的变电站也可装设专用母线保护。对于低压母线当在母线发生故障时如无专用母线保护则只能靠变压器后备保护及相邻的其他保护切除母线故障。

知识点 2： 母线保护准化设计规范。

1. 220 kV 母线保护配置

220 kV 母线一般采用双母线接线，其保护功能一般包括母线差动保护，母联相关的保护（母联失灵保护、母联死区保护、母联过流保护、母联充电保护等），断路器失灵保护。220 kV 母线应当实现双重化，配置双套含失灵保护功能的母线保护，每套线路保护及变压器保护各启动一套失灵保护。

按照国网元件保护设计规范要求，母联（分段）充电过流保护单独组屏完成充电过流功能。充电过流保护应具有两段过流和一段零序过流功能。

2. 500 kV 母线保护配置

500 kV 母线往往采用 3/2 接线，相当于单母线接线，每段母线应配置两套母线保护，每套母线保护一般仅配置母线差动保护，断路器失灵保护置于断路器保护中，但应具有边断路器失灵经母线保护跳闸功能。3/2 接线的母线拒动的危害性很大，因此往往采取相关措施防止拒动。

知识点 3：母差保护类型。

母线保护一般采用差动原理构成，按照原理可分为完全电流母差保护、不完全电流母差保护及电流相位比较式母差保护。大多数母差保护采用完全电流母差保护，在中低压母差保护，当负荷支路很多时则可采用不完全电流母差保护，对于电流相位比较式母差保护则极少采用。

母差保护按差动回路中的电阻大小分类可分为低阻抗型、中阻抗型和高阻抗型母线差动保护。传统的母线差动保护及微机型母线保护大多是低阻抗型。接于差流回路的电流继电器阻抗很小，在内部短路时，电流互感器（1 A）的负担小，二次电压低，因而饱和度小、误差小，需要解决区外故障不平衡电流问题、饱和问题及非周期分量问题。高阻抗型母线差动保护由于易引起内部高压已不用。中阻抗型母线差动保护的差电流回路电阻介于高阻抗型和低阻抗型之间，其差动回路总电阻约有 200 Ω，因而也可大大减小外部短路时进入继电器的不平衡电流，并与制动回路相配合，可以保证保护动作的选择性。

目前应用广泛的微机型线保护均是低阻抗型母线保护，通过相关软件算法解决饱和及非周期分量等影响，是以后的发展趋势。中阻抗母线保护在国外应用较多，国内应用于超高压变电站较多，但由于其需要相关辅助变流器、整定复杂等原因现在已较少采用了。同时，分布式母线保护也开始逐渐应用。

九、拓展思考

（1）220 kV 母线保护配置的主保护有哪几种？后备保护有哪几种？其他保护有哪几种？

（2）查看两个不同厂家的母线保护装置，看看保护配置是否相同？

任务 2　220 kV 母线保护调试现场二次安全措施实施

一、学习情境描述

计划对一面 220 kV 母线保护装置进行定检，现场一次安全措施已布置完成，现需实施现场二次安全措施，确保电网、设备和人身安全。

二、学习目标

知识目标

掌握调试现场二次安全措施的内容。
掌握二次安全措施票的填写规范。

能力目标

能正确完成 220 kV 母线保护二次安全措施票的填写。
能规范完成 220 kV 母线保护二次安全措施的实施。

思政目标

培养学生安全意识和安全技能。

三、任务书

（1）填写二次安全措施票。
（2）实施现场二次安全措施。

四、任务导入

引导问题 1：根据电流回路图纸（见图 1-1-1），分析电流回路的危险点有哪些？

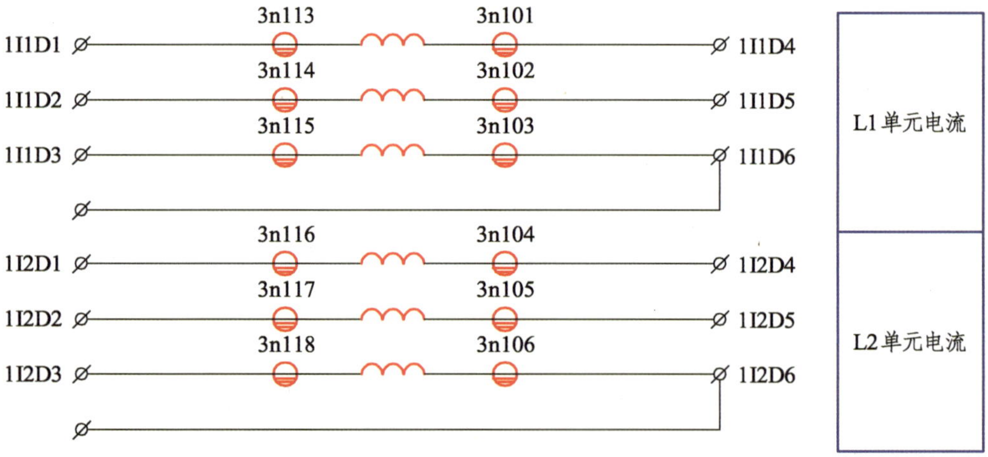

图 1-1-1　电流回路图

答案：

引导问题 2：根据电压回路图纸（见图 1-1-2），分析电压回路的危险点有哪些？

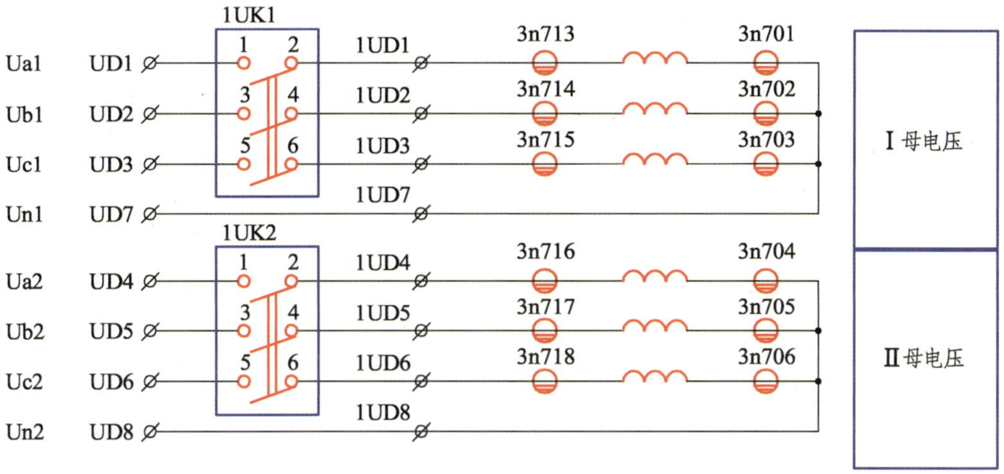

图 1-1-2　电压回路图

答案：

引导问题 3：根据出口回路图纸（见图 1-1-3），分析出口回路的危险点有哪些？

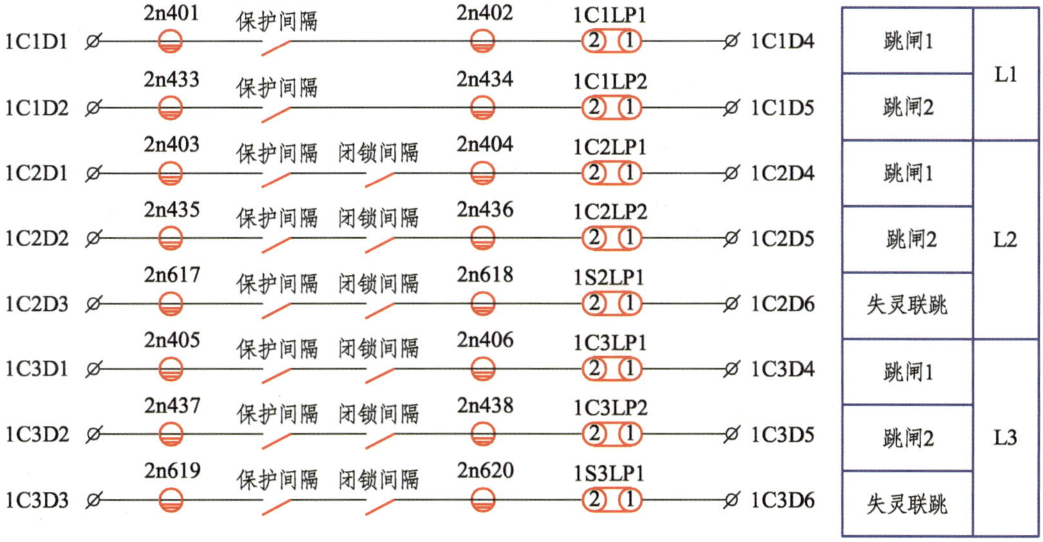

图 1-1-3　出口回路图

答案：

引导问题 4：根据录波回路图纸（见图 1-1-4），分析其他回路（录波、信号）的危险点有哪些?

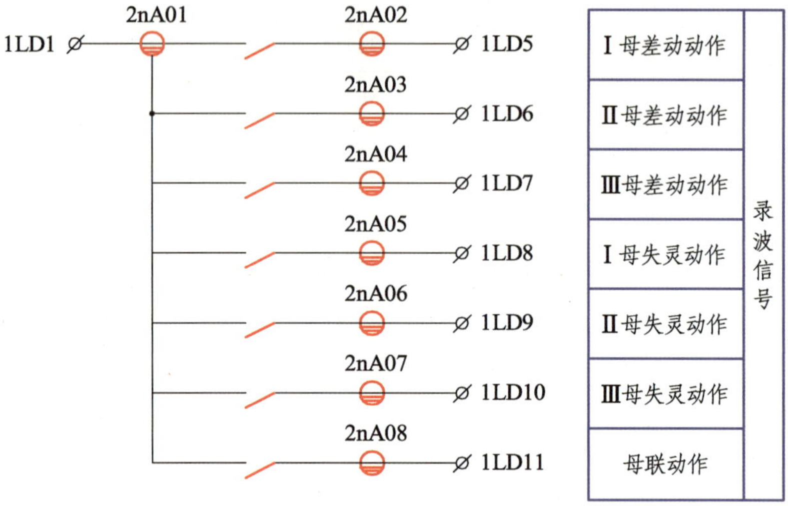

图 1-1-4　录波信号回路图

答案：

引导问题 5：根据外部开入回路图纸（见图 1-1-5），分析此回路的危险点有哪些?

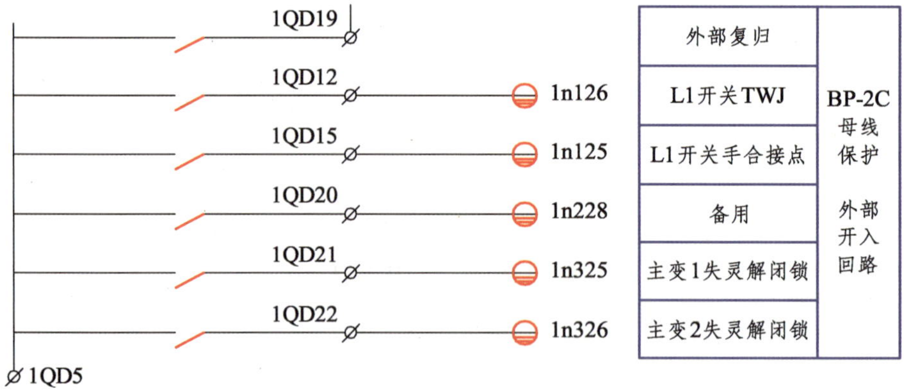

图 1-1-5　开入回路图

答案：

五、任务实施

1. 完成现场一次安全措施布置

相邻屏前后悬挂“运行设备”红布帘，工作屏前后悬挂“在此工作”标识牌。

2. 工器具、资料准备

万用表、一字螺丝刀、绝缘胶布、装置图纸、装置说明书。

3. 二次安全措施票准备

表 1-1-3　二次安全措施票

单位：　　　　　　　　　　　　　　　　　　　　　　　　编号：

<table>
<tr><td colspan="2">被试设备名称</td><td colspan="5"></td></tr>
<tr><td>工作负责人</td><td></td><td>工作时间</td><td>月　日</td><td>签发人</td><td colspan="2"></td></tr>
<tr><td colspan="7">工作内容：</td></tr>
<tr><td colspan="7">安全措施：包括应打开及恢复连接片、直流线、交流线、信号线、联锁线和联锁开关等，按工作顺序填写安全措施</td></tr>
<tr><td>序号</td><td>执行</td><td colspan="4">安全措施内容</td><td>恢复</td></tr>
<tr><td></td><td></td><td colspan="4"></td><td></td></tr>
<tr><td></td><td></td><td colspan="4"></td><td></td></tr>
<tr><td></td><td></td><td colspan="4"></td><td></td></tr>
<tr><td></td><td></td><td colspan="4"></td><td></td></tr>
<tr><td></td><td></td><td colspan="4"></td><td></td></tr>
<tr><td></td><td></td><td colspan="4"></td><td></td></tr>
<tr><td></td><td></td><td colspan="4"></td><td></td></tr>
</table>

六、工作实施流程

（1）领取任务：按组分配屏位，每组一个屏位完成任务。

（2）工作前准备：

① 人员准备：指导教师为安全监护人，组长为工作负责人，其余人员为工作组成员，工作人员应清楚工作内容、安全措施，精神状态正常，无妨碍工作的病症。

② 危险点分析，安全预控措施：检查现场符合工作条件，分析本次工作危险点并做好相应预控措施，布置现场一次安全措施。

（3）工作人员穿着工作服。

（4）根据认知情况，填写二次安全措施票。

（5）指导老师对二次安全措施票完成情况进行评价。

（6）教师演示规范实施现场二次安全措施。

（7）分组练习。

（8）指导老师点评实施情况。
（9）清理现场。

七、评价反馈

（1）学生自评，见附录 1《学生自评表》。
（2）团队互评，见附录 2《团队互评表》。
（3）教师评价，见表 1-1-4。

表 1-1-4 教师评价

序号	作业名称	质量标准	分值	扣分标准	扣分	得分
一、准备工作						
1	着装穿戴	安全帽、工作服、绝缘鞋穿戴正确	3	1. 未穿戴安全帽、工作服、工作鞋，扣 1 分； 2. 着装穿戴不规范，每处扣 1 分		
2	工器具检查	检查工器具齐全，符合使用要求	3	工器具选择不正确、未检查，每个扣 1 分		
3	工作票办理	按照规范办理工作票（口述）	4	1. 未办理工作票，扣 1 分； 2. 未到现场检查安全措施，扣 1 分		
二、工作过程						
1	记录压板位置	正确记录压板状态	8	1. 每漏一项扣 2 分； 2. 操作错误，一处扣 2 分		
2	记录空开状态	正确记录空开状态	8	1. 每漏一项扣 2 分； 2. 操作错误，一处扣 2 分		
3	退出出口压板	正确退出出口压板	8	1. 漏退一个扣 2 分； 2. 操作错误，一个扣 2 分		
4	断开出口回路	正确断开出口回路	8	1. 漏退一个扣 2 分； 2. 操作错误，一个扣 2 分		
5	断开电压回路	正确拉开交流空开；正确断开电压回路，未造成电压回路短路	10	1. 漏退一个扣 2 分； 2. 操作错误，一个扣 2 分； 3. 造成电压回路短路，该项不得分		
6	断开电流回路	正确断开电流回路，未造成电流回路开路	10	1. 漏退一个扣 2 分； 2. 操作错误，一个扣 2 分； 3. 造成电流回路开路，该项不得分		
7	断开其他回路	正确断开其他回路	10	1. 漏退一个扣 2 分； 2. 操作错误，一个扣 2 分		
8	填写二次安全措施票	正确填写二次安全措施票	20	每漏填一项或记录错误，扣 1 分		
三、工作终结						
1	工作票终结	办理工作票终结（口述）	8	未办理工作票终结，扣 1 分		
合计			100			
考评员栏		成绩：		考评老师：		

八、相关知识点

知识点：应测量相关压板电位消失来确认回路确已断开。对于断开电压或短接电流必须检查装置采样值消失。恢复安全措施时也应进行上述检查确认回路恢复正确。

九、拓展思考

在实施二次安措时，除了退出保护出口压板外，是否需要解开跳闸回路的电缆？为什么？

项目 2　母线差动保护逻辑检验

任务 1　差动保护启动值定值检验

一、学习情境描述

计划对一面 220 kV 母线保护装置进行定检，现场安全措施已布置完成，现需对其差动保护启动值定值进行检验。相关保护定值如表 1-2-1 所示。

表 1-2-1　差动保护启动值定值检验相关定值

定值分类	定值名称	单位	整定值
母线保护定值	差动保护启动电流定值	A	0.3
	TA 断线告警定值	A	5
	TA 断线闭锁定值	A	6
	母联分段失灵电流定值	A	1
	母联分段失灵时间	s	0.25
失灵保护定值	低电压闭锁定值	V	45
	零序电压闭锁定值	V	6
	负序电压闭锁定值	V	4
	三相失灵相电流定值	A	0.5
	失灵零序电流定值	A	0.5
	失灵负序电流定值	A	0.5
	失灵保护 1 时限	s	0.25
	失灵保护 2 时限	s	0.4

TA 参数设置：

（1）将所有支路 TA 一次值全部设置为 1 200 A。

（2）将所有支路 TA 二次值全部设置为 5 A。

（3）将“基准 TA 一次值”设置为 1 200 A。

（4）将“基准 TA 二次值”设置为 5 A。

二、学习目标

知识目标

能准确分析母线差动保护的动作原理。

能力目标

能正确完成母线差动保护差动电流的计算。

能正确完成母线差动保护启动电流定值的检验。

思政目标

培养团队协作精神。

三、任务书

完成 220 kV 母线保护装置定检中，差动保护启动电流定值的检验。

四、任务导入

引导问题 1：母线差动保护的启动元件由“和电流突变量”和“差电流越限”两个判据组成，此处“和电流”与“差电流”分别指什么？

答案：

引导问题 2：查阅母线微机保护装置技术说明书，写出差动保护启动元件返回判据。

答案：

五、任务实施

（1）完成现场安全措施布置。

（2）工器具、资料准备：

微机型继电保护测试仪、计算器、万用表、一字螺丝刀、绝缘胶布、装置图纸、装置说明书。

（3）试验记录单。

表 1-2-2　差动保护启动值定值检验记录单

保护名称	定值	故障相别	0.95 倍动作报文	1.05 倍动作报文	1.2 倍动作报文

六、工作实施流程

（1）领取任务：按组分配屏位，每组一个屏位完成任务。

（2）工作前准备：

① 人员准备：指导教师为安全监护人，组长为工作负责人，其余人员为工作组成员，工作人员应清楚工作内容、安全措施，精神状态正常，无妨碍工作的病症。

② 危险点分析，安全预控措施：检查现场符合工作条件，分析本次工作危险点并做好相应预控措施。

（3）工作人员穿着工作服。

（4）装置设置。

① 硬压板设置：

a. 投入“1KLP9 检修状态投入”硬压板。

b. 投入“1KLP1 母差保护投入”硬压板。

c. 投入“1C2LP2 161 开关跳闸出口备用”硬压板。

d. 确认其余硬压板均在退出位置。

② 各支路刀闸位置及母联开关位置设置：

将支路 2 和支路 3 对应的 Ⅰ 母刀闸位置旋钮打至“强制通”位置，其余刀闸位置旋钮打至“自适应”位置。

③ 软压板设置：

a. 将“差动保护”软压板设置为 1。

b. 其余软压板均设置为 0。

④ 保护控制字设置：

a. 将“差动保护”控制字设置为 1。

b. 其余保护控制字均设置为 0。

（5）试验接线，如图 1-2-1 所示。

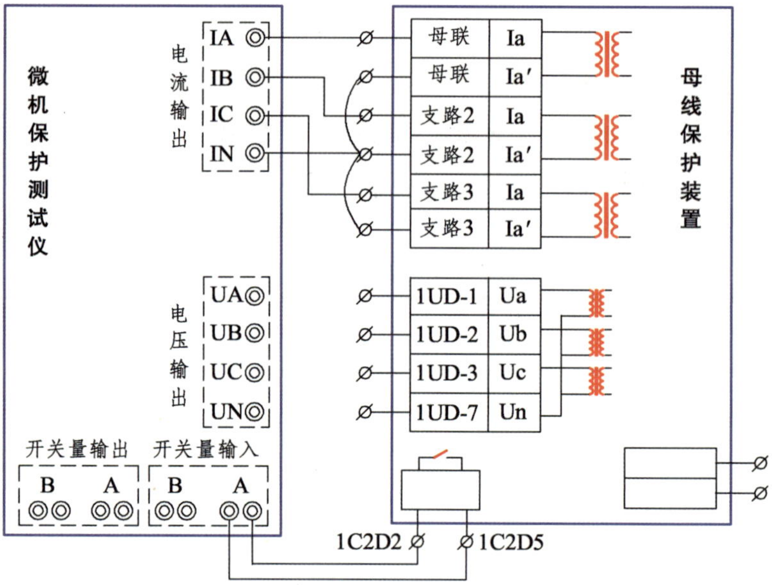

图 1-2-1　试验接线示意图

（6）试验数值计算（假设故障相别为 A 相）。

① 差流为 1.05 倍“差动保护启动电流定值”时，保护应可靠动作，测试仪输入电流计算：

$$I_{\mathrm{d}}=1.05\times I_{\mathrm{cdqd}}=1.05\times 0.3=0.315\ (\mathrm{A})$$

② 差流为 0.95 倍“差动保护启动电流定值”时，保护应可靠不动作，测试仪输入电流计算：

$$I_{\mathrm{d}}=0.95\times I_{\mathrm{cdqd}}=0.95\times 0.3=0.285\ (\mathrm{A})$$

③ 差流为 1.2 倍“差动保护启动电流定值”时，保护应可靠动作，此时测量保护动作时间，测试仪输入电流计算：

$$I_{\mathrm{d}}=1.2\times I_{\mathrm{cdqd}}=1.2\times 0.3=0.36\ (\mathrm{A})$$

（7）逻辑检验。

① 1.05 倍定值时，保护可靠动作。

状态一（故障前状态）设置，如图 1-2-2、图 1-2-3 所示。

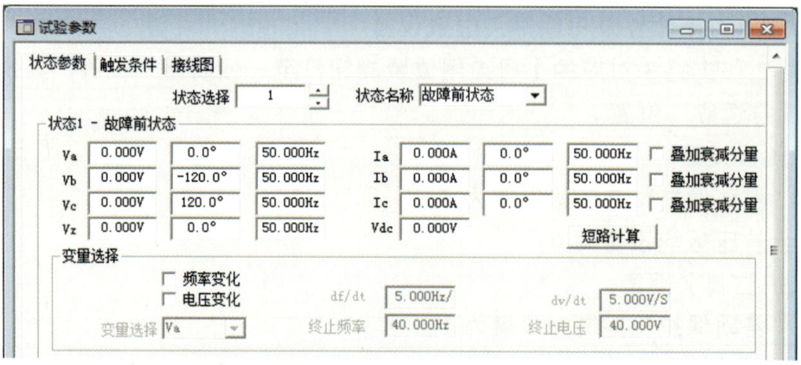

图 1-2-2　状态一状态参数设置示意图（1.05 倍定值时）

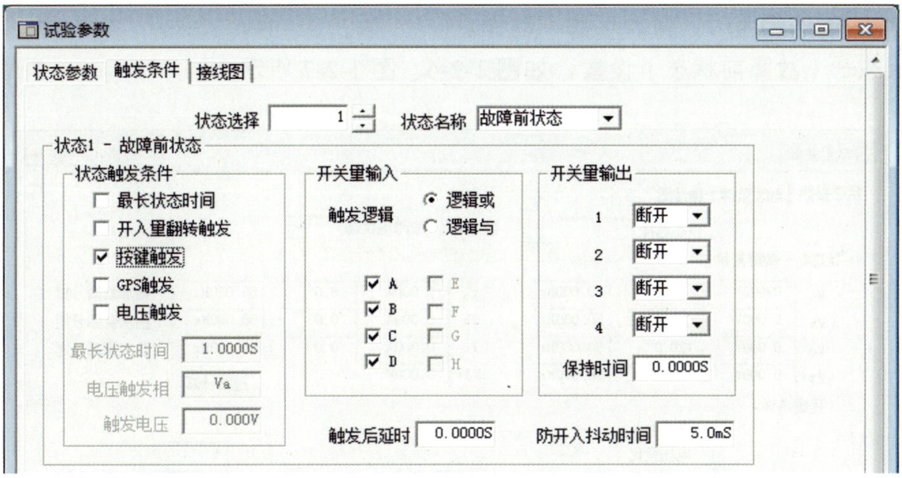

图 1-2-3　状态一触发条件设置示意图（1.05 倍定值时）

状态二（故障状态）设置，如图 1-2-4、图 1-2-5 所示。

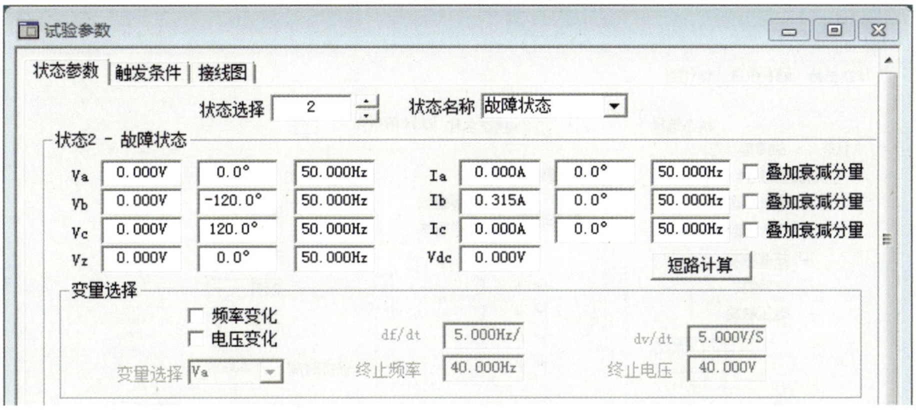

图 1-2-4　状态二状态参数设置示意图（1.05 倍定值时）

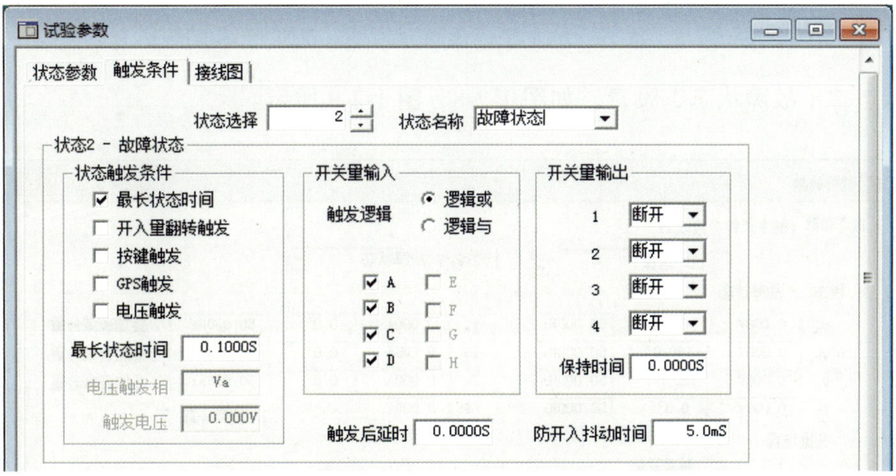

图 1-2-5　状态二触发条件设置示意图（1.05 倍定值时）

试验参数设置完成后开始试验：先进入“故障前状态”（状态一），再按键进入“故障状态”（状态二）。此时“Ⅰ母差动动作”指示灯点亮，试验结果正确。

② 0.95 倍定值时，保护可靠不动作。

状态一（故障前状态）设置，如图 1-2-6、图 1-2-7 所示。

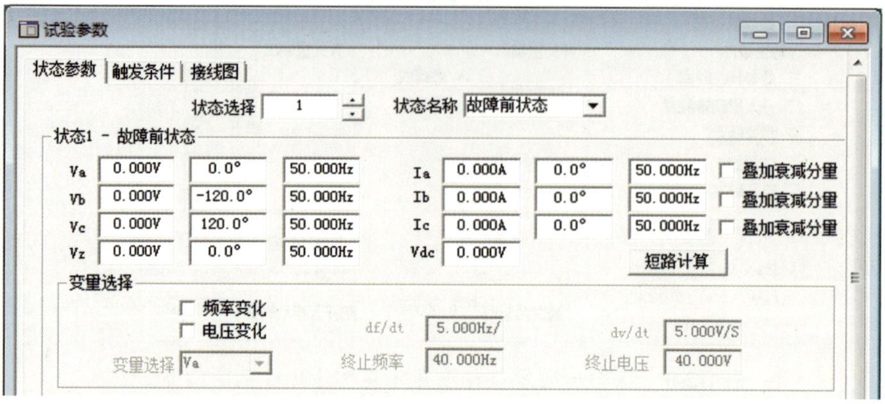

图 1-2-6　状态一状态参数设置示意图（0.95 倍定值时）

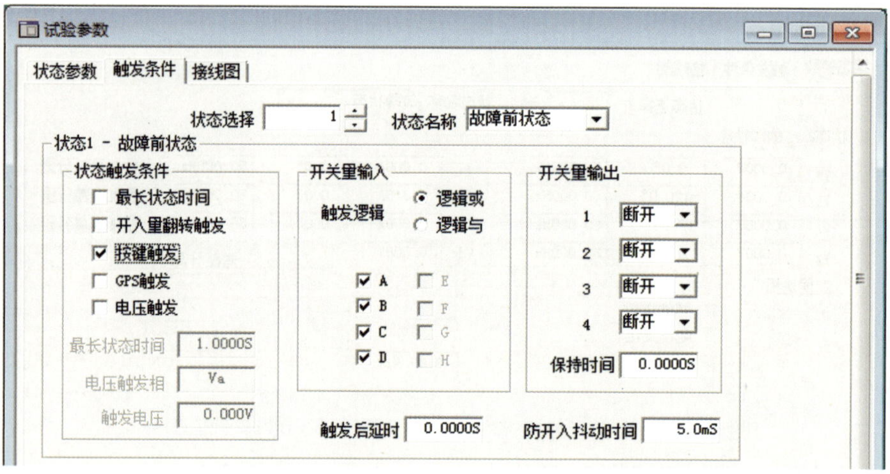

图 1-2-7　状态一触发条件设置示意图（0.95 倍定值时）

状态二（故障状态）设置，如图 1-2-8、图 1-2-9 所示。

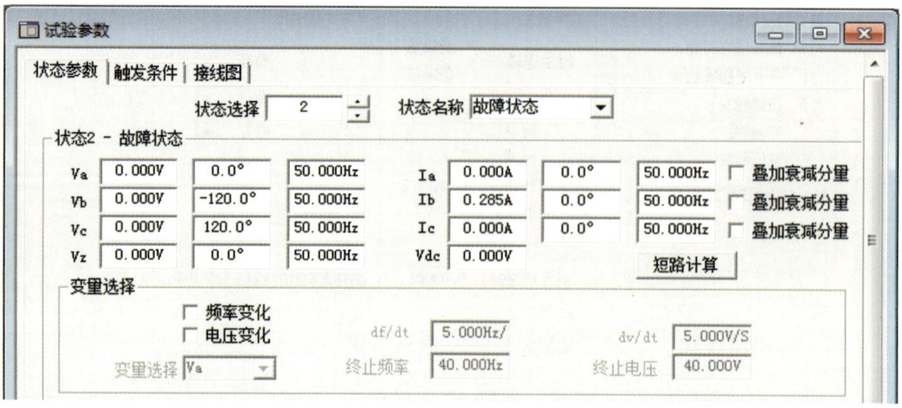

图 1-2-8　状态二状态参数设置示意图（0.95 倍定值时）

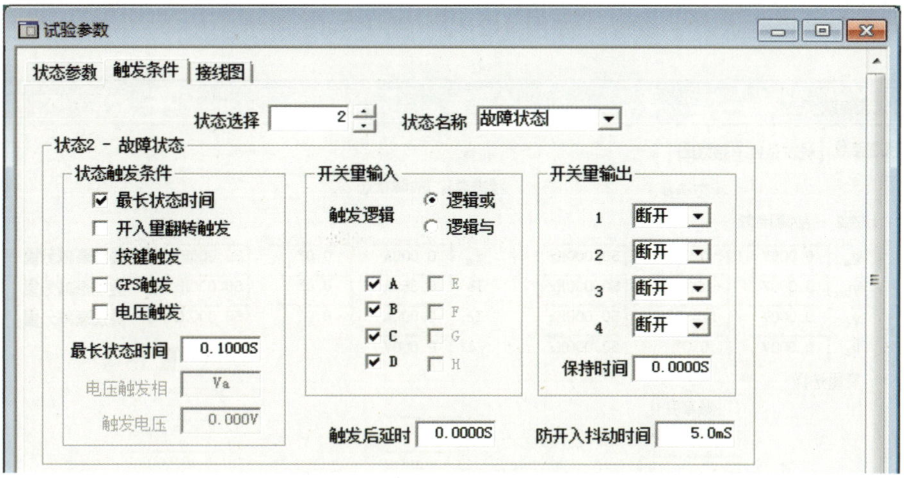

图 1-2-9　状态二触发条件设置示意图（0.95 倍定值时）

试验参数设置完成后开始试验：先进入“故障前状态”（状态一），再进入“故障状态”（状态二）。此时保护不动作，试验结果正确。

③ 1.2 倍定值时，测试保护动作时间。

状态一（故障前状态）设置，如图 1-2-10、图 1-2-11 所示。

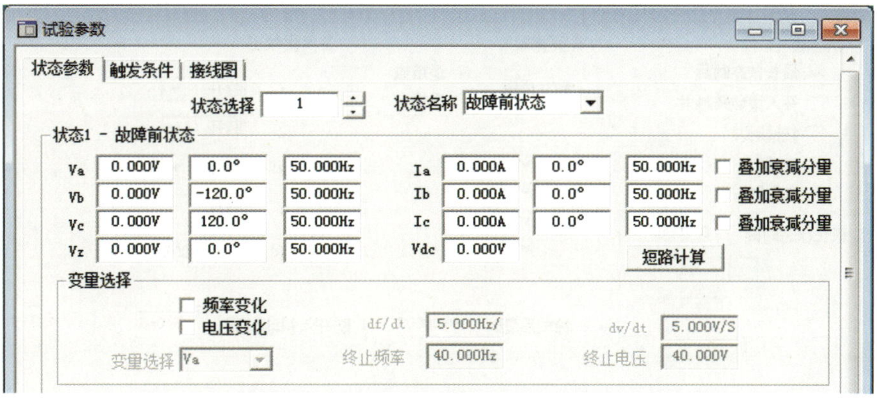

图 1-2-10　状态一状态参数设置示意图（1.2 倍定值时）

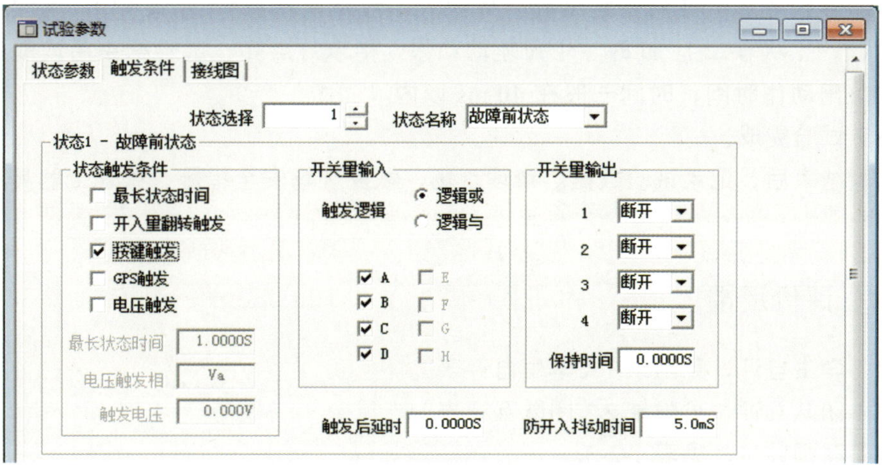

图 1-2-11　状态一触发条件设置示意图（1.2 倍定值时）

状态二（故障状态）设置，如图 1-2-12、图 1-2-13 所示。

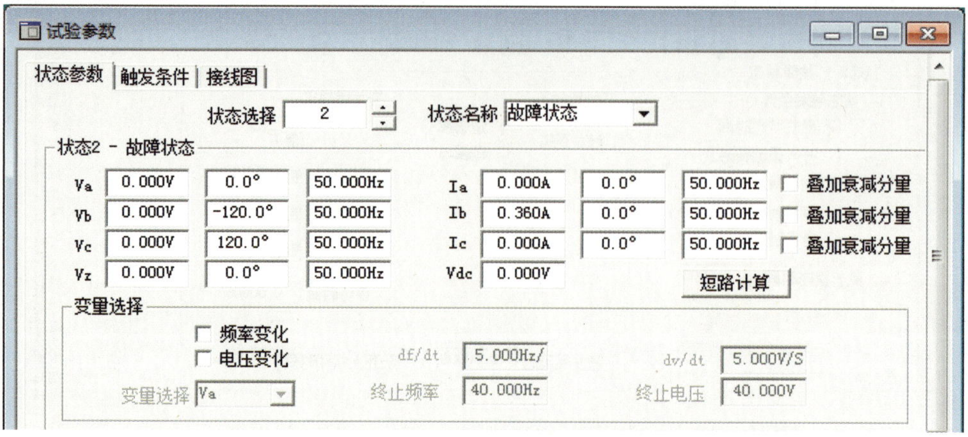

图 1-2-12　状态二状态参数设置示意图（1.2 倍定值时）

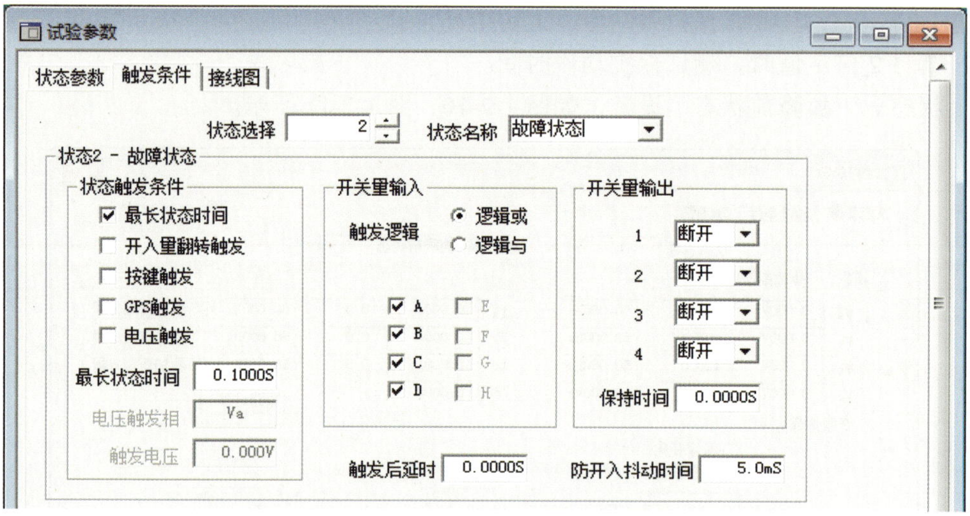

图 1-2-13　状态二触发条件设置示意图（1.2 倍定值时）

试验参数设置完成后开始试验：先进入“故障前状态”（状态一），再按键进入“故障状态”（状态二）。此时“Ⅰ母差动动作”指示灯点亮，试验结束后读取测试仪返回的跳闸动作时间，时间一般在 40 ms 以内。

（8）试验完成。

试验结束后，记录试验数据。清理现场，恢复现场安全措施，整理工器具和仪器仪表。

七、评价反馈

（1）学生自评，见附录 1《学生自评表》。

（2）团队互评，见附录 2《团队互评表》。

（3）教师评价，见表 1-2-3。

表 1-2-3　教师评价表

序号	作业名称	质量标准	分值	扣分标准	扣分	得分
一、准备工作						
1	着装穿戴	安全帽、工作服、绝缘鞋穿戴正确	5	1. 未穿戴安全帽、工作服、工作鞋，扣 5 分； 2. 着装穿戴不规范，每处扣 1 分		
2	工器具检查	检查工器具齐全，符合使用要求	5	工器具选择不正确、未检查，每个扣 1 分		
3	工作票办理	按照规范办理工作票（口述）	5	1. 未办理工作票，扣 3 分； 2. 未到现场检查安全措施，扣 2 分		
二、工作过程						
1	装置设置	1. 投入“投检修状态”硬压板； 2. 投入“差动保护投入”硬压板； 3. 投入差动保护软压板； 4. 投入差动保护控制字； 5. 设置各支路刀闸位置及母联开关位置	12	1. 每漏一项扣 2 分； 2. 操作错误，一处扣 2 分		
2	试验接线	1. 测试仪接地； 2. 测试仪电流、电压接线； 3. 测试仪开入量、开出量接线	8	1. 测试仪未接地，扣 1 分； 2. 测试仪电流、电压接线不正确，每处扣 1 分； 3. 测试仪开入量、开出量接线不正确，每处扣 2 分		
3	装置检查	1. 交流电流与交流电压零漂检查； 2. 交流电流与交流电压幅值、相位检查； 3. 开入量检查； 4. 检查指示灯、装置有无异常，通道有无告警	10	1. 漏检查项目，每项扣 3 分； 2. 操作错误，一个扣 2 分		
4	母线差动保护启动值定值检验	1. 选任一母线上的一条支路，在这条支路 A 相加入电流，使差流为 1.05 倍差动保护启动电流定值，母线差动保护应可靠动作； 2. 选任一母线上的一条支路，在这条支路 A 相加入电流，使差流为 0.95 倍差动保护启动电流定值，母线差动保护应可靠不动作； 3. 选任一母线上的一条支路，在这条支路 A 相加入电流，使差流为 1.2 倍差动保护启动电流定值，母线差动保护应可靠动作，测量保护动作时间	30	1. 计算错误一处扣 2 分； 2. 故障量输入错误一处扣 2 分； 3. 动作情况记录错误一处扣 2 分		

续表

序号	作业名称	质量标准	分值	扣分标准	扣分	得分
二、工作过程						
5	二次措施及现场恢复	1. 二次安措恢复至试验前状态； 2. 试验接线恢复	10	1. 二次安措未恢复至试验前状态，扣4分； 2. 未拆除试验接线，扣6分		
6	试验报告	1. 记录装置型号、软件版本及校验码； 2. 记录试验项目及数据； 3. 记录测试仪型号； 4. 试验结论	10	1. 未记录装置型号、软件版本及校验码，每项扣2分； 2. 未记录试验项目及数据，扣3分； 3. 未记录测试仪型号，扣1分； 4. 未写试验结论，扣1分		
三、工作终结						
1	工作票终结	办理工作票终结（口述）	5	未办理工作票终结，扣5分		
合计			100			
考评员栏		成绩：		考评老师：		

八、相关知识点

知识点1： 母线差动保护差动元件。

母线差动保护的主要元件是差动继电器，其基本原理是差动原理。

母线正常运行时：$\left|\sum_{j=1}^{m}\dot{I}_j\right|=0$

母线发生故障时：$\left|\sum_{j=1}^{m}\dot{I}_j\right|\geqslant I_{OP}$

对采用完全电流母线差动保护来讲，将连接到母线上的所有支路的电流相量和的绝对值 I_{cd} 作为动作判据。理论上正常运行及区外故障时 I_{cd} 等于 0，内部故障时 I_{cd} 增大，差动继电器动作。实际构成时，为防止区外故障时由于 CT 的各种误差及饱和等原因造成的不平衡电流增大使差动继电器误动，采用各种带制动特性的差动继电器。常见的母线差动元件有常规比率母差元件、工频变化量比率差动元件、复式比率差动元件等。这些差动元件的差动电流均相同，制动电流选取有差异，因而在区外故障及区内故障时制动能力和动作灵敏度均有差异，但作用都是在区外故障时让动作电流随制动电流增大而增大使之能躲过区外短路产生的不平衡电流，而在区内故障时则希望差动继电器有足够的灵敏度。

对于母线分段等形式的母线保护，为了能有选择性的仅切除故障母线，采用多个差动元件来满足要求，即设置一个大差动元件和每段母线的小差动元件。大差动元件将所有母线的支路的电流（不包括分段或母联）加入差动继电器，即将所有母线作为一个整体来保护，其作用是区分是否在母线上发生故障，各段母线的小差动元件则仅将该段所有支路电流（包括与该段相联的分段及母联）接入，即仅将该段作为保护对象，用于区分是否在该段母线上发生故障，当在该段母线发生故障时，大差动和该段差动同时动作时仅将该段母线切除。

在差动回路中应注意 CT 极性的问题，一般各支路 CT 极性为母线侧；母联支路 CT 极性可在 I 母侧或Ⅱ母侧。

知识点 2：常规比率差动元件。

常规比率差动元件的制动电流为所有支路电流相量的绝对值相加，其动作判据如下：

$$\left|\sum_{j=1}^{m} I_j\right| > I_{\mathrm{cdzd}}$$

$$\left|\sum_{j=1}^{m} I_j\right| > K\sum_{j=1}^{m}\left|I_j\right|$$

其中，K 为比率制动系数；I_j 为第 j 条支路的电流；I_{cdzd} 为差动电流启动定值。

九、拓展思考

（1）如果 CT 极性不满足装置的规定会有什么后果？

（2）大差动元件和小差动元件的作用分别是什么？

任务 2　差动保护复压元件定值检验

2.　学习情境描述

计划对一面 220 kV 母线保护装置进行定检，现场安全措施已布置完成，现需对其差动保护复压元件定值进行检验。相关保护定值如表 1-2-4 所示。

表 1-2-4　保护装置定值设置

定值分类	定值名称	单位	整定值
母线保护定值	差动保护启动电流定值	A	0.3
	TA 断线告警定值	A	5
	TA 断线闭锁定值	A	6
	母联分段失灵电流定值	A	1
	母联分段失灵时间	s	0.25
失灵保护定值	低电压闭锁定值	V	45
	零序电压闭锁定值	V	6
	负序电压闭锁定值	V	4

续表

定值分类	定值名称	单位	整定值
失灵保护定值	三相失灵相电流定值	A	0.5
	失灵零序电流定值	A	0.5
	失灵负序电流定值	A	0.5
	失灵保护 1 时限	s	0.25
	失灵保护 2 时限	s	0.4

TA 参数设置：

（1）将所有支路 TA 一次值全部设置为 1 200 A。

（2）将所有支路 TA 二次值全部设置为 5 A。

（3）将“基准 TA 一次值”设置为 1 200 A。

（4）将“基准 TA 二次值”设置为 5 A。

二、学习目标

知识目标

掌握母线保护电压闭锁元件的动作表达式。

掌握零序电压计算方法。

掌握负序电压计算方法。

能力目标

能正确完成电压闭锁元件中相电压、零序电压、负序电压的计算。

能正确完成母线差动保护复压元件定值的检验。

思政目标

培养团队协作精神。

三、任务书

完成 220 kV 母线保护装置定检中，差动保护复压元件定值的检验。

四、任务导入

引导问题 1：查阅母线微机保护装置技术说明书，写出电压闭锁元件的动作表达式。

答案：

引导问题 2：哪些保护要经复合电压闭锁？这些保护的电压判据是否共用？

答案：

五、任务实施

（1）完成现场安全措施布置。

（2）工器具、资料准备：

微机型继电保护测试仪、计算器、万用表、一字螺丝刀、绝缘胶布、装置图纸、装置说明书。

（3）试验记录单。

表 1-2-5　差动保护复压元件定值检验记录单

保护名称	定值	故障相别	0.95 倍动作报文	1.05 倍动作报文
复压元件——低电压				
复压元件——零序电压				
复压元件——负序电压				

六、工作实施流程

（1）领取任务：按组分配屏位，每组一个屏位完成任务。

（2）工作前准备：

① 人员准备：指导教师为安全监护人，组长为工作负责人，其余人员为工作组成员，工作人员应清楚工作内容、安全措施，精神状态正常，无妨碍工作的病症。

② 危险点分析，安全预控措施：检查现场符合工作条件，分析本次工作危险点并做好相应预控措施。

（3）工作人员穿着工作服。

（4）装置设置。

① 硬压板设置：

a. 投入“1KLP9 检修状态投入”硬压板。

b. 投入“1KLP1 母差保护投入”硬压板。

c. 确认其余硬压板均在退出位置。

② 各支路刀闸位置及母联开关位置设置：

模拟 0261 开关挂在Ⅰ母上，0262 开关挂在Ⅱ母上，即将支路 2（0261 开关）对应的Ⅰ母刀闸位置旋钮和支路3（0262开关）对应的Ⅱ母刀闸位置旋钮打至“强制通”位置，其余刀闸位置旋钮打至“自适应”位置，母联在合位。

③ 软压板设置：

a. 将“差动保护”软压板设置为1。

b. 其余软压板均设置为0。

④ 保护控制字设置：

a. 将“差动保护”控制字设置为1。

b. 其余保护控制字均设置为0。

（5）试验接线，如图1-2-14所示。

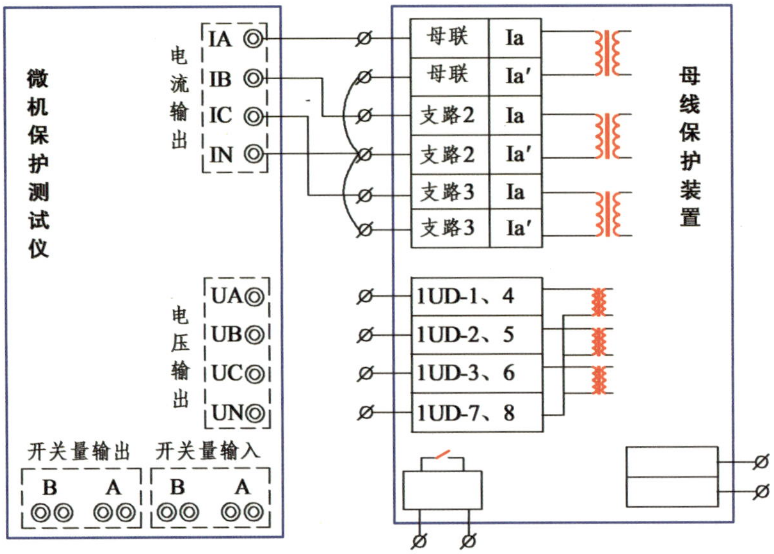

图1-2-14　试验接线示意图

（6）试验数值计算。

① 1.05倍“低电压闭锁定值”时，测试仪输入电压计算：

$$U_{\phi}=1.05\times U_{\text{set}}=1.05\times 45=47.25\ (\text{V})$$

式中，U_{ϕ}指相电压，ϕ为A或B或C。

② 0.95倍“低电压闭锁定值”时，测试仪输入电压计算：

$$U_{\phi}=0.95\times U_{\text{set}}=0.95\times 45=42.75\ (\text{V})$$

式中，U_{ϕ}指相电压，ϕ为A或B或C。

③ 1.05倍“零序电压闭锁定值”时，测试仪输入电压计算：

$$\dot{U}_{\text{A}}+\dot{U}_{\text{B}}+\dot{U}_{\text{C}}=1.05\times 3\dot{U}_{0\text{set}}=1.05\times 6=6.3\ (\text{V})$$

$$\dot{U}_{\text{B}}=57.7\angle -120°\text{；}\quad \dot{U}_{\text{C}}=57.7\angle 120°$$

得

$$\dot{U}_{\text{A}}=51.4\angle 0°$$

④ 0.95 倍“零序电压闭锁定值”时，测试仪输入电压计算：

$$\dot{U}_{\rm A}+\dot{U}_{\rm B}+\dot{U}_{\rm C}=0.95\times3\dot{U}_{\rm 0set}=0.95\times6=5.7\ ({\rm V})$$

$$\dot{U}_{\rm B}=57.7\angle-120^\circ;\quad \dot{U}_{\rm C}=57.7\angle120^\circ$$

得

$$\dot{U}_{\rm A}=52\angle0^\circ$$

⑤ 1.05 倍“负序电压闭锁定值”时，测试仪输入电压计算：

$$\dot{U}_{\rm A}+\dot{U}_{\rm B}+\dot{U}_{\rm C}=1.05\times3\dot{U}_{\rm 2set}=1.05\times3\times4=12.6\ ({\rm V})$$

$$\dot{U}_{\rm B}=57.7\angle-120^\circ;\quad \dot{U}_{\rm C}=57.7\angle120^\circ$$

得

$$\dot{U}_{\rm A}=45.1\angle0^\circ$$

⑥ 0.95 倍“负序电压闭锁定值”时，测试仪输入电压计算：

$$\dot{U}_{\rm A}+\dot{U}_{\rm B}+\dot{U}_{\rm C}=0.95\times3\dot{U}_{\rm 2set}=0.95\times3\times4=11.4\ ({\rm V})$$

$$\dot{U}_{\rm B}=57.7\angle-120^\circ;\quad \dot{U}_{\rm C}=57.7\angle120^\circ$$

得

$$\dot{U}_{\rm A}=46.3\angle0^\circ$$

（7）逻辑检验。

① 低电压闭锁定值检验。

状态一（故障前状态）设置，如图 1-2-15、图 1-2-16 所示。

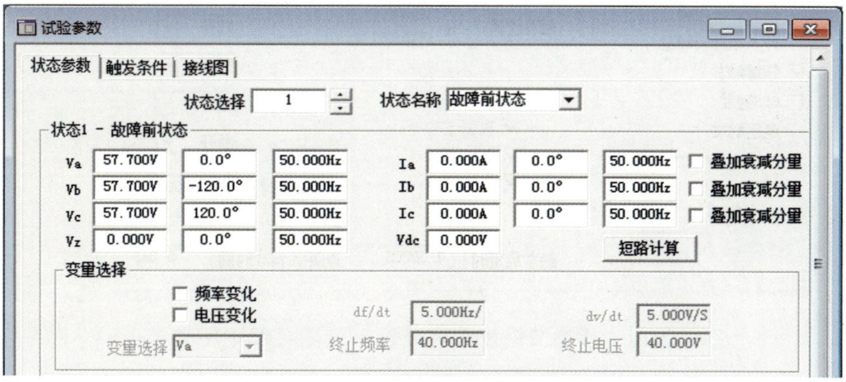

图 1-2-15 状态一状态参数设置示意图（低电压闭锁）

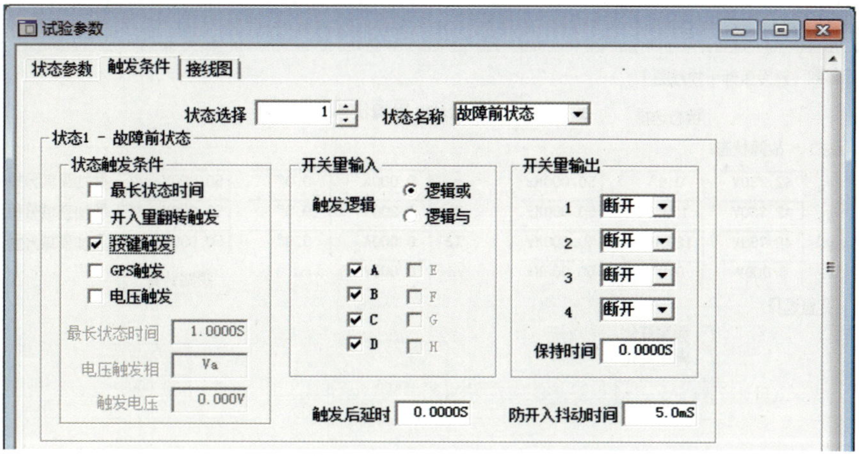

图 1-2-16 状态一触发条件设置示意图（低电压闭锁）

状态二（1.05 倍定值）设置，如图 1-2-17、图 1-2-18 所示。

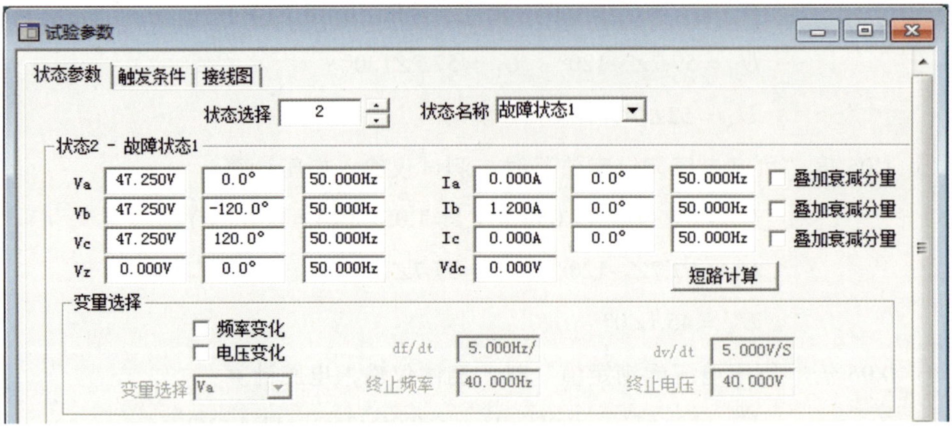

图 1-2-17　状态二状态参数设置示意图（低电压闭锁）

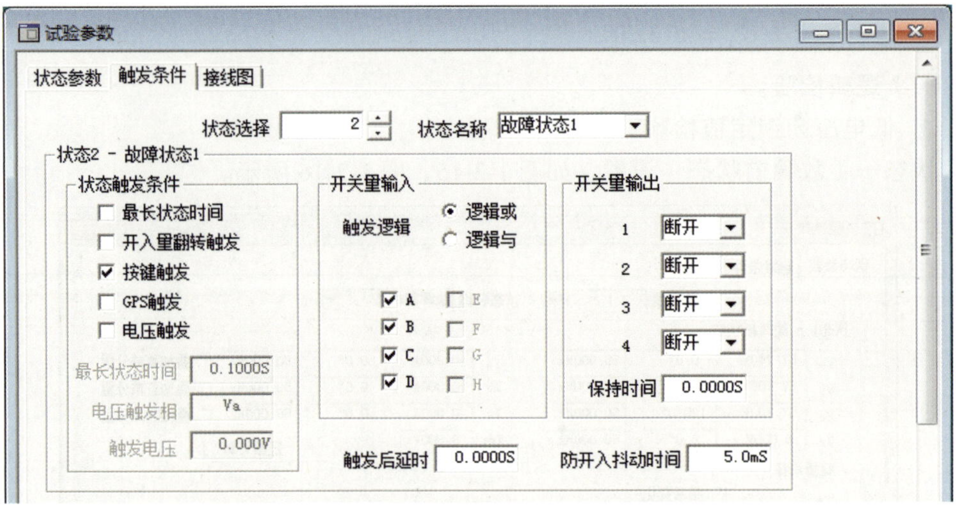

图 1-2-18　状态二触发条件设置示意图（低电压闭锁）

状态三（0.95 倍定值）设置，如图 1-2-19、图 1-2-20 所示。

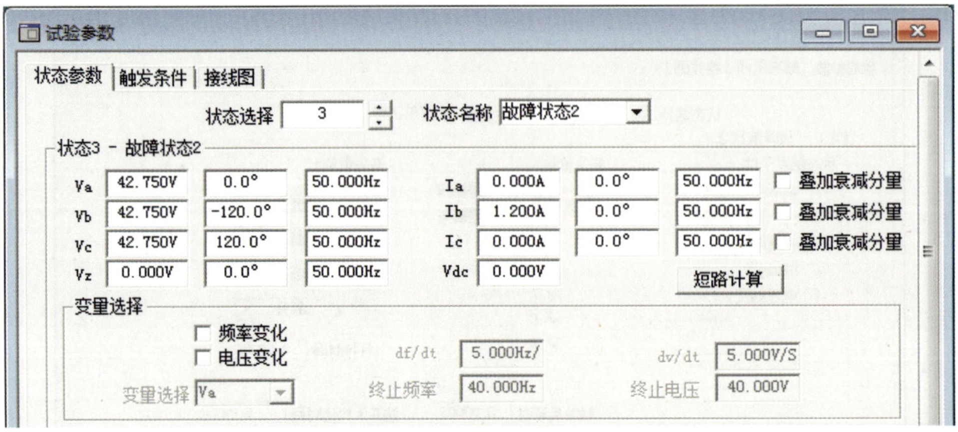

图 1-2-19　状态三状态参数设置示意图（低电压闭锁）

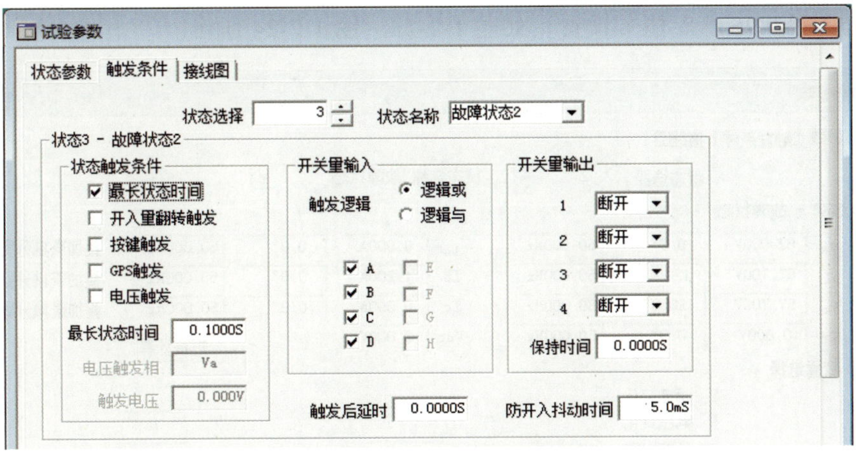

图 1-2-20　状态三触发条件设置示意图（低电压闭锁）

试验参数设置完成后开始试验：先进入“故障前状态”（状态一），按键触发“故障状态”（状态二），保护不动作，再按键触发“故障状态”（状态三），此时“Ⅰ母差动动作”指示灯点亮，试验结果正确。

② 零序电压闭锁定值检验。

状态一（故障前状态）设置，如图 1-2-21、图 1-2-22 所示。

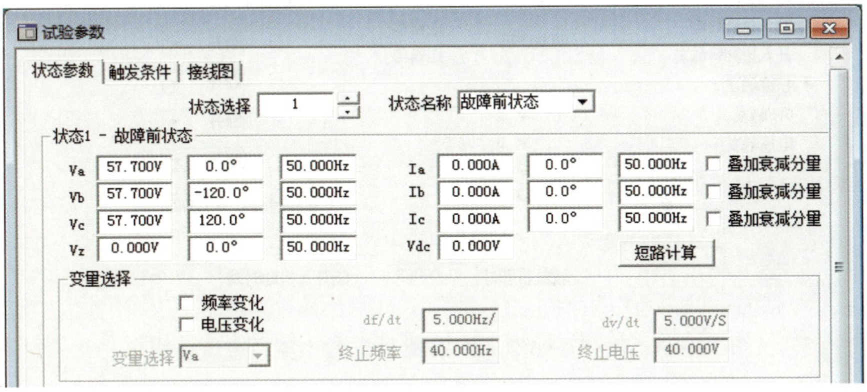

图 1-2-21　状态一状态参数设置示意图（零序电压闭锁）

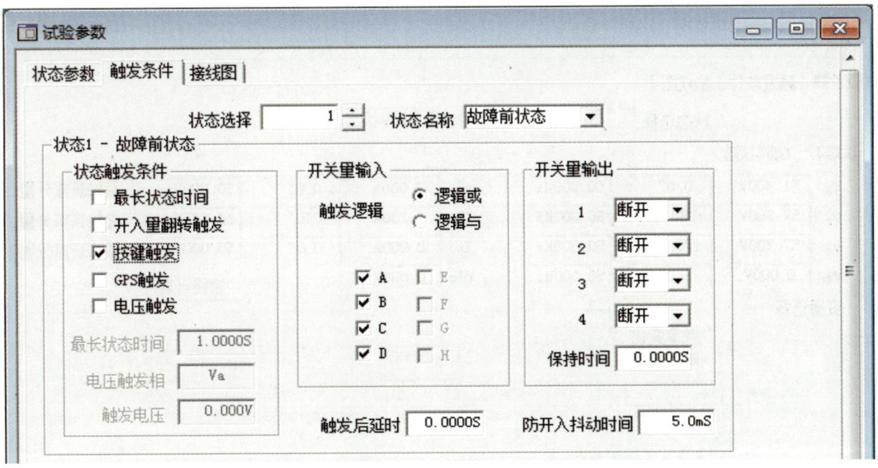

图 1-2-22　状态一触发条件设置示意图（零序电压闭锁）

状态二（0.95 倍定值）设置，如图 1-2-23、图 1-2-24 所示。

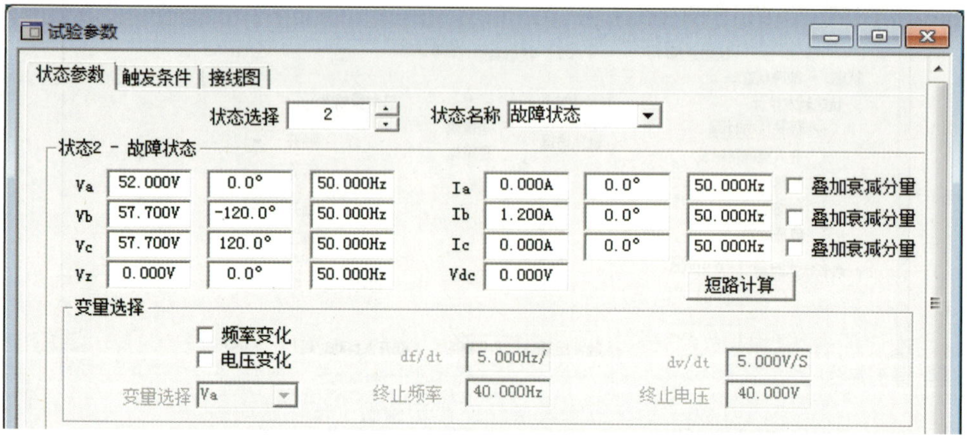

图 1-2-23　状态二状态参数设置示意图（零序电压闭锁）

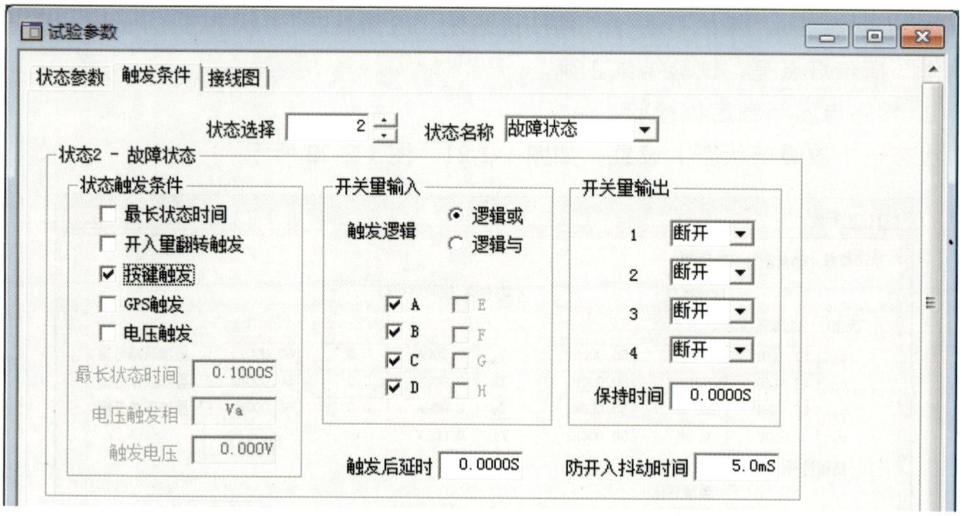

图 1-2-24　状态二触发条件设置示意图（零序电压闭锁）

状态三（1.05 倍定值）设置，如图 1-2-25、图 1-2-26 所示。

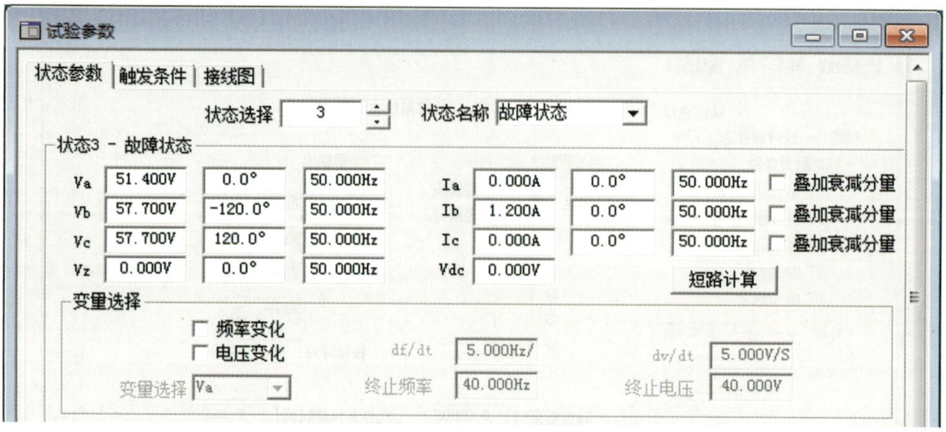

图 1-2-25　状态三状态参数设置示意图（零序电压闭锁）

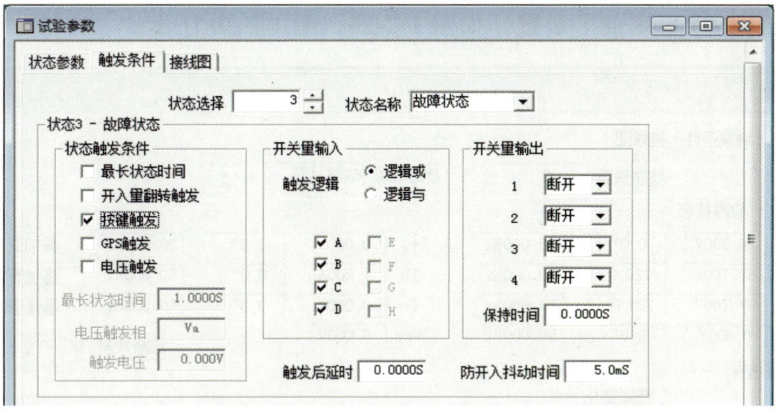

图 1-2-26　状态三触发条件设置示意图（零序电压闭锁）

试验参数设置完成后开始试验：先进入“故障前状态”（状态一），按键触发“故障状态”（状态二），保护不动作，再按键触发“故障状态”（状态三），此时“Ⅰ母差动动作”指示灯点亮，试验结果正确。

③ 负序电压闭锁定值检验。

将保护定值中“零序电压闭锁定值”由 6 V 改为 20 V，以避免零序电压满足条件而使电压闭锁元件动作；将保护定值中“低电压闭锁定值”由 45 V 改为 30 V，以避免低电压满足条件而使电压闭锁元件动作。

状态一（故障前状态）设置，如图 1-2-27、图 1-2-28 所示。

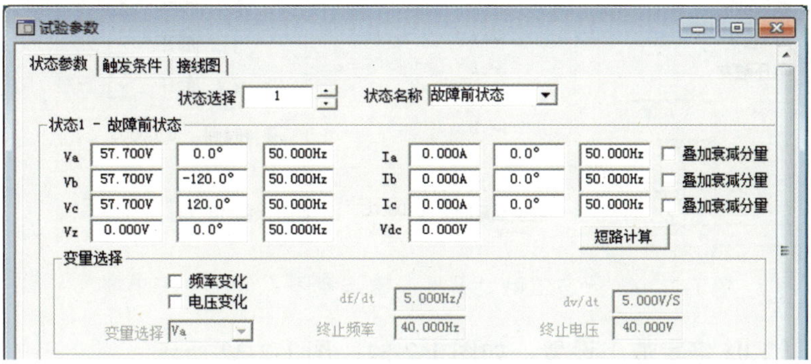

图 1-2-27　状态一状态参数设置示意图（负序电压闭锁）

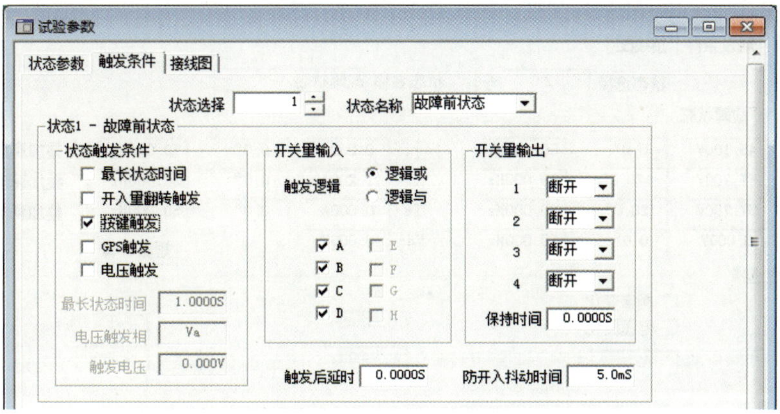

图 1-2-28　状态一触发条件设置示意图（负序电压闭锁）

状态二（0.95 倍定值）设置，如图 1-2-29、图 1-2-30 所示。

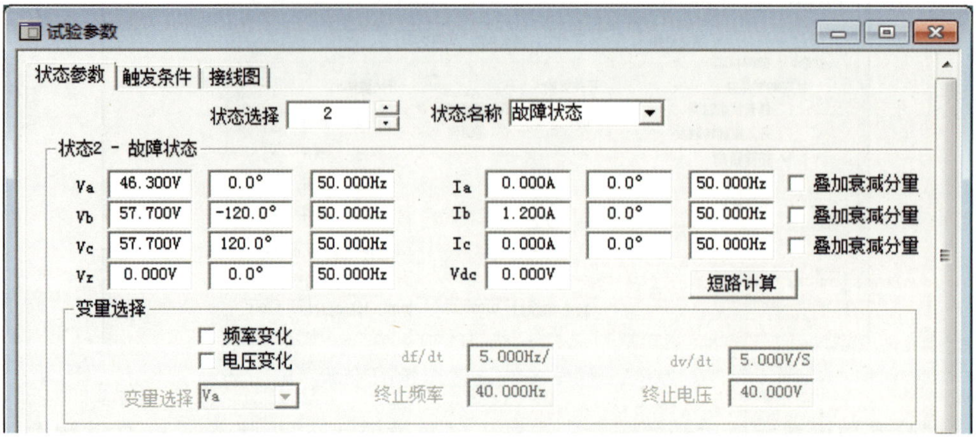

图 1-2-29　状态二状态参数设置示意图（负序电压闭锁）

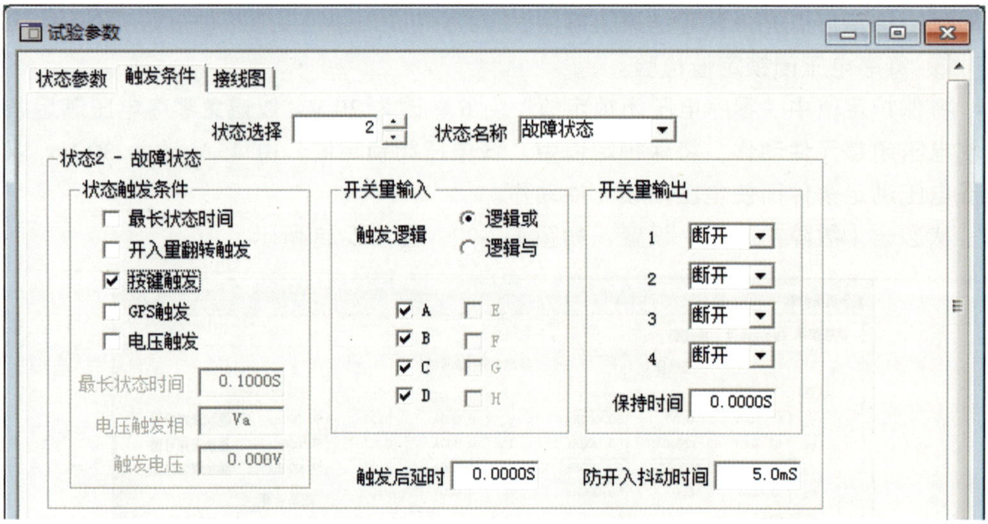

图 1-2-30　状态二触发条件设置示意图（负序电压闭锁）

状态三（1.05 倍定值）设置，如图 1-2-31、图 1-2-32 所示。

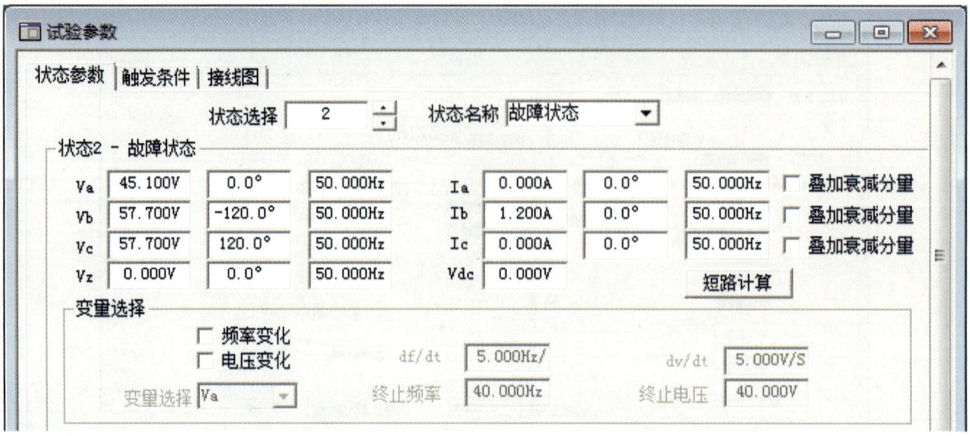

图 1-2-31　状态三状态参数设置示意图（负序电压闭锁）

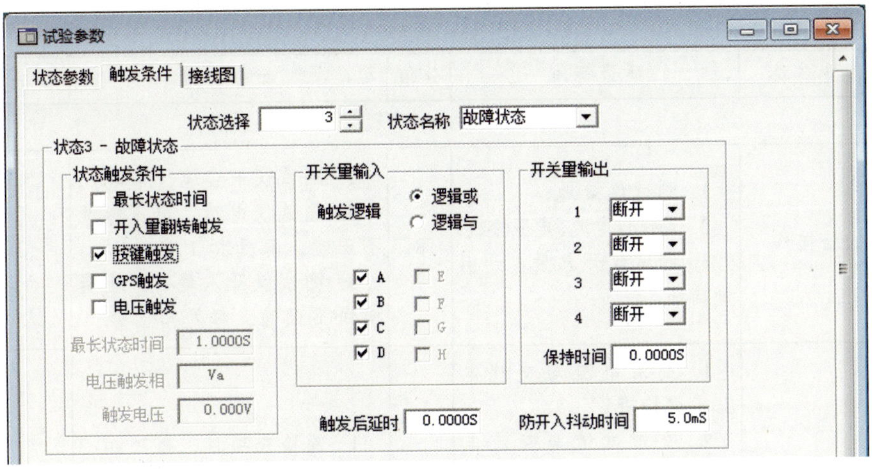

图 1-2-32　状态三触发条件设置示意图（负序电压闭锁）

试验参数设置完成后开始试验：先进入“故障前状态”（状态一），按键触发“故障状态”（状态二），保护不动作，再按键触发“故障状态”（状态三），此时“Ⅰ母差动动作”指示灯点亮，试验结果正确。

（8）试验完成。

试验结束后，记录试验数据。清理现场，恢复现场安全措施，整理工器具和仪器仪表。

七、评价反馈

（1）学生自评，见附录 1《学生自评表》。

（2）团队互评，见附录 2《团队互评表》。

（3）教师评价，见表 1-2-6。

表 1-2-6　教师评价表

序号	作业名称	质量标准	分值	扣分标准	扣分	得分
一、准备工作						
1	着装穿戴	安全帽、工作服、绝缘鞋穿戴正确	5	1. 未穿戴安全帽、工作服、工作鞋，扣 5 分； 2. 着装穿戴不规范，每处扣 1 分		
2	工器具检查	检查工器具齐全，符合使用要求	5	工器具选择不正确、未检查，每个扣 1 分		
3	工作票办理	按照规范办理工作票（口述）	5	1. 未办理工作票，扣 3 分； 2. 未到现场检查安全措施，扣 2 分		
二、工作过程						
1	装置设置	1. 投入“投检修状态”硬压板； 2. 投入“差动保护投入”硬压板； 3. 投入差动保护软压板； 4. 投入差动保护控制字； 5. 设置各支路刀闸位置及母联开关位置	12	1. 每漏一项扣 2 分； 2. 操作错误，一处扣 2 分		

续表

序号	作业名称	质量标准	分值	扣分标准	扣分	得分
二、工作过程						
2	试验接线	1. 测试仪接地； 2. 测试仪电流、电压接线； 3. 测试仪开入量、开出量接线	8	1. 测试仪未接地，扣1分； 2. 测试仪电流、电压接线不正确，每处扣1分； 3. 测试仪开入量、开出量接线不正确，每处扣2分		
3	装置检查	1. 交流电流与交流电压零漂检查； 2. 交流电流与交流电压幅值、相位检查； 3. 开入量检查； 4. 检查指示灯、装置有无异常，通道有无告警	10	1. 漏检查项目，每项扣3分； 2. 操作错误，一个扣2分		
4	差动保护低电压闭锁定值检验	1. 向母线加电压：0.95（1.05）倍低电压闭锁值； 2. 选任一母线上的一条支路，在这条支路A相加入电流，使差流大于差动保护电流定值； 3. 母线差动保护应可靠（不）动作	10	1. 计算错误一处扣2分； 2. 故障量输入错误一处扣2分； 3. 动作情况记录错误一处扣2分		
5	差动保护零序电压闭锁定值检验	1. 向母线加电压：1.05（0.95）倍零序电压闭锁值； 2. 选任一母线上的一条支路，在这条支路A相加入电流，使差流大于差动保护电流定值； 3. 母线差动保护应可靠（不）动作	10	1. 计算错误一处扣2分； 2. 故障量输入错误一处扣2分； 3. 动作情况记录错误一处扣2分		
6	差动保护负序电压闭锁定值检验	1. 向母线加电压：1.05（0.95）倍负序电压闭锁值； 2. 选任一母线上的一条支路，在这条支路A相加入电流，使差流大于差动保护电流定值； 3. 母线差动保护应可靠（不）动作	10	1. 计算错误一处扣2分； 2. 故障量输入错误一处扣2分； 3. 动作情况记录错误一处扣2分		
7	二次措施及现场恢复	1. 二次安措恢复至试验前状态； 2. 试验接线恢复	10	1. 二次安措未恢复至试验前状态，扣4分； 2. 未拆除试验接线，扣6分		

续表

序号	作业名称	质量标准	分值	扣分标准	扣分	得分
二、工作过程						
8	试验报告	1. 记录装置型号、软件版本及校验码； 2. 记录试验项目及数据； 3. 记录测试仪型号； 4. 试验结论	10	1. 未记录装置型号、软件版本及校验码，每项扣 2 分； 2. 未记录试验项目及数据，扣 3 分； 3. 未记录测试仪型号，扣 1 分； 4. 未写试验结论，扣 1 分		
三、工作终结						
1	工作票终结	办理工作票终结（口述）	5	未办理工作票终结，扣 5 分		
合计			100			
考评员栏		成绩：		考评老师：		

八、相关知识点

知识点： 为了防止在正常情况下由于 CT 回路异常及防止失灵保护出口继电器误动或维护人员误碰出口继电器触点等原因造成的差动元件误启动，对于除 3/2 接线的其他母线差动保护均需复压元件闭锁，在复压闭锁元件开放时允许差动元件出口。

复压闭锁元件由低电压、零序电压、负序电压元件构成，其判据为

$$U_{\phi} \leqslant U_{set}; \quad 3U_0 \geqslant U_{0set}; \quad U_2 \geqslant U_{2set}$$

其中，U_{ϕ} 为相电压，$3U_0$ 为零序电压，U_2 为负序电压，U_{set} 为低电压闭锁值，U_{0set} 和 U_{2set} 分别为零序、负序电压闭锁值。以上三个判据任一个满足时，电压闭锁元件开放。

低电压判据也可以采用线电压进行判断，也可以采用相电压，与系统中性点接地方式有关。

在整定时应保证在母线发生各种故障（包括高阻接地）时能有足够的灵敏度。

九、拓展思考

对于中性点不接地系统，单相接地允许运行一段时间，此时应如何对复压闭锁元件进行调整？

任务 3　大差元件比率制动系数高值检验

一、学习情境描述

计划对一面 220 kV 母线保护装置进行定检，现场安全措施已布置完成，现需对其大差元件比率制动系数（高值）进行检验。

当分段母线并列运行（母联开关合位）时，大差比率制动系数用高值；当分段母线

分列运行（母联开关分位）时，大差比率制动系数用低值。大差比率制动系数高值和低值是内部固化的，高值为 1.0，低值为 0.3，不需要整定。相关保护定值如表 1-2-7 所示。

表 1-2-7　保护装置定值设置

定值分类	定值名称	单位	整定值
母线保护定值	差动保护启动电流定值	A	0.3
	TA 断线告警定值	A	5
	TA 断线闭锁定值	A	6
	母联分段失灵电流定值	A	1
	母联分段失灵时间	s	0.25
失灵保护定值	低电压闭锁定值	V	45
	零序电压闭锁定值	V	6
	负序电压闭锁定值	V	4
	三相失灵相电流定值	A	0.5
	失灵零序电流定值	A	0.5
	失灵负序电流定值	A	0.5
	失灵保护 1 时限	s	0.25
	失灵保护 2 时限	s	0.4

TA 参数设置：

（1）将所有支路 TA 一次值全部设置为 1 200 A。

（2）将所有支路 TA 二次值全部设置为 5 A。

（3）将“基准 TA 一次值”设置为 1 200 A。

（4）将“基准 TA 二次值”设置为 5 A。

二、学习目标

知识目标

掌握母线差动保护比率制动系数的计算方法。

能力目标

能正确计算母线差动保护比率制动系数。

能正确完成大差元件比率制动系数（高值）的检验。

思政目标

培养团队协作精神。

三、任务书

完成 220 kV 母线保护装置定检中，大差元件比率制动系数（高值）的检验。

四、任务导入

引导问题 1： 复式比率差动判据相对于传统的比率制动判据有什么优点？

答案：

引导问题 2： 查阅母线微机保护装置技术说明书，画出复式比率差动元件动作特性示意图。

答案：

五、任务实施

（1）完成现场安全措施布置。

（2）工器具、资料准备：

微机型继电保护测试仪、计算器、万用表、一字螺丝刀、绝缘胶布、装置图纸、装置说明书。

（3）试验记录单。

表 1-2-8　大差元件比率制动系数（高值）检验记录单

保护名称	检验思路与试验参数	故障相别	动作报文

六、工作实施流程

（1）领取任务：按组分配屏位，每组一个屏位完成任务。

（2）工作前准备：

① 人员准备：指导教师为安全监护人，组长为工作负责人，其余人员为工作组成员，工作人员应清楚工作内容、安全措施，精神状态正常，无妨碍工作的病症。

② 危险点分析，安全预控措施：检查现场符合工作条件，分析本次工作危险点并做好相应预控措施。

（3）工作人员穿着工作服。

（4）装置设置。

① 硬压板设置：

a. 投入“1KLP9 检修状态投入”硬压板。

b. 投入“1KLP1 母差保护投入”硬压板。

c. 确认其余硬压板均在退出位置。

② 各支路刀闸位置及母联开关位置设置：

模拟 0261 开关和 0262 开关均挂在Ⅰ母上，0264 开关挂在Ⅱ母上，母联开关合位，即将支路 2（0261 开关）和支路 3（0262 开关）对应的Ⅰ母刀闸位置旋钮打至“强制通”位置，支路 5（0264 开关）对应的Ⅱ母刀闸位置旋钮打至“强制通”位置，其余刀闸位置旋钮打至“自适应”位置。

③ 软压板设置：

a. 将“差动保护”软压板设置为 1。

b. 其余软压板均设置为 0。

④ 保护控制字设置：

a. 将“差动保护”控制字设置为 1。

b. 其余保护控制字均设置为 0。

（5）试验接线，如图 1-2-33 所示。

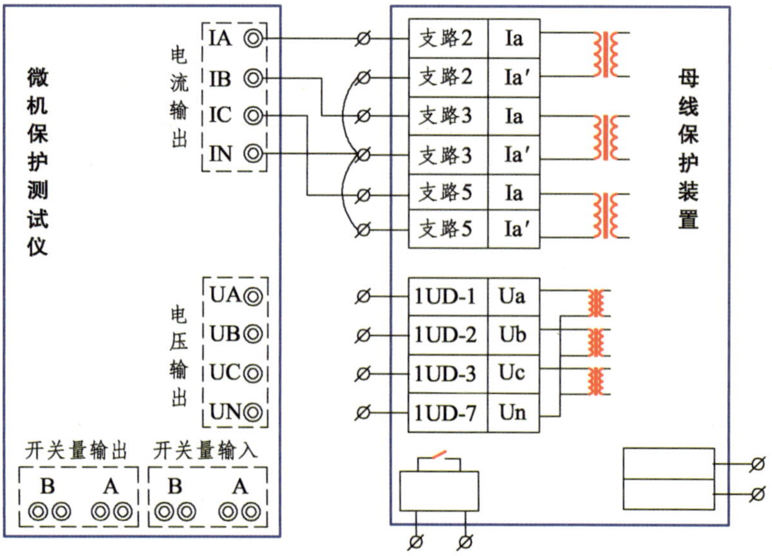

图 1-2-33　试验接线示意图

（6）试验数值计算。

$$I_r = \left|\dot{I}_A\right| + \left|\dot{I}_B\right| + \left|\dot{I}_C\right|$$

$$I_d = \left|\dot{I}_A + \dot{I}_B + \dot{I}_C\right|$$

$$K_r = \frac{I_d}{I_r - I_d}$$

（7）逻辑检验。

如图 1-2-34 所示，使用测试仪“手动试验”模块。手动试验初始值设置如图 1-2-35 所示。

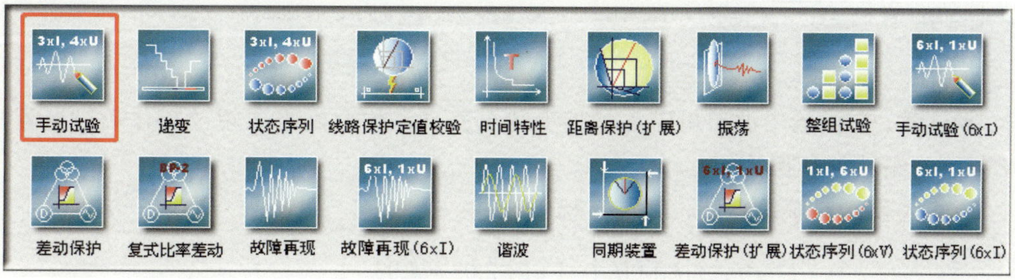

图 1-2-34　测试仪试验类型选择界面示意图

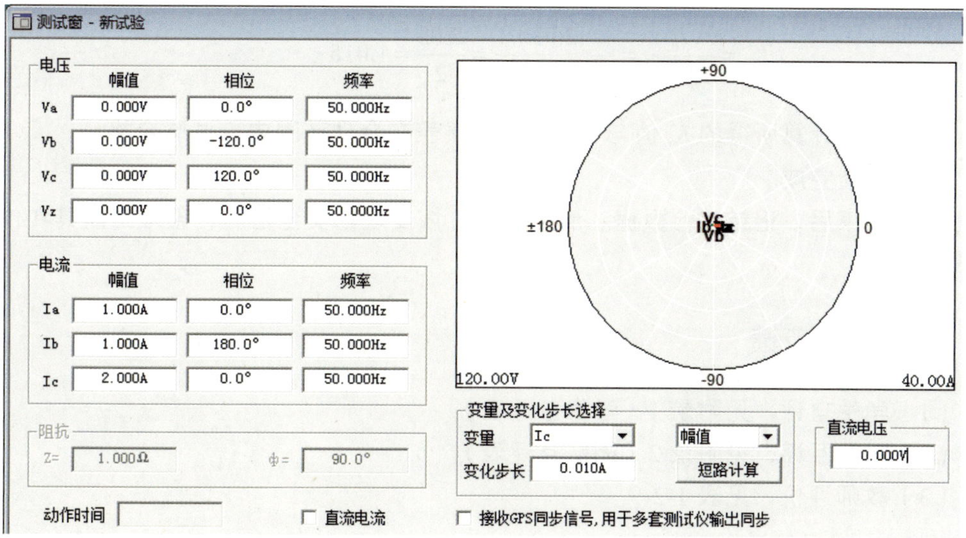

图 1-2-35　手动试验初始值设置示意图

试验参数设置完成后开始试验：初始状态时保护不应动作，按键盘中“↑”键增大 I_c 幅值，同时观察保护装置面板指示灯，直至“Ⅱ母差动动作”指示灯点亮，记录此时 I_c 的值，

本次试验“Ⅱ母差动动作”指示灯点亮时，I_c 的值为 2.03 A，如图 1-2-36 所示。

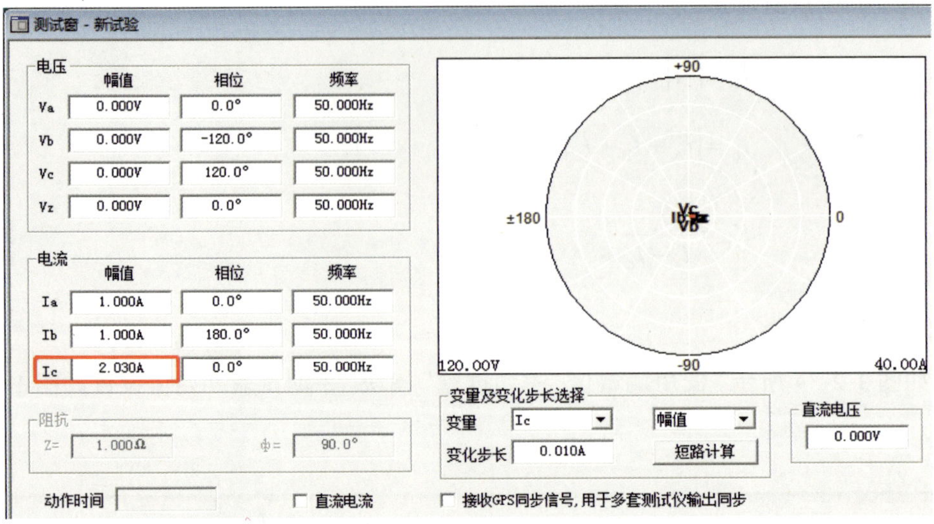

图 1-2-36　手动试验保护动作时加量示意图

需注意，在试验中调节电流 I_c 幅值变化至差动动作时间不要超过 9 s，否则装置报 TA 断线，闭锁差动保护。

计算大差比率系数高值，并与目标值比较：

$$I_r = |\dot{I}_A| + |\dot{I}_B| + |\dot{I}_C| = 1 + 1 + 2.03 = 4.03$$

$$I_d = |\dot{I}_A + \dot{I}_B + \dot{I}_C| = 1 - 1 + 2.03 = 2.03$$

$$K_r = \frac{I_d}{I_r - I_d} = \frac{2.03}{4.03 - 2.03} = \frac{2.03}{2} = 1.015$$

试验数据计算所得的 K_r 值与目标值 1.0 误差在合理范围内，试验合格。

（8）试验完成。

试验结束后，记录试验数据。清理现场，恢复现场安全措施，整理工器具和仪器仪表。

七、评价反馈

（1）学生自评，见附录 1《学生自评表》。

（2）团队互评，见附录 2《团队互评表》。

（3）教师评价，见表 1-2-9。

表 1-2-9　教师评价表

序号	作业名称	质量标准	分值	扣分标准	扣分	得分
一、准备工作						
1	着装穿戴	安全帽、工作服、绝缘鞋穿戴正确	5	1. 未穿戴安全帽、工作服、工作鞋，扣 5 分； 2. 着装穿戴不规范，每处扣 1 分		

续表

序号	作业名称	质量标准	分值	扣分标准	扣分	得分
一、准备工作						
2	工器具检查	检查工器具齐全，符合使用要求	5	工器具选择不正确、未检查，每个扣1分		
3	工作票办理	按照规范办理工作票（口述）	5	1. 未办理工作票，扣3分； 2. 未到现场检查安全措施，扣2分		
二、工作过程						
1	装置设置	1. 投入“投检修状态”硬压板； 2. 投入“差动保护投入”硬压板； 3. 投入差动保护软压板； 4. 投入差动保护控制字； 5. 设置各支路刀闸位置及母联开关位置	12	1. 每漏一项扣2分； 2. 操作错误，一处扣2分		
2	试验接线	1. 测试仪接地； 2. 测试仪电流、电压接线； 3. 测试仪开入量、开出量接线	8	1. 测试仪未接地，扣1分； 2. 测试仪电流、电压接线不正确，每处扣1分； 3. 测试仪开入量、开出量接线不正确，每处扣2分		
3	装置检查	1. 交流电流与交流电压零漂检查； 2. 交流电流与交流电压幅值、相位检查； 3. 开入量检查； 4. 检查指示灯、装置有无异常，通道有无告警	10	1. 漏检查项目，每项扣3分； 2. 操作错误，一个扣2分		
4	大差元件比率制动系数（高值）检验	1. 任选Ⅰ母线上两条变比相同支路，在A相加入方向相反、大小相同的电流； 2. 任选Ⅱ母线上一变比相同支路，在A相加入电流，调节电流大小，使Ⅱ母线差动动作； 3. 记录所加电流，验证大差比率系数高值	30	1. 计算错误一处扣2分； 2. 故障量输入错误一处扣2分； 3. 动作情况记录错误一处扣2分		
5	二次措施及现场恢复	1. 二次安措恢复至试验前状态； 2. 试验接线恢复	10	1. 二次安措未恢复至试验前状态，扣4分； 2. 未拆除试验接线，扣6分		
6	试验报告	1. 记录装置型号、软件版本及校验码； 2. 记录试验项目及数据； 3. 记录测试仪型号； 4. 试验结论	10	1. 未记录装置型号、软件版本及校验码，每项扣2分； 2. 未记录试验项目及数据，扣3分； 3. 未记录测试仪型号，扣1分； 4. 未写试验结论，扣1分		

续表

序号	作业名称	质量标准	分值	扣分标准	扣分	得分
三、工作终结						
1	工作票终结	办理工作票终结（口述）	5	未办理工作票终结，扣5分		
合计			100			
考评员栏		成绩：		考评老师：		

八、相关知识点

知识点1：复式比率差动元件。

复式比率差动元件的特点在于其制动量中引入了差动电流，即制动电流为常规比率差动元件的制动电流与差动电流之差。这样在理论上，区外故障时有较强的制动，区内故障时无制动，因此，能更明确地区分区外故障和区内故障及提高区内故障时的灵敏度。实际运用中，复式比率制动和常规差动保护特性可相互对应。

动作表达式为

$$I_d > I_{dset}$$

$$I_d > K_r \times (I_r - I_d)$$

式中，I_d 为母线上各支路电流相量和的绝对值，即差电流；I_r 为母线上各支路电流相量绝对值之和，即和电流；I_{dset} 为差电流门槛定值；K_r 为复式比率系数（制动系数）。

九、拓展思考

检验大差元件比率制动系数（高值）时如何使母联开关状态满足要求？

任务4　大差元件比率制动系数低值检验

一、学习情境描述

计划对一面220 kV母线保护装置进行定检，现场安全措施已布置完成，现需对其大差元件比率制动系数（低值）进行检验。

当分段母线并列运行（母联开关合位）时，大差比率制动系数用高值；当分段母线分列运行（母联开关分位）时，大差比率制动系数用低值。大差比率制动系数高值和低值是内部固化的，高值为1.0，低值为0.3，不需要整定。相关保护定值如表1-2-10所示。

表 1-2-10　保护装置定值设置

定值分类	定值名称	单位	整定值
母线保护定值	差动保护启动电流定值	A	0.3
	TA 断线告警定值	A	5
	TA 断线闭锁定值	A	6
	母联分段失灵电流定值	A	1
	母联分段失灵时间	s	0.25
失灵保护定值	低电压闭锁定值	V	45
	零序电压闭锁定值	V	6
	负序电压闭锁定值	V	4
	三相失灵相电流定值	A	0.5
	失灵零序电流定值	A	0.5
	失灵负序电流定值	A	0.5
	失灵保护 1 时限	s	0.25
	失灵保护 2 时限	s	0.4

TA 参数设置：

（1）将所有支路 TA 一次值全部设置为 1 200 A。

（2）将所有支路 TA 二次值全部设置为 5 A。

（3）将“基准 TA 一次值”设置为 1 200 A。

（4）将“基准 TA 二次值”设置为 5 A。

二、学习目标

知识目标

掌握母线差动保护比率制动系数的计算方法。

能力目标

能正确计算母线差动保护比率制动系数。

能正确完成大差元件比率制动系数（低值）的检验。

思政目标

培养团队协作精神。

三、任务书

完成 220 kV 母线保护装置定检中，大差元件比率制动系数（低值）的检验。

四、任务导入

引导问题 1：查阅母线微机保护装置技术说明书，画出母线差动保护的逻辑框图。

答案：

引导问题 2：对于固定连接式不分段母线与分段母线，大差元件的作用是否相同？区别在哪里？

答案：

五、任务实施

（1）完成现场安全措施布置。

（2）工器具、资料准备：

微机型继电保护测试仪、计算器、万用表、一字螺丝刀、绝缘胶布、装置图纸、装置说明书。

（3）试验记录单。

表 1-2-11　大差元件比率制动系数（低值）检验记录单

保护名称	检验思路与试验参数	故障相别	动作报文

六、工作实施流程

（1）领取任务：按组分配屏位，每组一个屏位完成任务。

（2）工作前准备：

① 人员准备：指导教师为安全监护人，组长为工作负责人，其余人员为工作组成员，工作人员应清楚工作内容、安全措施，精神状态正常，无妨碍工作的病症。

② 危险点分析，安全预控措施：检查现场符合工作条件，分析本次工作危险点并做好相应预控措施。

（3）工作人员穿着工作服。

（4）装置设置。

① 硬压板设置：

a. 投入“1KLP9 检修状态投入”硬压板。

b. 投入“1KLP1 母差保护投入”硬压板。

c. 投入“1KLP3 Ⅰ/Ⅱ 母线分列”硬压板。

d. 确认其余硬压板均在退出位置。

② 各支路刀闸位置及母联开关位置设置；

模拟 0261 开关和 0262 开关均挂在Ⅰ母上，0264 开关挂在Ⅱ母上，母联开关分位，即将支路 2（0261 开关）和支路 3（0262 开关）对应的Ⅰ母刀闸位置旋钮打至“强制通”位置，支路 5（0264 开关）对应的Ⅱ母刀闸位置旋钮打至“强制通”位置，其余刀闸位置旋钮打至“自适应”位置。

模拟Ⅰ母和Ⅱ母分列运行，母联 0212 开关位置在分位：将保护屏后端子排上 1QD10 和 1QD12 用短接线短接起来，短接好后观察保护装置面板上“查看”→“功能开入”→“保护主机”→“母联 1 三相跳闸位置”应变为“1”。

③ 软压板设置：

a. 将“差动保护”软压板设置为 1。

b. 其余软压板均设置为 0。

④ 保护控制字设置：

a. 将“差动保护”控制字设置为 1。

b. 其余保护控制字均设置为 0。

（5）试验接线，如图 1-2-37 所示。

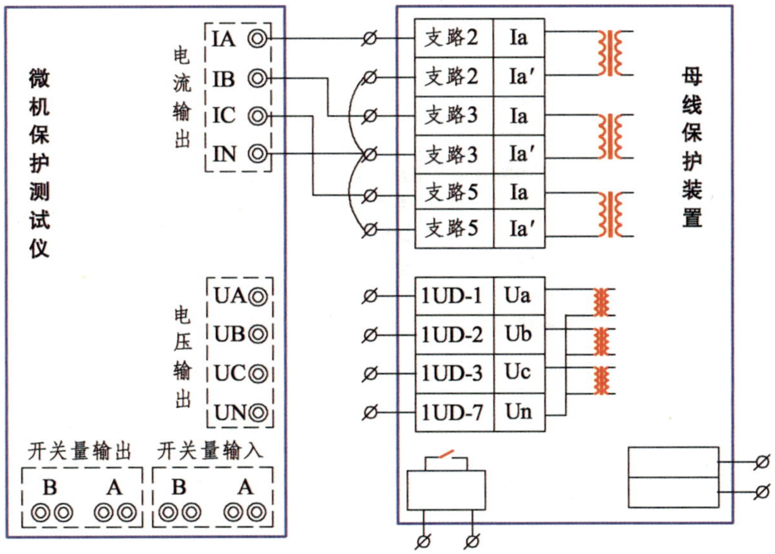

图 1-2-37　试验接线示意图

（6）试验数值计算。

$$I_r = |\dot{I}_A| + |\dot{I}_B| + |\dot{I}_C|$$

$$I_d = |\dot{I}_A + \dot{I}_B + \dot{I}_C|$$

$$K_r = \frac{I_d}{I_r - I_d}$$

（7）逻辑检验。

如图 1-2-38 所示，使用测试仪“手动试验”模块。手动试验初始值设置如图 1-2-39 所示。

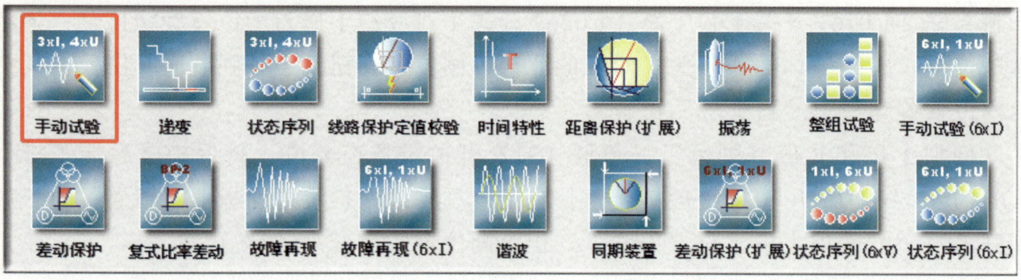

图 1-2-38　测试仪试验类型选择界面示意图

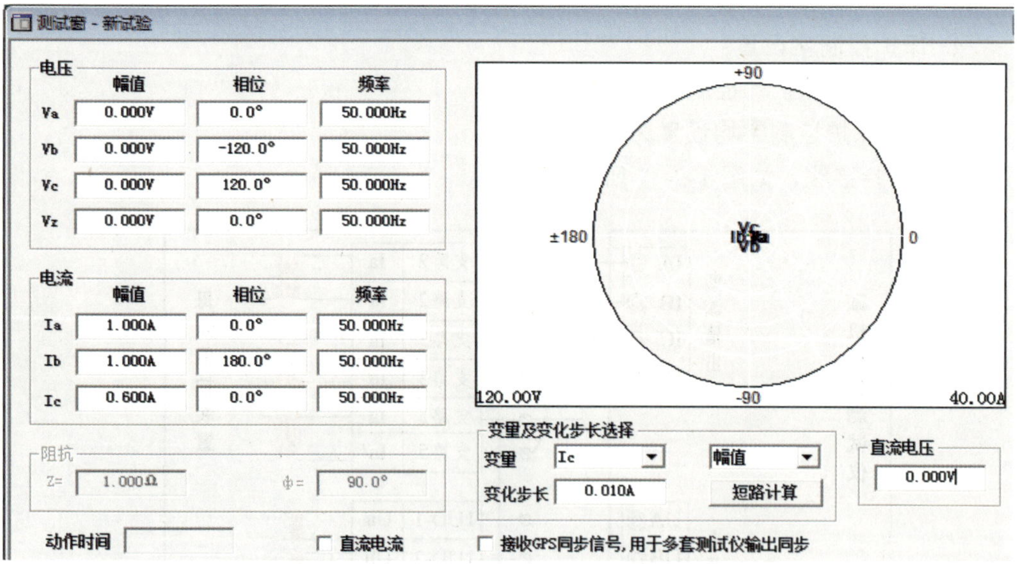

图 1-2-39　手动试验初始值设置示意图

试验参数设置完成后开始试验：初始状态时保护不应动作，按键盘中“↑”键增大 I_c 幅值，同时观察保护装置面板指示灯，直至“Ⅱ母差动动作”指示灯点亮，记录此时 I_c 的值。

本次试验“Ⅱ母差动动作”指示灯点亮时，I_c 的值为 0.62 A，如图 1-2-40 所示。

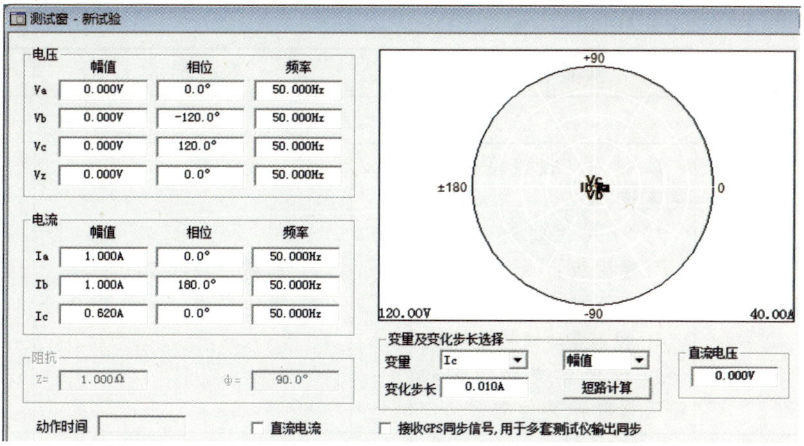

图 1-2-40　手动试验保护动作时加量示意图

需注意，在试验中调节电流 I_c 幅值变化至差动动作时间不要超过 9 s，否则装置报 TA 断线，闭锁差动保护。

计算大差比率系数低值并与目标值比较:

$$I_r = |\dot{I}_A| + |\dot{I}_B| + |\dot{I}_C| = 1 + 1 + 0.62 = 2.62$$

$$I_d = |\dot{I}_A + \dot{I}_B + \dot{I}_C| = 1 - 1 + 0.62 = 0.62$$

$$K_r = \frac{I_d}{I_r - I_d} = \frac{0.62}{2.62 - 0.62} = \frac{0.62}{2} = 0.31$$

试验数据计算所得的 K_r 值与目标值 0.3 误差在合理范围内，试验合格。

（8）试验完成。

试验结束后，记录试验数据。清理现场，恢复现场安全措施，整理工器具和仪器仪表。

七、评价反馈

（1）学生自评，见附录 1《学生自评表》。

（2）团队互评，见附录 2《团队互评表》。

（3）教师评价，见表 1-2-12。

表 1-2-12　教师评价表

序号	作业名称	质量标准	分值	扣分标准	扣分	得分
一、准备工作						
1	着装穿戴	安全帽、工作服、绝缘鞋穿戴正确	5	1. 未穿戴安全帽、工作服、工作鞋，扣 5 分； 2. 着装穿戴不规范，每处扣 1 分		
2	工器具检查	检查工器具齐全，符合使用要求	5	工器具选择不正确、未检查，每个扣 1 分		
3	工作票办理	按照规范办理工作票（口述）	5	1. 未办理工作票，扣 3 分； 2. 未到现场检查安全措施，扣 2 分		

续表

序号	作业名称	质量标准	分值	扣分标准	扣分	得分
二、工作过程						
1	装置设置	1. 投入“投检修状态”硬压板； 2. 投入“差动保护投入”硬压板； 3. 投入差动保护软压板； 4. 投入差动保护控制字； 5. 设置各支路刀闸位置及母联开关位置	12	1. 每漏一项扣2分； 2. 操作错误，一处扣2分		
2	试验接线	1. 测试仪接地； 2. 测试仪电流、电压接线； 3. 测试仪开入量、开出量接线	8	1. 测试仪未接地，扣1分； 2. 测试仪电流、电压接线不正确，每处扣1分； 3. 测试仪开入量、开出量接线不正确，每处扣2分		
3	装置检查	1. 交流电流与交流电压零漂检查； 2. 交流电流与交流电压幅值、相位检查； 3. 开入量检查； 4. 检查指示灯、装置有无异常，通道有无告警	10	1. 漏检查项目，每项扣3分； 2. 操作错误，一个扣2分		
4	大差元件比率制动系数（低值）检验	1. 母联开关断开（母联TWJ接点开入为1，且分列压板投入）； 2. 任选Ⅰ母线上两条变比相同支路，在A相加入方向相反、大小相同的电流； 3. 任选Ⅱ母线上一变比相同支路，在A相加入电流，调节电流大小，使Ⅱ母线差动动作； 4. 记录所加电流，验证大差比率系数高值	30	1. 计算错误一处扣2分； 2. 故障量输入错误一处扣2分； 3. 动作情况记录错误一处扣2分		
5	二次措施及现场恢复	1. 二次安措恢复至试验前状态； 2. 试验接线恢复	10	1. 二次安措未恢复至试验前状态，扣4分； 2. 未拆除试验接线，扣6分		
6	试验报告	1. 记录装置型号、软件版本及校验码； 2. 记录试验项目及数据； 3. 记录测试仪型号； 4. 试验结论	10	1. 未记录装置型号、软件版本及校验码，每项扣2分； 2. 未记录试验项目及数据，扣3分； 3. 未记录测试仪型号，扣1分； 4. 未写试验结论，扣1分		

续表

序号	作业名称	质量标准	分值	扣分标准	扣分	得分
三、工作终结						
1	工作票终结	办理工作票终结（口述）	5	未办理工作票终结，扣5分		
合计			100			
考评员栏		成绩：		考评老师：		

八、相关知识点

知识点：母线上的连接支路在倒闸过程中，两条母线经刀闸相连时（母线互联），装置自动转入母线互联方式，即不进行故障母线的选择，一旦发生故障时同时切除两段母线。当运行方式需要时，如母联操作回路失电，可以在倒闸之前投入“互联压板”，强制保护进入互联方式；倒闸结束后退出“互联压板”。

九、拓展思考

检验大差元件比率系数（低值）时，如何使母联开关状态满足要求？

任务5　小差元件比率制动系数检验

一、学习情境描述

计划对一面220 kV母线保护装置进行定检，现场安全措施已布置完成，现需对其小差元件比率制动系数进行检验。

不论两条母线在分列还是并列运行状态，小差比率制动系数固定为1.0。相关保护定值如表1-2-13所示。

表1-2-13　保护装置定值设置

定值分类	定值名称	单位	整定值
母线保护定值	差动保护启动电流定值	A	0.3
	TA断线告警定值	A	5
	TA断线闭锁定值	A	6
	母联分段失灵电流定值	A	1
	母联分段失灵时间	s	0.25
失灵保护定值	低电压闭锁定值	V	45
	零序电压闭锁定值	V	6
	负序电压闭锁定值	V	4
	三相失灵相电流定值	A	0.5
	失灵零序电流定值	A	0.5
	失灵负序电流定值	A	0.5
	失灵保护1时限	s	0.25
	失灵保护2时限	s	0.4

TA 参数设置：

（1）将所有支路 TA 一次值全部设置为 1 200 A。

（2）将所有支路 TA 二次值全部设置为 5 A。

（3）将“基准 TA 一次值”设置为 1 200 A。

（4）将“基准 TA 二次值”设置为 5 A。

二、学习目标

知识目标

掌握小差元件比率制动系数的计算方法。

能绘制复式比率差动元件动作特性图。

能力目标

能正确完成小差元件比率制动系数的计算。

能正确完成小差元件比率制动系数的检验。

思政目标

培养团队协作精神。

三、任务书

完成 220 kV 母线保护装置定检中，小差元件比率制动系数的检验。

四、任务导入

引导问题 1：小差元件的作用是什么？

答案：

引导问题 2：小差元件在差动电流计算时需计入母联电流，母联电流的极性如何判断？

答案：

五、任务实施

（1）完成现场安全措施布置。

（2）工器具、资料准备：

微机型继电保护测试仪、计算器、万用表、一字螺丝刀、绝缘胶布、装置图纸、装置说明书。

（3）试验记录单。

表 1-2-14　小差元件比率制动系数检验记录单

保护名称	检验思路与试验参数	故障相别	动作报文

六、工作实施流程

（1）领取任务：按组分配屏位，每组一个屏位完成任务。

（2）工作前准备：

① 人员准备：指导教师为安全监护人，组长为工作负责人，其余人员为工作组成员，工作人员应清楚工作内容、安全措施，精神状态正常，无妨碍工作的病症。

② 危险点分析，安全预控措施：检查现场符合工作条件，分析本次工作危险点并做好相应预控措施。

（3）工作人员穿着工作服。

（4）装置设置

① 硬压板设置：

a. 投入“1KLP9 检修状态投入”硬压板。

b. 投入“1KLP1 母差保护投入”硬压板。

c. 确认其余硬压板均在退出位置。

② 各支路刀闸位置及母联开关位置设置：

模拟 0261 开关和 0262 开关均挂在Ⅰ母上，0264 开关挂在Ⅱ母上，母联开关合位，即：将支路 2（0261 开关）和支路 3（0262 开关）对应的Ⅰ母刀闸位置旋钮打至“强制通”位置，支路 5（0264 开关）对应的Ⅱ母刀闸位置旋钮打至“强制通”位置，其余刀闸位置旋钮打至“自适应”位置。

③ 软压板设置：

a. 将“差动保护”软压板设置为 1。

b. 其余软压板均设置为 0。

④ 保护控制字设置：

a. 将“差动保护”控制字设置为 1。

b. 其余保护控制字均设置为 0。

（5）试验接线，如图 1-2-41 所示。

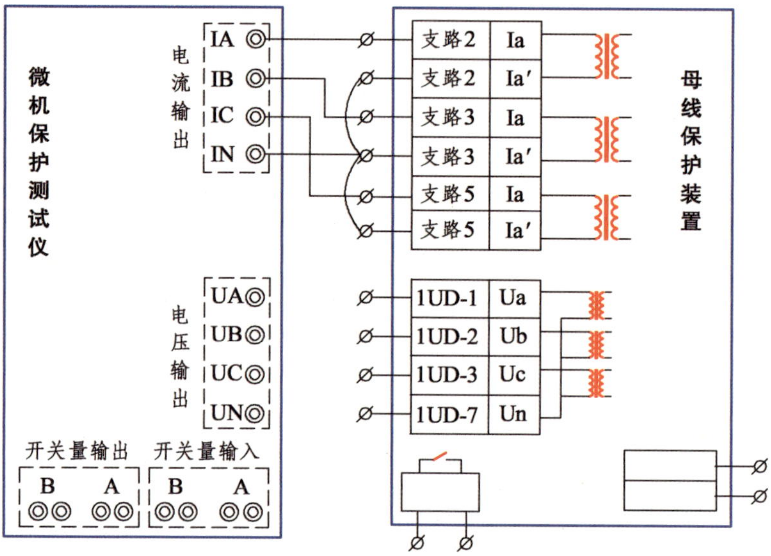

图 1-2-41　试验接线示意图

（6）试验数值计算。

$$I_r = \left|\dot{I}_A\right| + \left|\dot{I}_B\right| + \left|\dot{I}_C\right|$$

$$I_d = \left|\dot{I}_A + \dot{I}_B + \dot{I}_C\right|$$

$$K_r = \frac{I_d}{I_r - I_d}$$

（7）逻辑检验。

如图 1-2-42 所示，使用测试仪“手动试验”模块。手动试验初始值设置如图 1-2-43 所示。

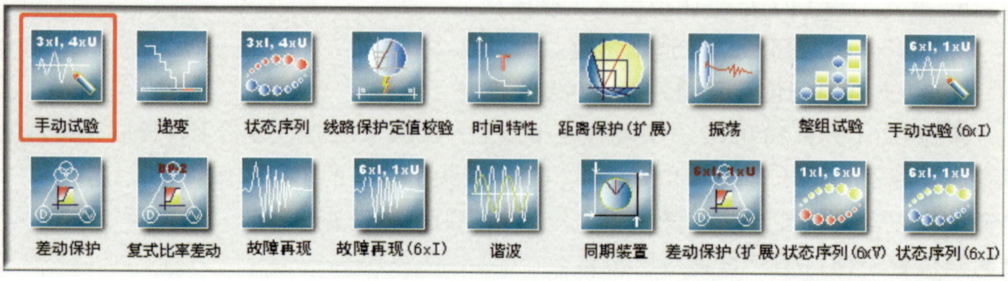

图 1-2-42　测试仪试验类型选择界面示意图

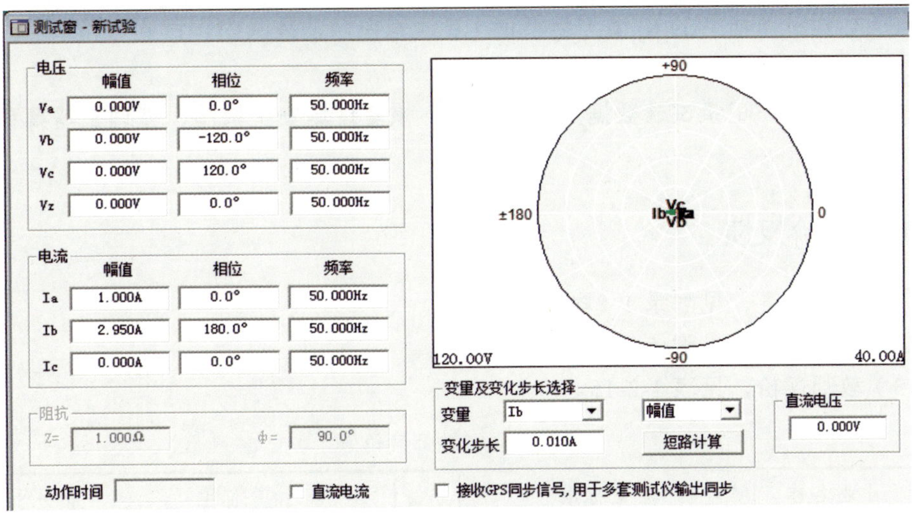

图 1-2-43　手动试验初始值设置示意图

试验参数设置完成后开始试验：初始状态时保护不应动作，按键盘中“↑”键增大 I_b 幅值，同时观察保护装置面板指示灯，直至“Ⅰ母差动动作”指示灯点亮，记录此时 I_b 的值。

本次试验“Ⅰ母差动动作”指示灯点亮时，I_b 的值为 3.01 A，如图 1-2-44 所示。

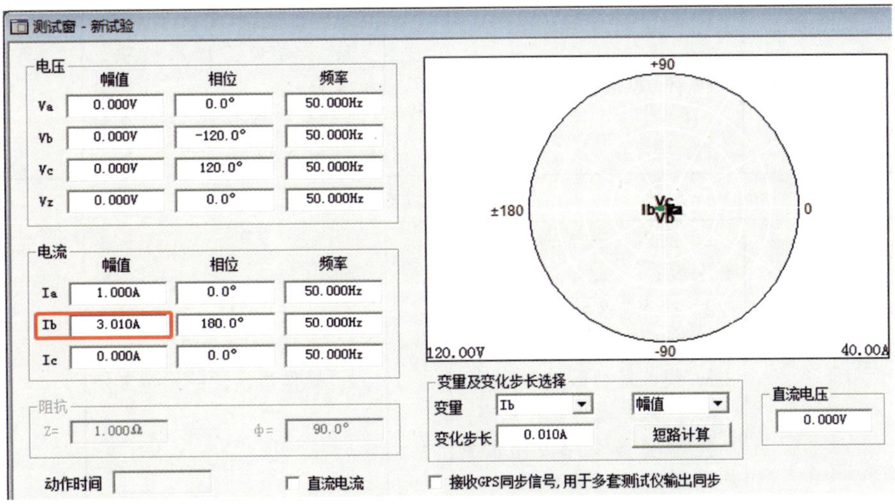

图 1-2-44　手动试验保护动作时加量示意图

需注意，在试验中调节电流 I_b 幅值变化至差动动作时间不要超过 9 s，否则装置报 TA 断线，闭锁差动保护。

计算小差比率系数并与目标值比较：

$$I_r=\left|\dot{I}_A\right|+\left|\dot{I}_B\right|+\left|\dot{I}_C\right|=1+3.01=4.01$$

$$I_d=\left|\dot{I}_A+\dot{I}_B+\dot{I}_C\right|=3.01-1=2.01$$

$$K_r=\frac{I_d}{I_r-I_d}=\frac{2.01}{4.01-2.01}=\frac{2.01}{2}=1.005$$

试验数据计算所得的 K_r 值与目标值 1.0 误差在合理范围内，试验合格。

（8）试验完成。

试验结束后，记录试验数据。清理现场，恢复现场安全措施，整理工器具和仪器仪表。

七、评价反馈

（1）学生自评，见附录 1《学生自评表》。

（2）团队互评，见附录 2《团队互评表》。

（3）教师评价，见表 1-2-15。

表 1-2-15　教师评价表

序号	作业名称	质量标准	分值	扣分标准	扣分	得分
一、准备工作						
1	着装穿戴	安全帽、工作服、绝缘鞋穿戴正确	5	1. 未穿戴安全帽、工作服、工作鞋，扣 5 分； 2. 着装穿戴不规范，每处扣 1 分		
2	工器具检查	检查工器具齐全，符合使用要求	5	工器具选择不正确、未检查，每个扣 1 分		
3	工作票办理	按照规范办理工作票（口述）	5	1. 未办理工作票该项，扣 3 分； 2. 未到现场检查安全措施，扣 2 分		
二、工作过程						
1	装置设置	1. 投入“投检修状态”硬压板； 2. 投入“差动保护投入”硬压板； 3. 投入差动保护软压板； 4. 投入差动保护控制字； 5. 设置各支路刀闸位置及母联开关位置	12	1. 每漏一项扣 2 分； 2. 操作错误，一处扣 2 分		
2	试验接线	1. 测试仪接地； 2. 测试仪电流、电压接线； 3. 测试仪开入量、开出量接线	8	1. 测试仪未接地，扣 1 分； 2. 测试仪电流、电压接线不正确，每处扣 1 分； 3. 测试仪开入量、开出量接线不正确，每处扣 2 分		
3	装置检查	1. 交流电流与交流电压零漂检查； 2. 交流电流与交流电压幅值、相位检查； 3. 开入量检查； 4. 检查指示灯、装置有无异常，通道有无告警	10	1. 漏检查项目，每项扣 3 分； 2. 操作错误，一个扣 2 分		

续表

序号	作业名称	质量标准	分值	扣分标准	扣分	得分
4	小差元件比率制动系数检验	1. 任选同一母线上两条变比相同支路，在 A 相加入方向相反、大小不同的电流； 2. 固定其中一支路电流，调节另一支路电流大小，使母线差动动作； 3. 记录所加电流，验证小差比率系数	30	1. 计算错误一处扣 2 分； 2. 故障量输入错误一处扣 2 分； 3. 动作情况记录错误一处扣 2 分		
5	二次措施及现场恢复	1. 二次安措恢复至试验前状态； 2. 试验接线恢复	10	1. 二次安措未恢复至试验前状态，扣 4 分； 2. 未拆除试验接线，扣 6 分		
6	试验报告	1. 记录装置型号、软件版本及校验码； 2. 记录试验项目及数据； 3. 记录测试仪型号； 4. 试验结论	10	1. 未记录装置型号、软件版本及校验码，每项扣 2 分； 2. 未记录试验项目及数据，扣 3 分； 3. 未记录测试仪型号，扣 1 分； 4. 未写试验结论，扣 1 分		
三、工作终结						
1	工作票终结	办理工作票终结（口述）	5	未办理工作票终结，扣 5 分		
合计			100			
考评员栏		成绩：		考评老师：		

八、相关知识点

知识点：大差回路是除母联开关以外的母线上所有其余支路电流所构成的差动回路；某段母线小差回路是与该母线相连接的各支路电流构成的差动回路，其中包括与该段母线相关联的母联支路。

九、拓展思考

思考在不同接线方式下，小差元件的计算公式。（接线方式如：双母线专用母联接线、母联兼旁路形式的双母线接线、旁路兼母联形式的双母线接线、母线兼旁母形式的双母线接线、双母线单分段主接线、双母线双分段主接线等。）

项目 3　断路器失灵保护逻辑检验

任务 1　线路支路失灵保护检验

一、学习情境描述

计划对一面 220 kV 母线保护装置进行定检，现场安全措施已布置完成，现需对其断路器失灵保护（线路支路）进行检验。相关保护定值如表 1-3-1 所示。

表 1-3-1　保护装置定值设置

定值分类	定值名称	单位	整定值
母线保护定值	差动保护启动电流定值	A	0.3
	TA 断线告警定值	A	5
	TA 断线闭锁定值	A	6
	母联分段失灵电流定值	A	1
	母联分段失灵时间	s	0.25
失灵保护定值	低电压闭锁定值	V	45
	零序电压闭锁定值	V	6
	负序电压闭锁定值	V	4
	三相失灵相电流定值	A	0.5
	失灵零序电流定值	A	0.5
	失灵负序电流定值	A	0.5
	失灵保护 1 时限	s	0.25
	失灵保护 2 时限	s	0.4

TA 参数设置：

（1）将所有支路 TA 一次值全部设置为 1 200 A。

（2）将所有支路 TA 二次值全部设置为 5 A。

（3）将“基准 TA 一次值”设置为 1 200 A。

（4）将“基准 TA 二次值”设置为 5 A。

二、学习目标

知识目标

掌握断路器失灵保护（线路支路）的检验方法。

能正确理解断路器失灵保护（线路支路）的逻辑框图。

能力目标

能正确完成断路器失灵保护（线路支路）的检验。

思政目标

培养团队协作精神。

三、任务书

完成 220 kV 母线保护装置定检中，断路器失灵保护（线路支路）的检验。

四、任务导入

引导问题 1： 断路器失灵保护动作出口，经相应母线的失灵复合电压元件闭锁，查阅 BP-2CS 微机母线保护装置技术说明书，画出失灵复合电压闭锁的逻辑框图。

答案：

引导问题 2： 查阅 220 kV 母差保护柜原理接线及机柜端子排图，找到“断路器（线路支路）失灵开入”开入信号接线端子。

答案：

引导问题 3： 查阅 BP-2CS 微机母线保护装置技术说明书，画出断路器失灵保护（非主变支路）出口逻辑框图。

答案：

五、任务实施

（1）完成现场安全措施布置。

（2）工器具、资料准备：

微机型继电保护测试仪、计算器、万用表、一字螺丝刀、绝缘胶布、装置图纸、装置说明书。

（3）试验记录单：

表 1-3-2　断路器失灵保护（线路支路）检验记录单

保护名称	检验思路与试验参数	故障相别	动作报文

六、工作实施流程

（1）领取任务：按组分配屏位，每组一个屏位完成任务。

（2）工作前准备：

① 人员准备：指导教师为安全监护人，组长为工作负责人，其余人员为工作组成员，工作人员应清楚工作内容、安全措施，精神状态正常，无妨碍工作的病症。

② 危险点分析，安全预控措施：检查现场符合工作条件，分析本次工作危险点并做好相应预控措施。

（3）工作人员穿着工作服。

（4）装置设置：

① 硬压板设置：

a. 投入“1KLP9 检修状态投入”硬压板。

b. 投入“1KLP2 失灵保护投入”硬压板。

c. 确认其余硬压板均在退出位置。

② 各支路刀闸位置及母联开关位置设置：

模拟 0264 开关挂在 Ⅰ 母上，即将支路 5（0264 开关）对应的 Ⅰ 母刀闸位置旋钮打至“强制通”位置，其余刀闸位置旋钮打至“自适应”位置。

③ 软压板设置：

a. 将“失灵保护”软压板设置为 1。

b. 其余软压板均设置为 0。

④ 保护控制字设置：

a. 将“失灵保护”控制字设置为 1。

b. 其余保护控制字均设置为 0。

（5）试验接线，如图 1-3-1 所示。

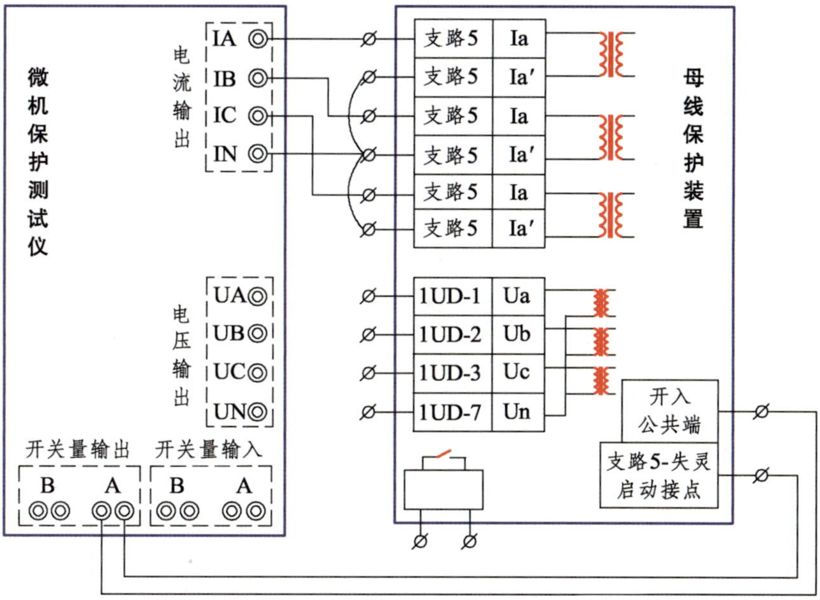

图 1-3-1　断路器失灵保护检验（线路支路）试验接线示意图

（6）试验数值计算：

① 检验失灵保护"低电压闭锁定值"：相电压为 0.95 倍"低电压闭锁定值"时，母线失灵复合电压元件应动作，测试仪输入电压计算：

$$U_{\phi}=0.95\times U_{\text{set}}=0.95\times 45=42.75\ (\text{V})$$

式中，U_{ϕ}指相电压，ϕ为 A 或 B 或 C。

② 检验失灵保护"低电压闭锁定值"：相电压为 1.05 倍"低电压闭锁定值"时，母线失灵复合电压元件应不动作，测试仪输入电压计算：

$$U_{\phi}=1.05\times U_{\text{set}}=1.05\times 45=47.25\ (\text{V})$$

式中，U_{ϕ}指相电压，ϕ为 A 或 B 或 C。

③ 检验失灵保护"零序电压闭锁定值"：零序电压为 1.05 倍"零序电压闭锁定值"时，母线失灵复合电压元件应动作，测试仪输入电压计算：

$$\dot{U}_{\text{A}}+\dot{U}_{\text{B}}+\dot{U}_{\text{C}}=1.05\times 3\dot{U}_{0\text{set}}=1.05\times 6=6.3\ (\text{V})$$

$$\dot{U}_{\text{B}}=57.7\angle -120^{\circ}\text{；}\ \dot{U}_{\text{C}}=57.7\angle 120^{\circ}$$

得　$$\dot{U}_{\text{A}}=51.4\angle 0^{\circ}$$

④ 检验失灵保护"零序电压闭锁定值"：零序电压为 0.95 倍"零序电压闭锁定值"时，母线失灵复合电压元件应不动作，测试仪输入电压计算：

$$\dot{U}_{\text{A}}+\dot{U}_{\text{B}}+\dot{U}_{\text{C}}=0.95\times 3\dot{U}_{0\text{set}}=0.95\times 6=5.7\ (\text{V})$$

$$\dot{U}_{\text{B}}=57.7\angle -120^{\circ}\text{；}\ \dot{U}_{\text{C}}=57.7\angle 120^{\circ}$$

得　$$\dot{U}_{\text{A}}=52\angle 0^{\circ}$$

⑤ 检验失灵保护“负序电压闭锁定值”：负序电压为 1.05 倍“负序电压闭锁定值”时，母线失灵复合电压元件应动作，测试仪输入电压计算：

$$\dot{U}_A+\dot{U}_B+\dot{U}_C=1.05\times3\dot{U}_{2set}=1.05\times3\times4=12.6\ (V)$$

$$\dot{U}_B=57.7\angle-120°\ ;\quad \dot{U}_C=57.7\angle120°$$

得
$$\dot{U}_A=45.1\angle0°$$

⑥ 检验失灵保护“负序电压闭锁定值”：负序电压为 0.95 倍“负序电压闭锁定值”时，母线失灵复合电压元件应不动作，测试仪输入电压计算：

$$\dot{U}_A+\dot{U}_B+\dot{U}_C=0.95\times3\dot{U}_{2set}=0.95\times3\times4=11.4\ (V)$$

$$\dot{U}_B=57.7\angle-120°\ ;\quad \dot{U}_C=57.7\angle120°$$

得
$$\dot{U}_A=46.3\angle0°$$

（7）逻辑检验。

如图 1-3-2 所示，使用测试仪“状态序列”模块进行试验，需设置两个状态。

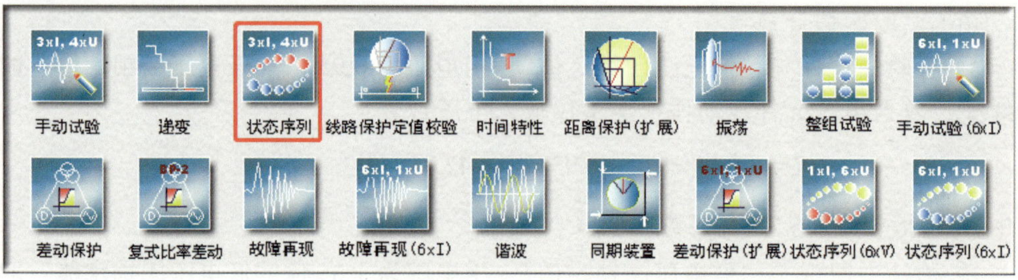

图 1-3-2　测试仪试验类型选择界面示意图

① 检验失灵保护“低电压闭锁定值”：相电压为 0.95 倍“低电压闭锁定值”，且失灵保护过流条件满足时，失灵保护应动作。

状态一（故障前状态）设置，如图 1-3-3、图 1-3-4 所示。

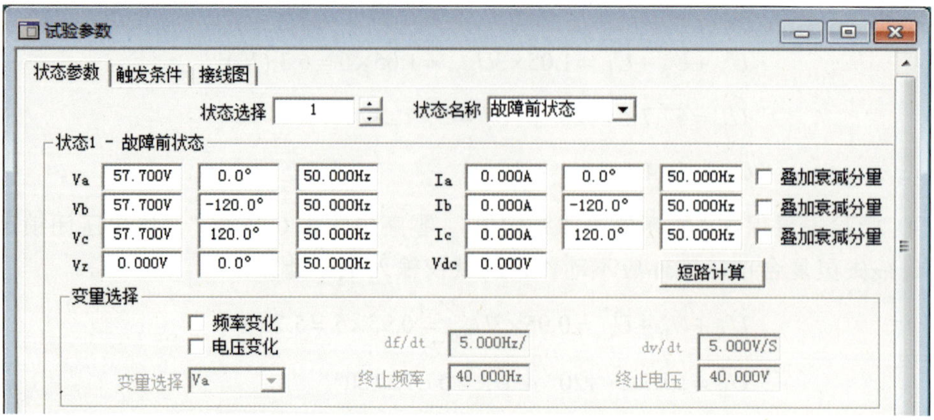

图 1-3-3　状态一状态参数设置示意图（0.95 倍低电压闭锁）

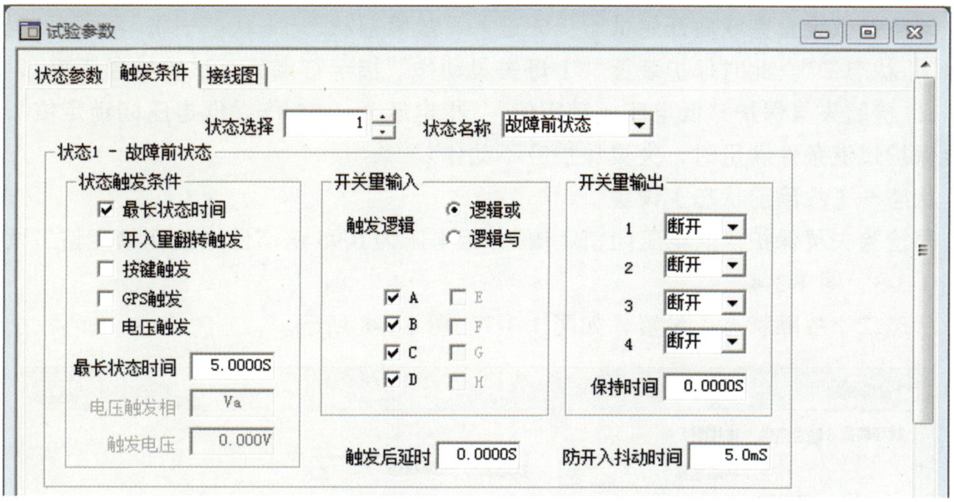

图 1-3-4　状态一触发条件设置示意图（0.95 倍低电压闭锁）

状态二（故障状态）设置，如图 1-3-5、图 1-3-6 所示。

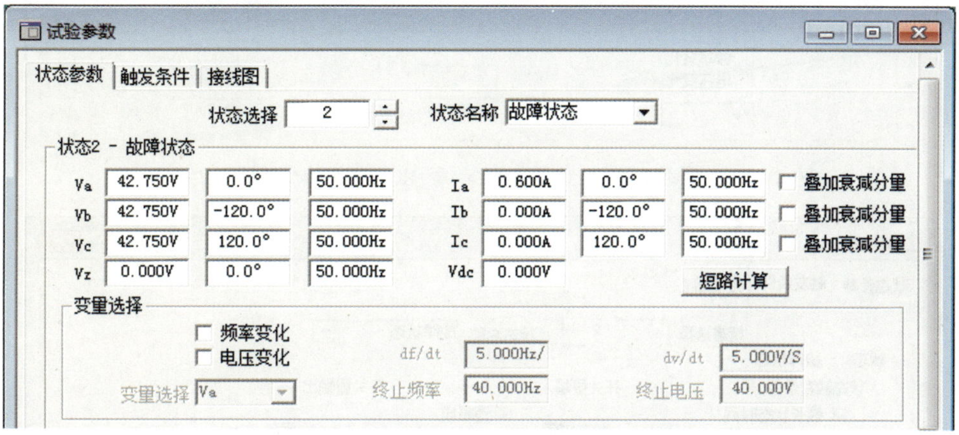

图 1-3-5　状态二状态参数设置示意图（0.95 倍低电压闭锁）

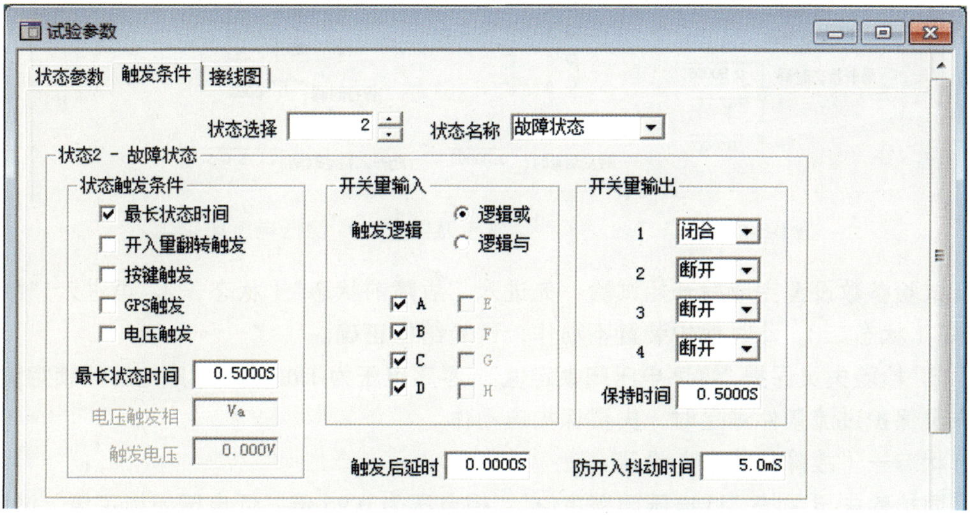

图 1-3-6　状态二触发条件设置示意图（0.95 倍低电压闭锁）

试验参数设置完成后开始试验：先进入“故障前状态”（状态一），再进入“故障状态”（状态二）。此时保护装置“Ⅰ母失灵动作”指示灯点亮，试验结果正确。

② 检验失灵保护“低电压闭锁定值”：相电压为 1.05 倍“低电压闭锁定值”，且失灵保护过流条件满足时，失灵保护应不动作。

状态一（故障前状态）设置：

同检验失灵保护“低电压闭锁定值”：相电压为 0.95 倍“低电压闭锁定值”试验，见图 1-3-3、图 1-3-4。

状态二（故障状态）设置，如图 1-3-7、图 1-3-8 所示。

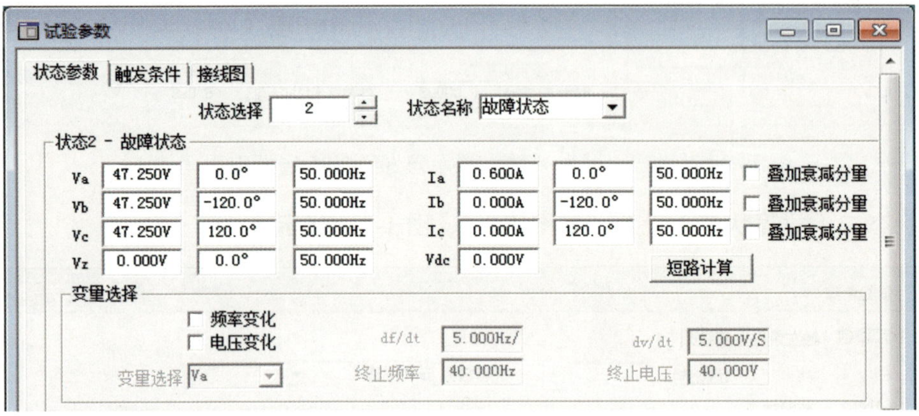

图 1-3-7　状态二状态参数设置示意图（1.05 倍低电压闭锁）

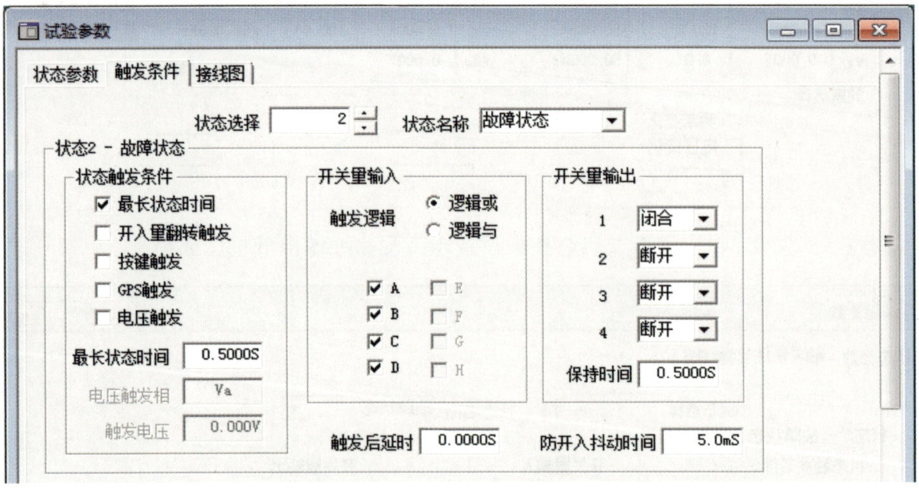

图 1-3-8　状态二触发条件设置示意图（1.05 倍低电压闭锁）

试验参数设置完成后开始试验：先进入“故障前状态”（状态一），再进入“故障状态”（状态二）。此时保护装置不动作，试验结果正确。

③ 检验失灵保护“零序电压闭锁定值”：零序电压为 1.05 倍“零序电压闭锁定值”，且失灵保护过流条件满足时，失灵保护应动作。

状态一（故障前状态）设置：

同检验失灵保护“低电压闭锁定值”：相电压为 0.95 倍“低电压闭锁定值”试验，见图 1-3-3、图 1-3-4。

状态二（故障状态）设置，如图 1-3-9、图 1-3-10 所示。

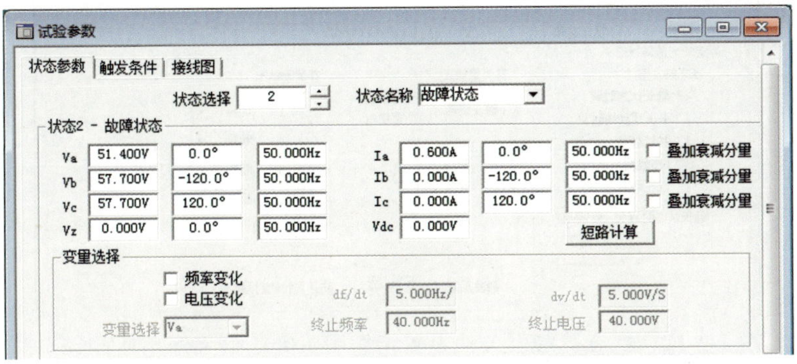

图 1-3-9　状态二状态参数设置示意图（1.05 倍零序电压闭锁）

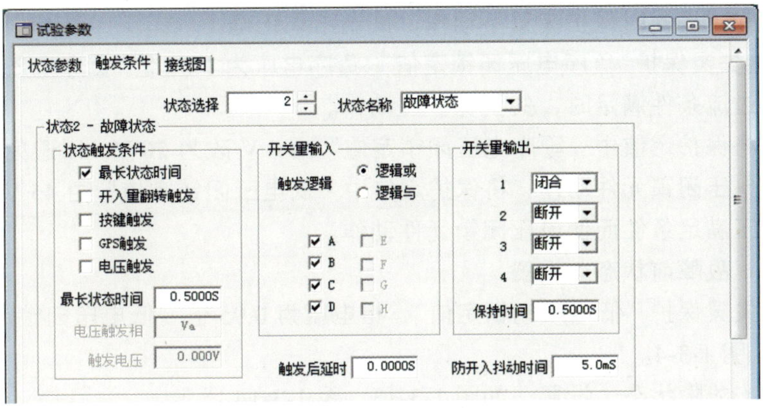

图 1-3-10　状态二触发条件设置示意图（1.05 倍零序电压闭锁）

试验参数设置完成后开始试验：先进入“故障前状态”（状态一），再进入“故障状态”（状态二）。此时保护装置“Ⅰ母失灵动作”指示灯点亮，试验结果正确。

④ 验证失灵保护“零序电压闭锁定值”：零序电压为 0.95 倍“零序电压闭锁定值”，且失灵保护过流条件满足时，失灵保护应不动作。

状态一（故障前状态）设置：

同验证失灵保护“低电压闭锁定值”：相电压为 0.95 倍“低电压闭锁定值”试验，见图 1-3-3、图 1-3-4。

状态二（故障状态）设置，如图 1-3-11、图 1-3-12 所示。

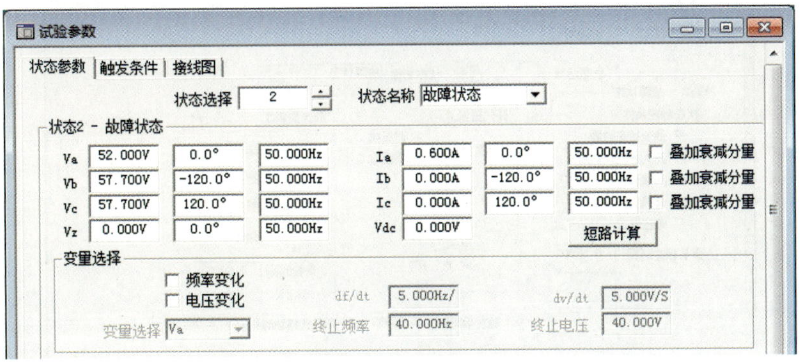

图 1-3-11　状态二状态参数设置示意图（0.95 倍零序电压闭锁）

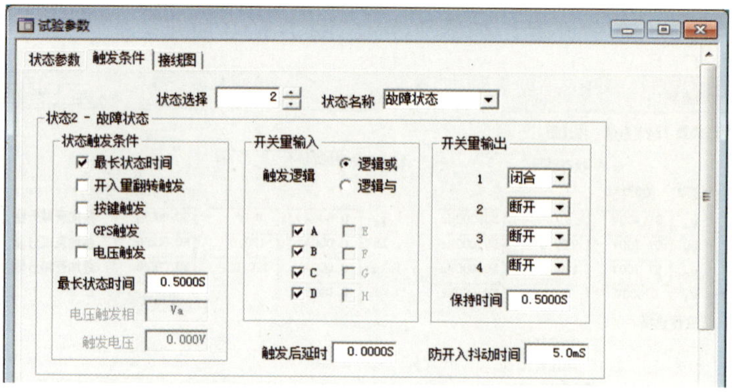

图 1-3-12　状态二触发条件设置示意图（0.95 倍零序电压闭锁）

试验参数设置完成后开始试验：先进入“故障前状态”（状态一），再进入“故障状态”（状态二）。此时保护装置不动作，试验结果正确。

⑤ 检验失灵保护“负序电压闭锁定值”：负序电压为 1.05 倍“负序电压闭锁定值”，且失灵保护过流条件满足时，失灵保护应动作。

试验前将保护定值中“零序电压闭锁定值”由 6 V 改为 20 V，以避免零序电压满足条件而使电压闭锁元件动作；将保护定值中“低电压闭锁定值”由 45 V 改为 30 V，以避免低电压满足条件而使电压闭锁元件动作。

状态一（故障前状态）设置：

同检验失灵保护“低电压闭锁定值”：相电压为 0.95 倍“低电压闭锁定值”试验，见图 1-3-3、图 1-3-4。

状态二（故障状态）设置，如图 1-3-13、图 1-3-14 所示。

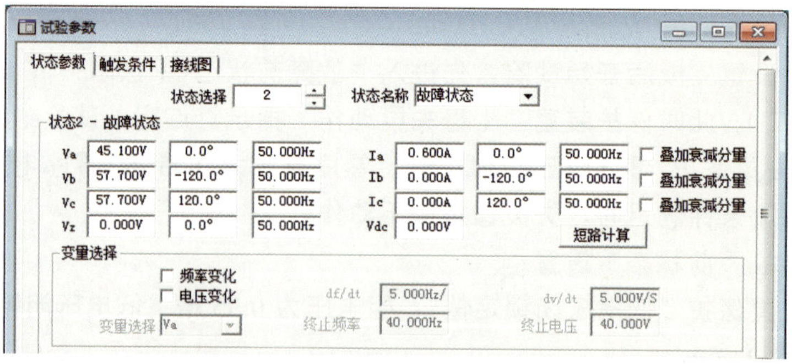

图 1-3-13　状态二状态参数设置示意图（1.05 倍负序电压闭锁）

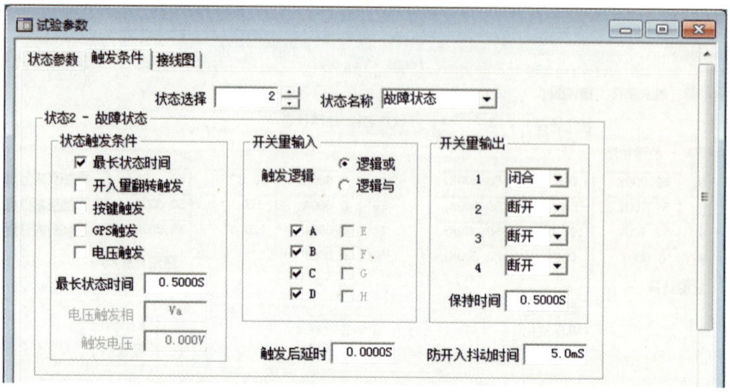

图 1-3-14　状态二触发条件设置示意图（1.05 倍负序电压闭锁）

试验参数设置完成后开始试验：先进入“故障前状态”（状态一），再进入“故障状态”（状态二）。此时保护装置“Ⅰ母失灵动作”指示灯点亮，试验结果正确。

⑥ 检验失灵保护“负序电压闭锁定值”：负序电压为 0.95 倍“负序电压闭锁定值”时，失灵保护应不动作。

状态一（故障前状态）设置：

同检验失灵保护“低电压闭锁定值”：相电压为 0.95 倍“低电压闭锁定值”试验，见图 1-3-3、图 1-3-4。

状态二（故障状态）设置，如图 1-3-15、图 1-3-16 所示。

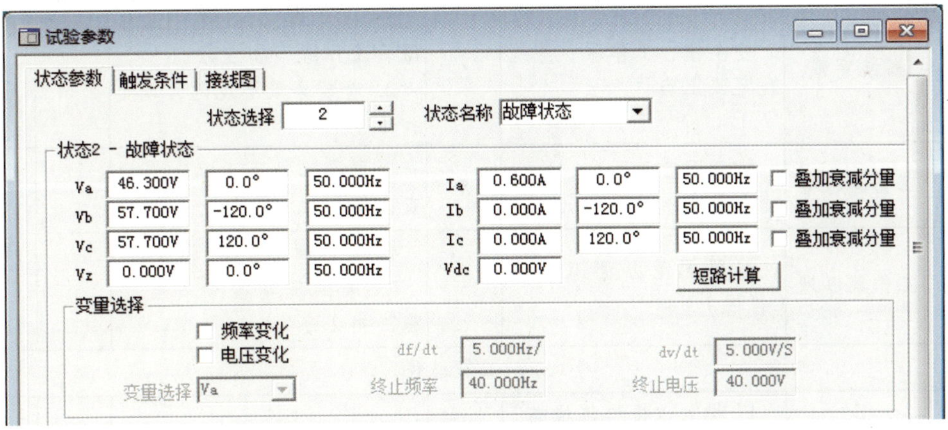

图 1-3-15　状态二状态参数设置示意图（0.95 倍负序电压闭锁）

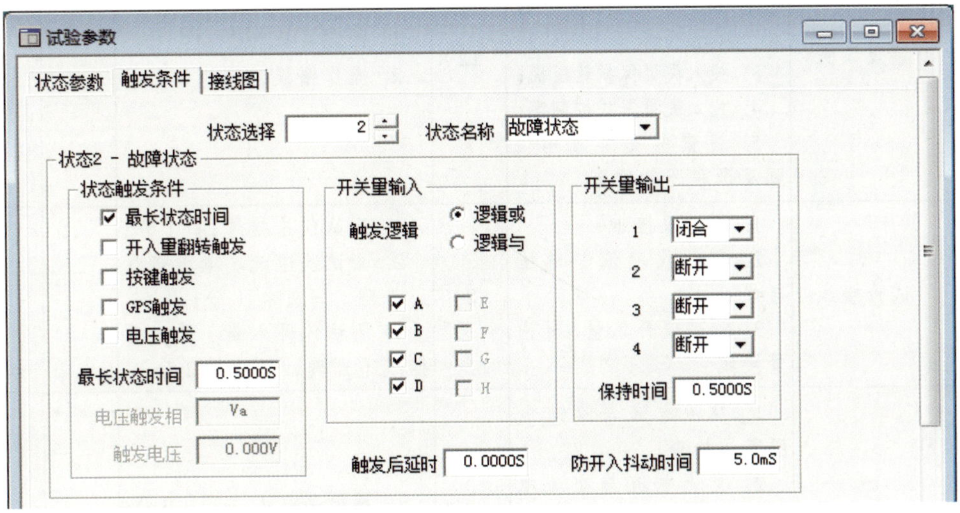

图 1-3-16　状态二触发条件设置示意图（0.95 倍负序电压闭锁）

试验参数设置完成后开始试验：先进入“故障前状态”（状态一），再进入“故障状态”（状态二）。此时保护装置不动作，试验结果正确。

（8）试验完成。

试验结束后，记录试验数据。清理现场，恢复现场安全措施，整理工器具和仪器仪表。

七、评价反馈

（1）学生自评，见附录 1《学生自评表》。

（2）团队互评，见附录 2《团队互评表》。

（3）教师评价，见表 1-3-3。

表 1-3-3　教师评价表

序号	作业名称	质量标准	分值	扣分标准	扣分	得分
一、准备工作						
1	着装穿戴	安全帽、工作服、绝缘鞋穿戴正确	5	1. 未穿戴安全帽、工作服、工作鞋，扣 5 分； 2. 着装穿戴不规范，每处扣 1 分		
2	工器具检查	检查工器具齐全，符合使用要求	5	工器具选择不正确、未检查，每个扣 1 分		
3	工作票办理	按照规范办理工作票（口述）	5	1. 未办理工作票，扣 3 分； 2. 未到现场检查安全措施，扣 2 分		
二、工作过程						
1	装置设置	1. 投入“投检修状态”硬压板； 2. 投入“失灵保护投入”硬压板； 3. 投入失灵保护软压板； 4. 投入失灵保护控制字； 5. 设置各支路刀闸位置及母联开关位置	12	1. 每漏一项扣 2 分； 2. 操作错误，一处扣 2 分		
2	试验接线	1. 测试仪接地； 2. 测试仪电流、电压接线； 3. 测试仪开入量、开出量接线	8	1. 测试仪未接地，扣 1 分； 2. 测试仪电流、电压接线不正确，每处扣 1 分； 3. 测试仪开入量、开出量接线不正确，每处扣 2 分		
3	装置检查	1. 交流电流与交流电压零漂检查； 2. 交流电流与交流电压幅值、相位检查； 3. 开入量检查； 4. 检查指示灯、装置有无异常，通道有无告警	10	1. 漏检查项目，每项扣 3 分； 2. 操作错误，一个扣 2 分		
4	断路器失灵保护（线路支路）检验	1. 任选 Ⅰ 母上一线路支路，在其任一相加入大于 0.04 I_n 的电流，同时满足该支路零序或负序过流条件；	30	1. 计算错误一处扣 2 分； 2. 故障量输入错误一处扣 2 分； 3. 动作情况记录错误一处扣 2 分		

续表

序号	作业名称	质量标准	分值	扣分标准	扣分	得分
二、工作过程						
4	断路器失灵保护（线路支路）检验	2. 合上该支路对应相的分相失灵启动接点，或合上该支路三跳失灵启动接点； 3. 失灵保护启动后，经失灵保护 1 时限切除母联，经失灵保护 2 时限切除Ⅰ母线的所有支路，Ⅰ母失灵动作信号灯亮	30	1. 计算错误一处扣 2 分； 2. 故障量输入错误一处扣 2 分； 3. 动作情况记录错误一处扣 2 分		
5	二次措施及现场恢复	1. 二次安措恢复至试验前状态； 2. 试验接线恢复	10	1. 二次安措未恢复至试验前状态，扣 4 分； 2. 未拆除试验接线，扣 6 分		
6	试验报告	1. 记录装置型号、软件版本及校验码； 2. 记录试验项目及数据； 3. 记录测试仪型号； 4. 试验结论	10	1. 未记录装置型号、软件版本及校验码，每项扣 2 分； 2. 未记录试验项目及数据，扣 3 分； 3. 未记录测试仪型号，扣 1 分； 4. 未写试验结论，扣 1 分		
三、工作终结						
1	工作票终结	办理工作票终结（口述）	5	未办理工作票终结，扣 5 分		
合计			100			
考评员栏		成绩：		考评老师：		

八、相关知识点

知识点 1：当保护装置动作并发出跳闸指令时，故障设备的断路器拒绝动作，称为断路器失灵。发生断路器失灵故障的原因主要有：断路器跳闸线圈断线、断路器操动机构出现故障、空气断路器的气压降低或液压式断路器的液压降低、直流电源消失及控制回路故障等。其中发生最多的是空气断路器的气压降低或液压式断路器的液压降低、直流电源消失及操作回路出现问题。

在 220 ~ 500 kV 电力网中，以及 110 kV 电力网的个别重要系统，应按规定设置断路器失灵保护。对断路器失灵保护的要求如下：

（1）动作可靠性高。断路器失灵保护与母差保护一样，其误动或拒动都将造成严重后果，因此，要求其动作可靠性高。

（2）动作选择性强。断路器失灵保护动作后，宜无延时再次跳开断路器。对于双母线或单母线分段接线，保护动作后以较短的时间断开母联或分段断路器，再经另一时间断开与失灵断路器接在同一母线上的其他断路器。

（3）与其他保护的配合。断路器失灵保护动作后，应闭锁有关线路的重合闸。对于 3/2 断路器接线方式，当一串的中间断路器或边断路器失灵时，失灵保护应启动远方跳闸装置，断开对侧断路器，并闭锁重合闸。对于多角形接线方式的断路器，当断路器失灵时，失灵保护也应启动远方跳闸装置，并闭锁重合闸。

对于 220 kV 及以上主干网，通常装设两套独立的全线快速动作的保护，以防保护装置的拒动。对于断路器的拒动则应装设专门的断路器失灵保护。

下面以图 1-3-17 为例说明失灵保护工作原理。

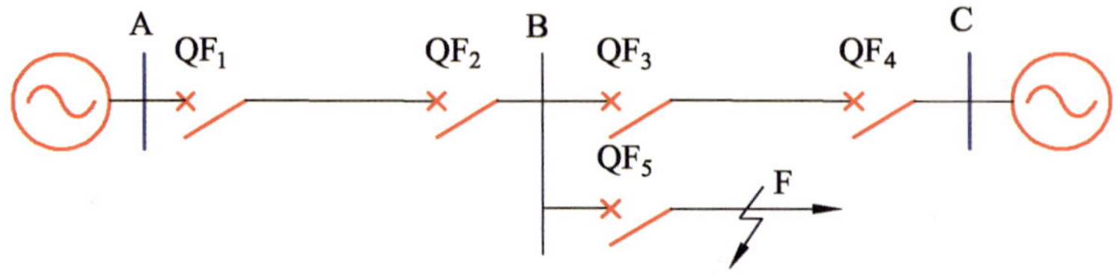

图 1-3-17　失灵保护工作原理说明图

F 处发生故障的时候，QF5 拒动，装设于变电所 B 的断路器失灵保护动作，加速断开 QF2、QF3。可使故障范围不至于影响到变电所 A 和 C（QF1、QF4 的远后备保护动作亦可达到同样的目的，但因为动作时间太长不能满足系统的稳定性要求）。

断路器失灵保护应由故障设备的继电保护启动，手动跳断路器时不能启动失灵保护；在断路器失灵保护的启动回路中，除有故障设备的继电保护出口触点之外，还应有断路器失灵判别元件的出口触点（或动作条件）；失灵保护应有动作延时，且最短的动作延时应大于故障设备断路器的跳闸时间与保护继电器返回时间之和；正常工况下，失灵保护回路中任一对触点闭合，失灵保护不应被误启动或误跳断路器。

断路器失灵的判据：① 保护动作（出口继电器触点闭合）；② 断路器仍在闭合状态；③ 断路器中还有电流（负序电流或零序电流）。

知识点 2：电流检测元件。

线路支路采用相电流、零序电流（或负序电流）“与门”逻辑；变压器支路采用相电流、零序电流、负序电流“或门”逻辑。所有支路共用“失灵零序电流定值”“失灵负序电流定值”。

九、拓展思考

在实际现场，断路器失灵保护（线路支路）的失灵开入是由什么装置提供的？两个装置之间依靠什么连接？

任务 2　主变支路失灵保护检验

一、学习情境描述

计划对一面 220 kV 母线保护装置进行定检，现场安全措施已布置完成，现需对其断路器失灵保护（主变支路）进行检验。相关保护定值如表 1-3-4 所示。

表 1-3-4 保护装置定值设置

定值分类	定值名称	单位	整定值
母线保护定值	差动保护启动电流定值	A	0.3
	TA 断线告警定值	A	5
	TA 断线闭锁定值	A	6
	母联分段失灵电流定值	A	1
	母联分段失灵时间	s	0.25
失灵保护定值	低电压闭锁定值	V	45
	零序电压闭锁定值	V	6
	负序电压闭锁定值	V	4
	三相失灵相电流定值	A	0.5
	失灵零序电流定值	A	0.5
	失灵负序电流定值	A	0.5
	失灵保护 1 时限	s	0.25
	失灵保护 2 时限	s	0.4

TA 参数设置：

（1）将所有支路 TA 一次值全部设置为 1 200 A。

（2）将所有支路 TA 二次值全部设置为 5 A。

（3）将“基准 TA 一次值”设置为 1 200 A。

（4）将“基准 TA 二次值”设置为 5 A。

二、学习目标

知识目标

掌握断路器失灵保护（主变支路）的检验方法。

能正确理解断路器失灵保护（主变支路）的逻辑框图。

能力目标

能正确完成断路器失灵保护（主变支路）的检验。

思政目标

培养团队协作精神。

三、任务书

完成 220 kV 母线保护装置定检中，断路器失灵保护（主变支路）的检验。

四、任务导入

引导问题 1：查阅 BP-2CS 微机母线保护装置技术说明书，画出失灵复压解闭锁元件逻辑框图。

答案：

引导问题 2：查阅 220 kV 母差保护柜原理接线及机柜端子排图，找到“断路器（主变支路）失灵开入”开入信号接线端子。

答案：

引导问题 3：查阅 BP-2CS 微机母线保护装置技术说明书，画出断路器失灵保护（主变支路）出口逻辑框图。

答案：

五、任务实施

（1）完成现场安全措施布置。

（2）工器具、资料准备：

微机型继电保护测试仪、计算器、万用表、一字螺丝刀、绝缘胶布、装置图纸、装置说明书。

（3）试验记录单：

表 1-3-5　断路器失灵保护（主变支路）检验记录单

保护名称	检验思路与试验参数	故障相别	动作报文

六、工作实施流程

（1）领取任务：按组分配屏位，每组一个屏位完成任务。

（2）工作前准备：

① 人员准备：指导教师为安全监护人，组长为工作负责人，其余人员为工作组成员，工作人员应清楚工作内容、安全措施，精神状态正常，无妨碍工作的病症。

② 危险点分析，安全预控措施：检查现场符合工作条件，分析本次工作危险点并做好相应预控措施。

（3）工作人员穿着工作服。

（4）装置设置：

① 硬压板设置：

a. 投入“1KLP9 检修状态投入”硬压板。

b. 投入“1KLP2 失灵保护投入”硬压板。

c. 确认其余硬压板均在退出位置。

② 各支路刀闸位置及母联开关位置设置：

模拟 0261 开关挂在Ⅰ母上，即：将支路 2（0261 开关）对应的Ⅰ母刀闸位置旋钮打至“强制通”位置，其余刀闸位置旋钮打至“自适应”位置。

③ 软压板设置：

a. 将“失灵保护”软压板设置为 1。

b. 其余软压板均设置为 0。

④ 保护控制字设置：

a. 将“失灵保护”控制字设置为 1。

b. 其余保护控制字均设置为 0。

（5）试验接线，如图 1-3-18 所示。

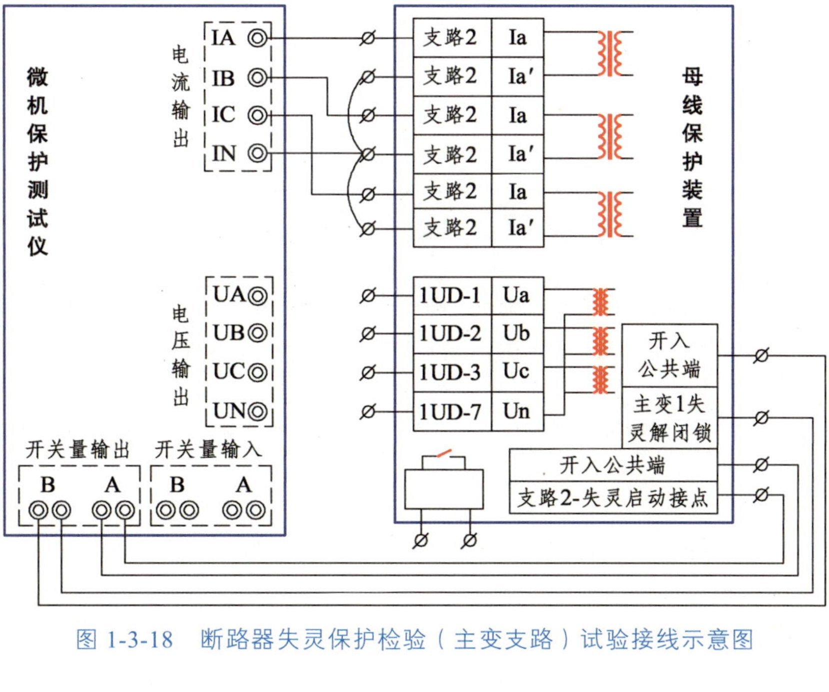

图 1-3-18　断路器失灵保护检验（主变支路）试验接线示意图

（6）试验数值计算：

① 检验失灵保护“三相失灵相电流定值”：相电流为 1.05 倍“三相失灵相电流定值”时，测试仪输入电流计算：

$$I_{\phi}=1.05\times I_{\text{set}}=1.05\times 0.5=0.525\ (\text{A})$$

② 检验失灵保护“三相失灵相电流定值”：相电流为 0.95 倍“三相失灵相电流定值”时，测试仪输入电流计算：

$$I_{\phi}=0.95\times I_{\text{set}}=0.95\times 0.5=0.475\ (\text{A})$$

③ 检验失灵保护“失灵零序电流定值”：零序电流为 1.05 倍“失灵零序电流定值”时，测试仪输入电流计算：

$$\dot{I}_{\text{A}}+\dot{I}_{\text{B}}+\dot{I}_{\text{C}}=3\dot{I}_{0}=1.05\times I_{0\text{set}}=1.05\times 0.5=0.525\ (\text{A})$$

④ 检验失灵保护“失灵零序电流定值”：零序电流为 0.95 倍“失灵零序电流定值”时，测试仪输入电流计算：

$$\dot{I}_{\text{A}}+\dot{I}_{\text{B}}+\dot{I}_{\text{C}}=3\dot{I}_{0}=0.95\times I_{0\text{set}}=0.95\times 0.5=0.475\ (\text{A})$$

⑤ 检验失灵保护“失灵负序电流定值”：负序电流为 1.05 倍“失灵负序电流定值”时，测试仪输入电流计算：

$$I_{2}=1.05\times I_{2\text{set}}=1.05\times 0.5=0.525\ (\text{A})$$

⑥ 检验失灵保护“失灵负序电流定值”：负序电流为 0.95 倍“失灵负序电流定值”时，测试仪输入电流计算：

$$I_{2}=0.95\times I_{2\text{set}}=0.95\times 0.5=0.475\ (\text{A})$$

（7）逻辑检验。

如图 1-3-19 所示，使用测试仪“状态序列”模块进行试验，需设置两个状态。

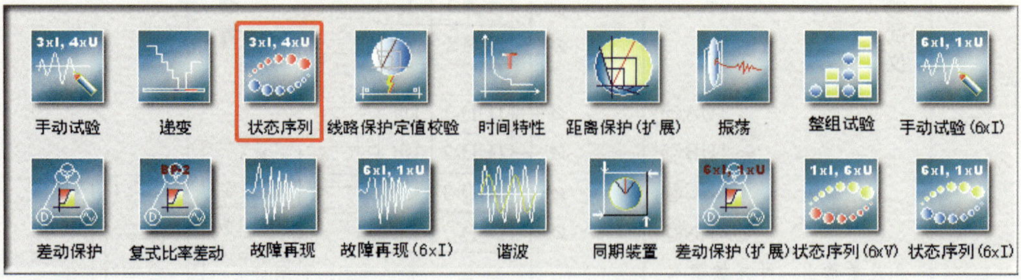

图 1-3-19　测试仪试验类型选择界面示意图

① 检验失灵保护“三相失灵相电流定值”：相电流为 1.05 倍“三相失灵相电流定值”时，失灵保护应动作。

状态一（故障前状态）设置，如图 1-3-20、图 1-3-21 所示。

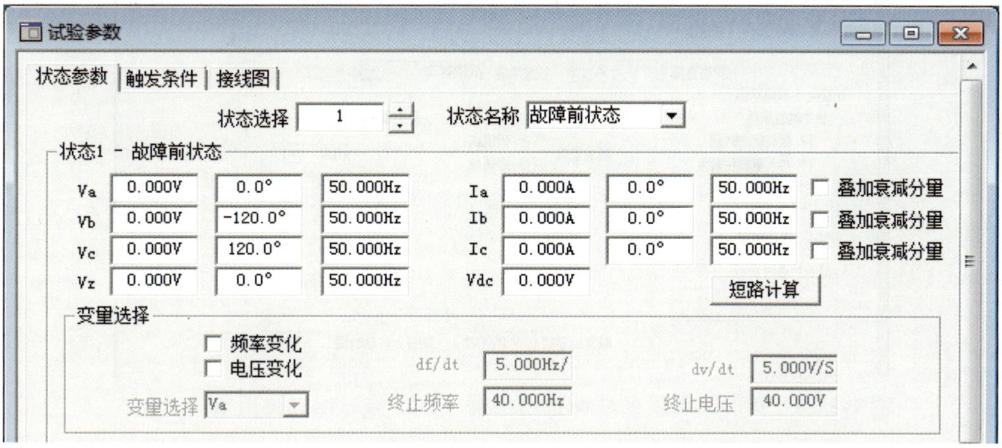

图 1-3-20 状态一状态参数设置示意图（1.05 倍三相失灵相电流定值）

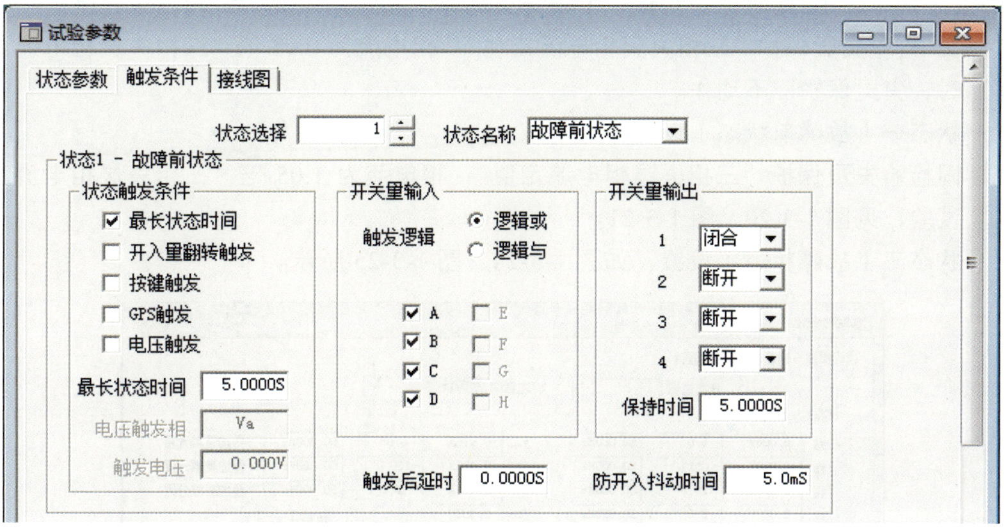

图 1-3-21 状态一触发条件设置示意图（1.05 倍三相失灵相电流定值）

状态二（故障状态）设置，如图 1-3-22、图 1-3-23 所示。

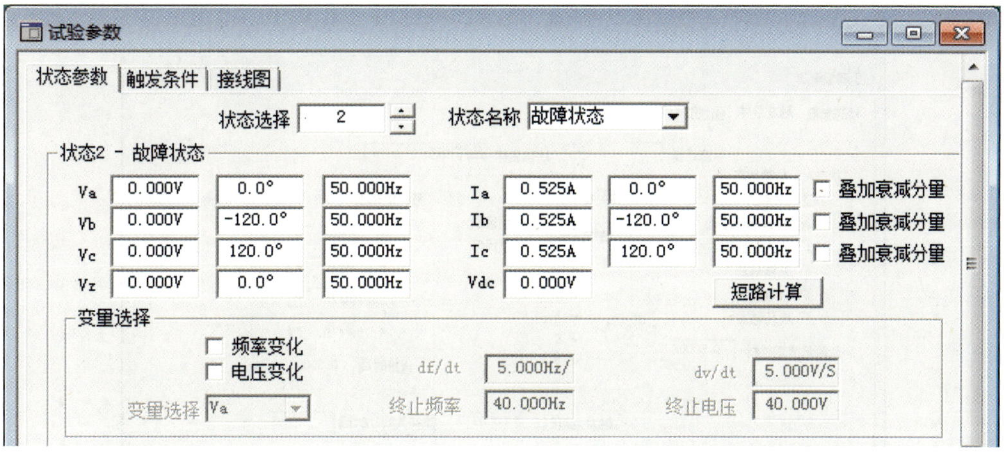

图 1-3-22 状态二状态参数设置示意图（1.05 倍三相失灵相电流定值）

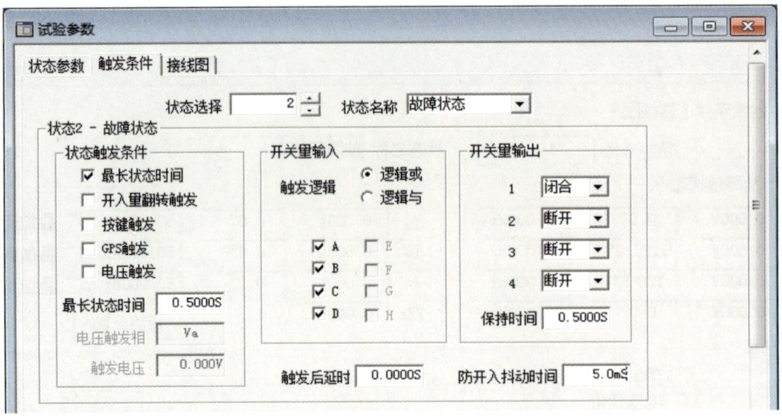

图 1-3-23　状态二触发条件设置示意图（1.05 倍三相失灵相电流定值）

试验参数设置完成后开始试验：先进入“故障前状态”（状态一），再进入“故障状态”（状态二）。此时保护装置“Ⅰ母失灵动作”指示灯点亮，试验结果正确。

② 检验失灵保护“三相失灵相电流定值”：相电流为 0.95 倍“三相失灵相电流定值”时，失灵保护应不动作。

状态一（故障前状态）设置：

同检验失灵保护“三相失灵相电流定值”：相电流为 1.05 倍“三相失灵相电流定值”试验，见图 1-3-20、图 1-3-21。

状态二（故障状态）设置，如图 1-3-24、图 1-3-25 所示。

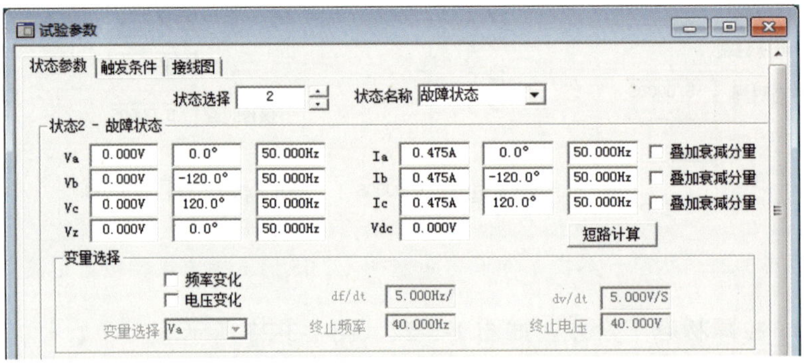

图 1-3-24　状态二状态参数设置示意图（0.95 倍三相失灵相电流定值）

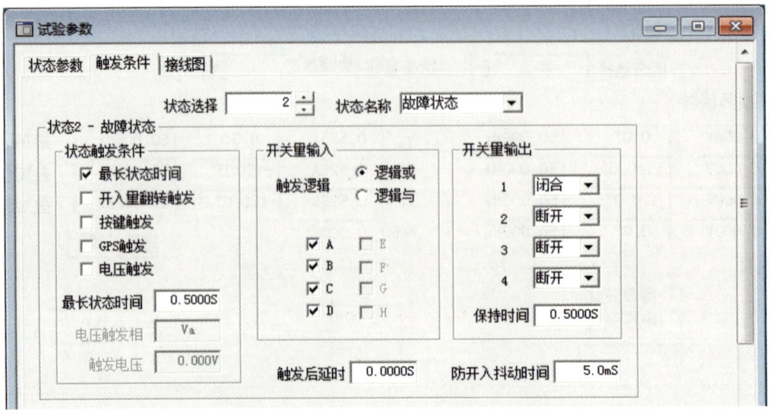

图 1-3-25　状态二触发条件设置示意图（0.95 倍三相失灵相电流定值）

试验参数设置完成后开始试验：先进入“故障前状态”（状态一），再进入“故障状态”（状态二）。此时保护装置不动作，试验结果正确。

③ 检验失灵保护“失灵零序电流定值”：零序电流为 1.05 倍“失灵零序电流定值”时，失灵保护应动作。

状态一（故障前状态）设置：

同检验失灵保护“三相失灵相电流定值”：相电流为 1.05 倍“三相失灵相电流定值”试验，见图 1-3-20、图 1-3-21。

状态二（故障状态）设置，如图 1-3-26、图 1-3-27 所示。

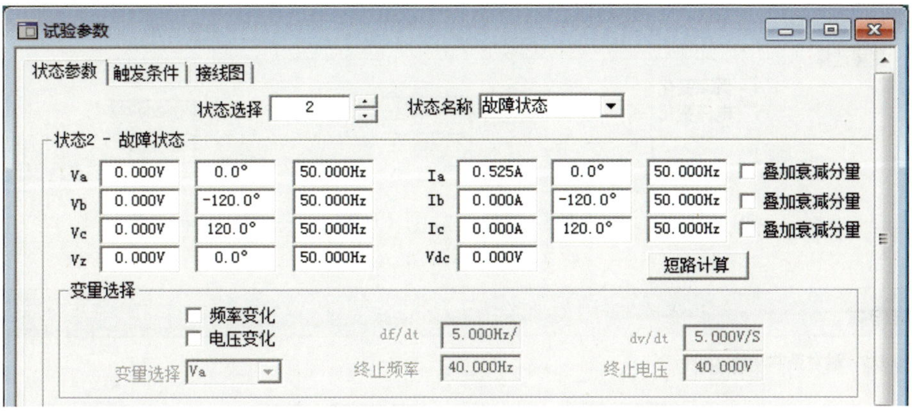

图 1-3-26 状态二状态参数设置示意图（1.05 倍失灵零序电流定值）

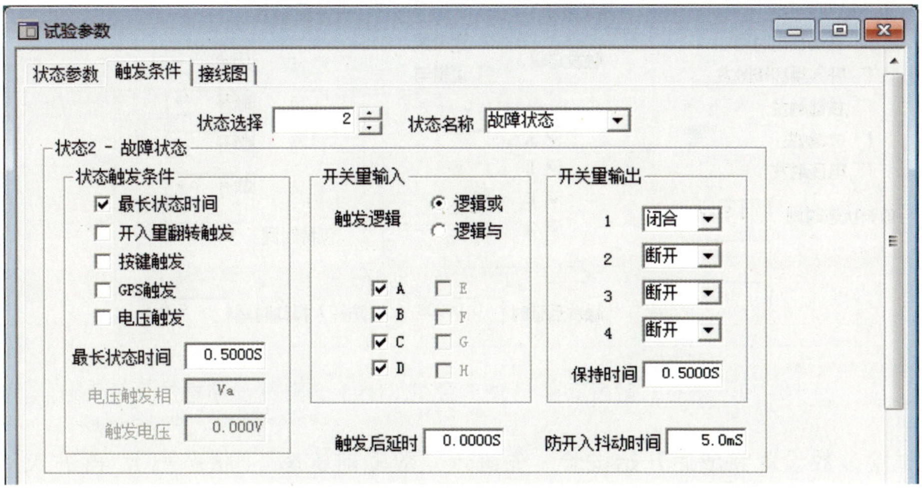

图 1-3-27 状态二触发条件设置示意图（1.05 倍失灵零序电流定值）

试验参数设置完成后开始试验：先进入“故障前状态”（状态一），再进入“故障状态”（状态二）。此时保护装置“Ⅰ母失灵动作”指示灯点亮，试验结果正确。

④ 检验失灵保护“失灵零序电流定值”：零序电流为 0.95 倍“失灵电流定值”时，失灵保护应不动作。

状态一（故障前状态）设置：

同检验失灵保护“三相失灵相电流定值”：相电流为 1.05 倍“三相失灵相电流定值”试验，见图 1-3-20、图 1-3-21。

状态二（故障状态）设置，如图 1-3-28、图 1-3-29 所示。

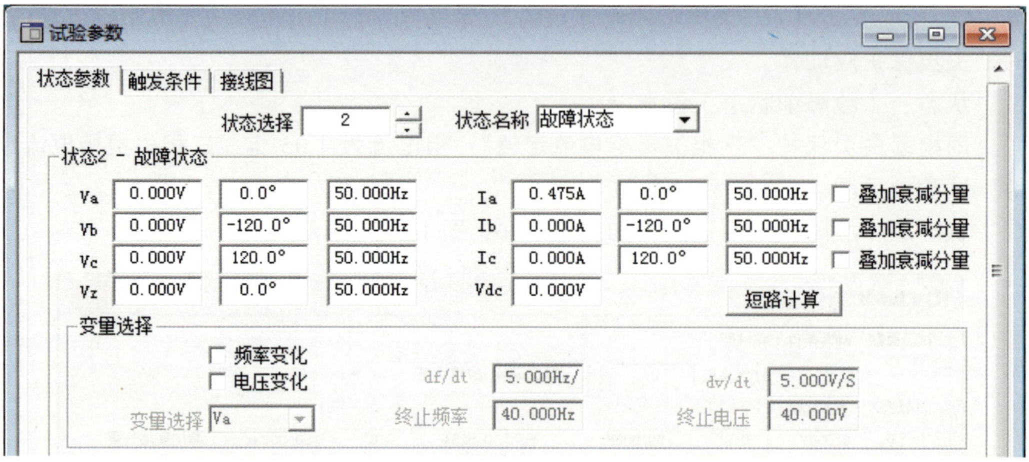

图 1-3-28　状态二状态参数设置示意图（0.95 倍失灵零序电流定值）

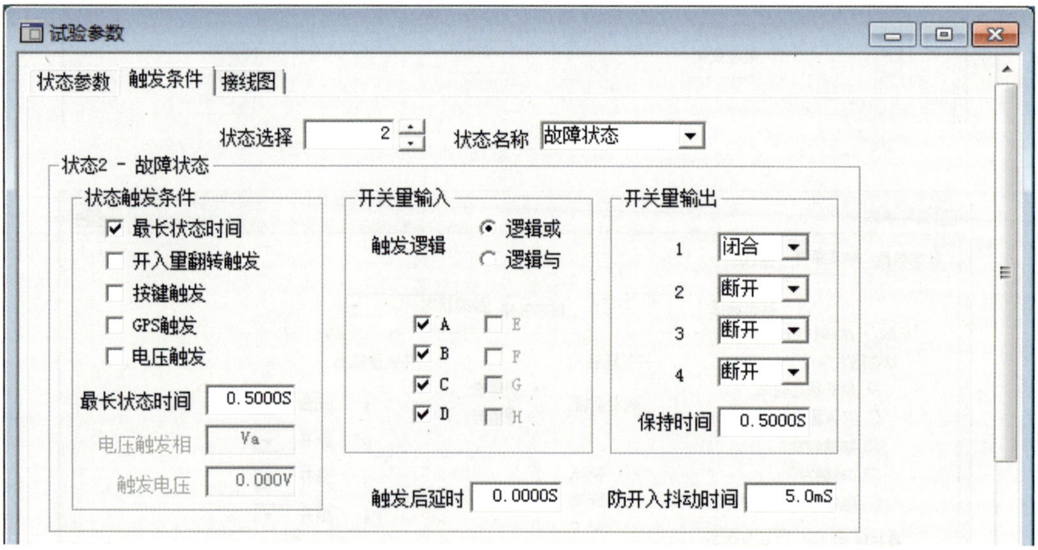

图 1-3-29　状态二触发条件设置示意图（0.95 倍失灵零序电流定值）

试验参数设置完成后开始试验：先进入“故障前状态”（状态一），再进入“故障状态”（状态二）。此时保护装置不动作，试验结果正确。

⑤ 检验失灵保护“失灵负序电流定值”：负序电流为 1.05 倍“失灵负序电流定值”时，失灵保护应动作。

状态一（故障前状态）设置：

同检验失灵保护“三相失灵相电流定值”：相电流为 1.05 倍“三相失灵相电流定值”试验，见图 1-3-20、图 1-3-21。

状态二（故障状态）设置，如图 1-3-30、图 1-3-31 所示。

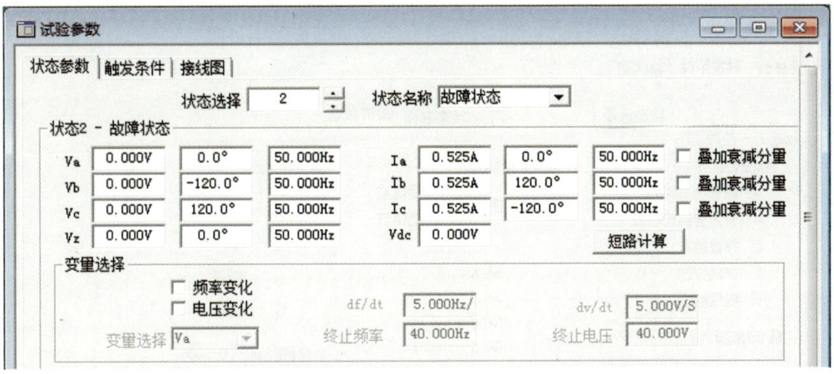

图 1-3-30　状态二状态参数设置示意图（1.05 倍失灵负序电流定值）

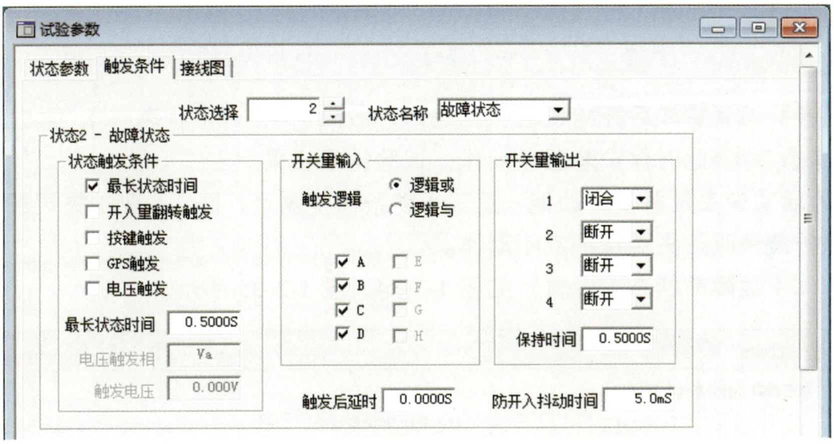

图 1-3-31　状态二触发条件设置示意图（1.05 倍失灵负序电流定值）

试验参数设置完成后开始试验：先进入“故障前状态”（状态一），再进入“故障状态”（状态二）。此时保护装置“Ⅰ母失灵动作”指示灯点亮，试验结果正确。

⑥ 检验失灵保护“失灵负序电流定值”：负序电流为 0.95 倍“失灵负序电流定值”时，失灵保护应不动作。

状态一（故障前状态）设置：

同检验失灵保护“三相失灵相电流定值”：相电流为 1.05 倍“三相失灵相电流定值”试验，见图 1-3-20、图 1-3-21。

状态二（故障状态）设置，如图 1-3-32、图 1-3-33 所示。

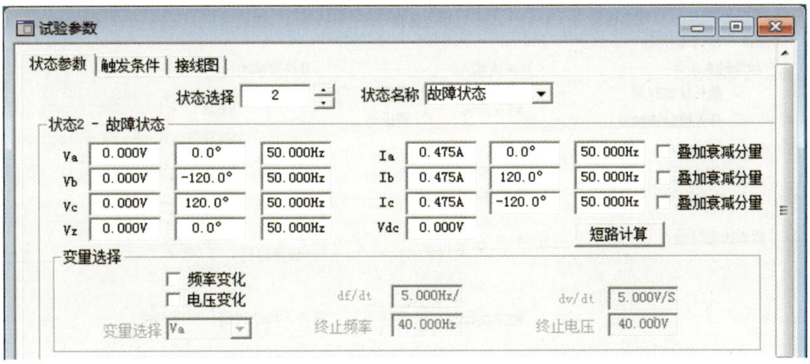

图 1-3-32　状态二状态参数设置示意图（0.95 倍失灵负序电流定值）

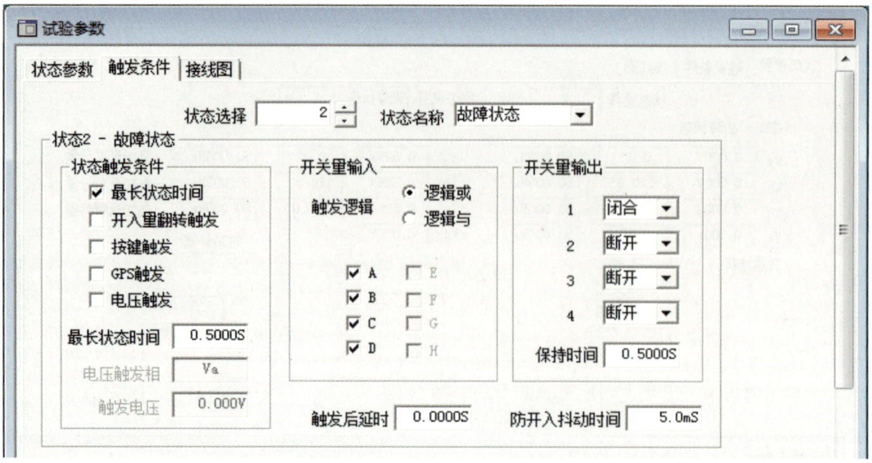

图 1-3-33 状态二触发条件设置示意图（0.95 倍失灵负序电流定值）

试验参数设置完成后开始试验：先进入“故障前状态”（状态一），再进入“故障状态”（状态二）。此时保护装置不动作，试验结果正确。

⑦ 检验主变失灵解复压功能：复压闭锁条件不满足，且“主变 1 失灵解闭锁”未开入给保护装置时，失灵保护应不动作。

状态一（故障前状态）设置，如图 1-3-34、图 1-3-35 所示。

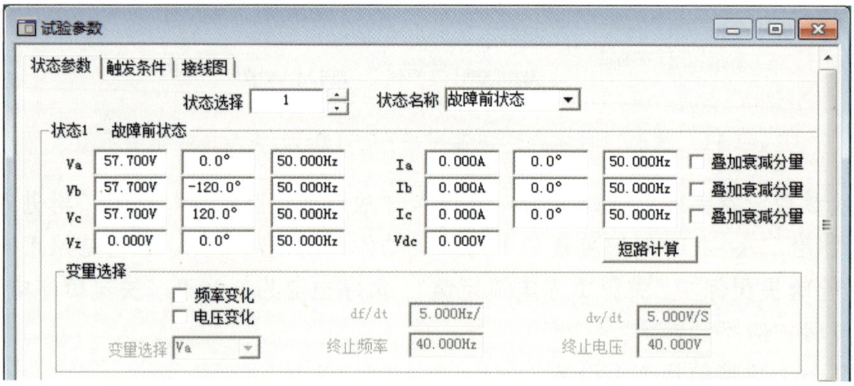

图 1-3-34 状态一状态参数设置示意图（“主变 1 失灵解闭锁”未开入）

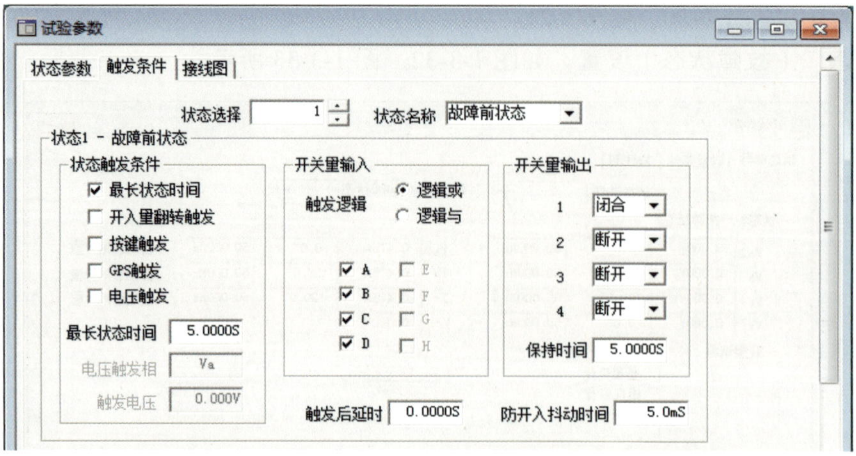

图 1-3-35 状态一触发条件设置示意图（“主变 1 失灵解闭锁”未开入）

状态二（故障状态）设置，如图 1-3-36、图 1-3-37 所示。

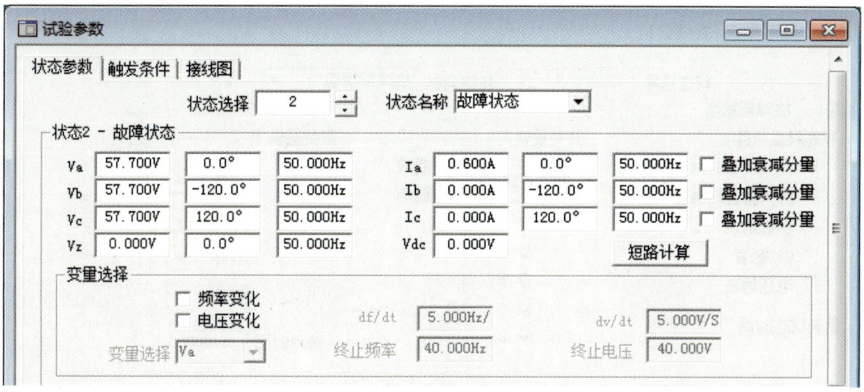

图 1-3-36　状态二状态参数设置示意图（“主变 1 失灵解闭锁”未开入）

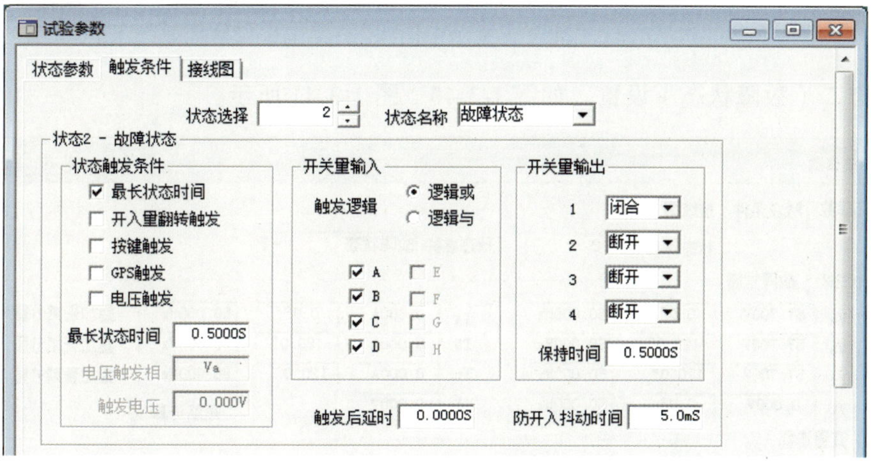

图 1-3-37　状态二触发条件设置示意图（“主变 1 失灵解闭锁”未开入）

试验参数设置完成后开始试验：先进入“故障前状态”（状态一），再进入“故障状态”（状态二）。此时保护装置不动作，试验结果正确。

⑧ 检验主变失灵解复压功能：复压闭锁条件不满足，但“主变 1 失灵解闭锁”开入给保护装置时，失灵保护应动作。

状态一（故障前状态）设置，如图 1-3-38、图 1-3-39 所示。

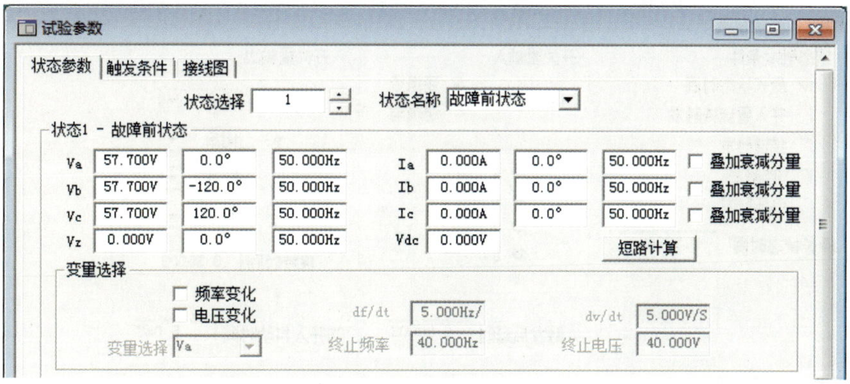

图 1-3-38　状态一状态参数设置示意图（“主变 1 失灵解闭锁”开入）

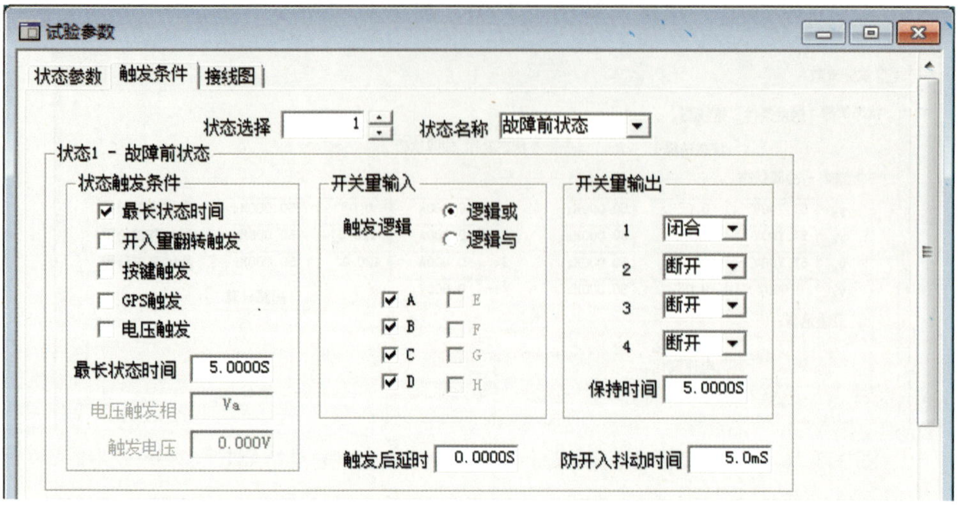

图 1-3-39　状态一触发条件设置示意图（“主变 1 失灵解闭锁”开入）

状态二（故障状态）设置，如图 1-3-40、图 1-3-41 所示。

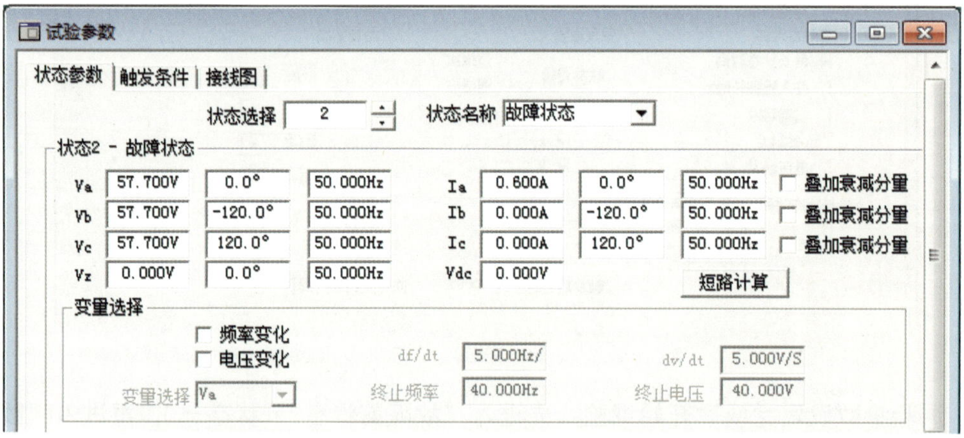

图 1-3-40　状态二状态参数设置示意图（“主变 1 失灵解闭锁”开入）

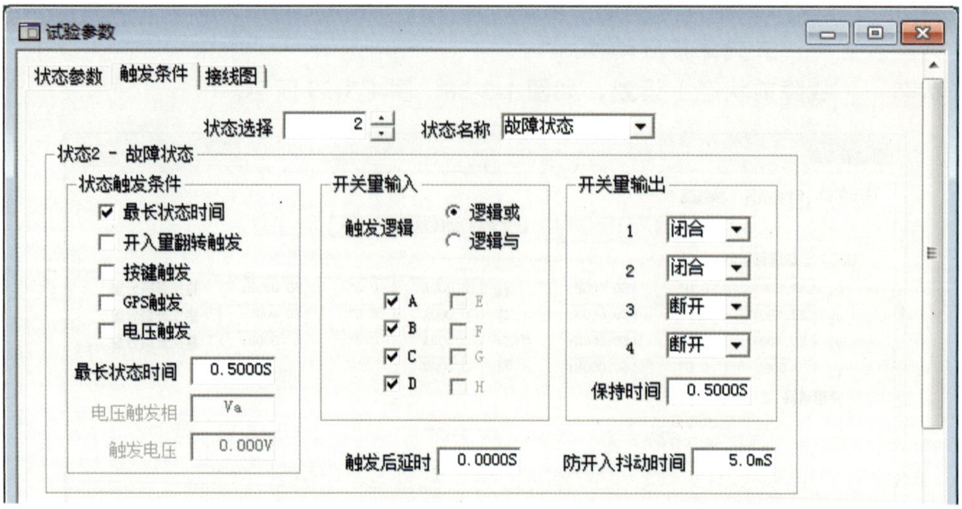

图 1-3-41　状态二触发条件设置示意图（“主变 1 失灵解闭锁”开入）

试验参数设置完成后开始试验：先进入“故障前状态”（状态一），再进入“故障状态”（状态二）。此时保护装置“Ⅰ母失灵动作”指示灯点亮，试验结果正确。

（8）试验完成。

试验结束后，记录试验数据。清理现场，恢复现场安全措施，整理工器具和仪器仪表。

七、评价反馈

（1）学生自评，见附录1《学生自评表》。

（2）团队互评，见附录2《团队互评表》。

（3）教师评价，见表1-3-6。

表1-3-6　教师评价表

序号	作业名称	质量标准	分值	扣分标准	扣分	得分
一、准备工作						
1	着装穿戴	安全帽、工作服、绝缘鞋穿戴正确	5	1. 未穿戴安全帽、工作服、工作鞋，扣5分； 2. 着装穿戴不规范，每处扣1分		
2	工器具检查	检查工器具齐全，符合使用要求	5	工器具选择不正确、未检查，每个扣1分		
3	工作票办理	按照规范办理工作票（口述）	5	1. 未办理工作票，扣3分； 2. 未到现场检查安全措施，扣2分		
二、工作过程						
1	装置设置	1. 投入“投检修状态”硬压板； 2. 投入“失灵保护投入”硬压板； 3. 投入失灵保护软压板； 4. 投入失灵保护控制字； 5. 设置各支路刀闸位置及母联开关位置	12	1. 每漏一项扣2分； 2. 操作错误，一处扣2分		
2	试验接线	1. 测试仪接地； 2. 测试仪电流、电压接线； 3. 测试仪开入量、开出量接线	8	1. 测试仪未接地，扣1分； 2. 测试仪电流、电压接线不正确，每处扣1分； 3. 测试仪开入量、开出量接线不正确，每处扣2分		
3	装置检查	1. 交流电流与交流电压零漂检查； 2. 交流电流与交流电压幅值、相位检查； 3. 开入量检查； 4. 检查指示灯、装置有无异常，通道有无告警	10	1. 漏检查项目，每项扣3分； 2. 操作错误，一个扣2分		

续表

序号	作业名称	质量标准	分值	扣分标准	扣分	得分
二、工作过程						
4	断路器失灵保护（主变支路）检验	1. 任选Ⅰ母上一主变支路，加入试验电流，满足该支路相电流过流、零序过流、负序过流的三者中任一条件； 2. 合上该支路主变三跳启动失灵开入接点； 3. 失灵保护启动后，经失灵保护1时限切除母联，经失灵保护2时限切除Ⅰ母线的所有支路，Ⅰ母失灵动作信号灯亮； 4. 加载正常电压，重复上述步骤，失灵保护不动作； 5. 合上该主变支路的失灵解闭锁接点，重复上述步骤，失灵保护动作	30	1. 计算错误一处扣2分； 2. 故障量输入错误一处扣2分； 3. 动作情况记录错误一处扣2分		
5	二次措施及现场恢复	1. 二次安措恢复至试验前状态； 2. 试验接线恢复	10	1. 二次安措未恢复至试验前状态，扣4分； 2. 未拆除试验接线，扣6分		
6	试验报告	1. 记录装置型号、软件版本及校验码； 2. 记录试验项目及数据； 3. 记录测试仪型号； 4. 试验结论	10	1. 未记录装置型号、软件版本及校验码，每项扣2分； 2. 未记录试验项目及数据，扣3分； 3. 未记录测试仪型号，扣1分； 4. 未写试验结论，扣1分		
三、工作终结						
1	工作票终结	办理工作票终结（口述）	5	未办理工作票终结，扣5分		
合计			100			
考评员栏		成绩：		考评老师：		

八、相关知识点

知识点1： 为解决变压器或发变组断路器失灵保护电压灵敏度不足问题，对于变压器或发变组支路，设置“主变失灵解闭锁”的开入。当该支路“主变失灵解闭锁”条件满足时，解除该支路失灵保护电压闭锁，保证失灵保护可靠动作。

知识点2： 线路支路采用相电流、零序电流（或负序电流）“与门”逻辑；变压器支路采用相电流、零序电流、负序电流“或门”逻辑。所有支路共用“失灵零序电流定值”“失灵负序电流定值”。

九、拓展思考

说明断路器失灵保护中主变支路与线路支路有何异同之处。

项目 4　母联死区保护逻辑检验

任务 1　合位死区保护检验

一、学习情境描述

计划对一面 220 kV 母线保护装置进行定检，现场安全措施已布置完成，现需对其母联死区（母联合位）保护进行检验。

母线保护装置定值设置情况如表 1-4-1 所示。

表 1-4-1　保护装置定值设置

定值分类	定值名称	单位	整定值
母线保护定值	差动保护启动电流定值	A	0.3
	TA 断线告警定值	A	5
	TA 断线闭锁定值	A	6
	母联分段失灵电流定值	A	1
	母联分段失灵时间	s	0.25
失灵保护定值	低电压闭锁定值	V	45
	零序电压闭锁定值	V	6
	负序电压闭锁定值	V	4
	三相失灵相电流定值	A	0.5
	失灵零序电流定值	A	0.5
	失灵负序电流定值	A	0.5
	失灵保护 1 时限	s	0.25
	失灵保护 2 时限	s	0.4

TA 参数设置：

（1）将所有支路 TA 一次值全部设置为 1 200 A。

（2）将所有支路 TA 二次值全部设置为 5 A。

（3）将“基准 TA 一次值”设置为 1 200 A。

（4）将“基准 TA 二次值”设置为 5 A。

二、学习目标

知识目标

能分析母联死区（母联合位）保护逻辑。

能力目标

能正确完成母联死区（母联合位）保护的检验。

思政目标

培养团队协作精神。

三、任务书

完成 220 kV 母线保护装置定检中，母联死区（母联合位）保护的检验。

四、任务导入

引导问题 1：若不配置母联死区（母联合位）保护，分析在母联死区发生故障时母线保护的动作情况。

答案：

引导问题 2：查阅微机母线保护装置技术说明书，画出母联死区（母联合位）保护的逻辑框图。

答案：

五、任务实施

（1）完成现场安全措施布置。

（2）工器具、资料准备：

微机型继电保护测试仪、计算器、万用表、一字螺丝刀、绝缘胶布、装置图纸、装置说明书。

（3）试验记录单。

表 1-4-2　母联死区（母联合位）保护检验记录单

保护名称	检验思路	故障相别	动作报文

六、工作实施流程

（1）领取任务：按组分配屏位，每组一个屏位完成任务。

（2）工作前准备：

① 人员准备：指导教师为安全监护人，组长为工作负责人，其余人员为工作组成员，工作人员应清楚工作内容、安全措施，精神状态正常，无妨碍工作的病症。

② 危险点分析，安全预控措施：检查现场符合工作条件，分析本次工作危险点并做好相应预控措施。

（3）工作人员穿着工作服。

（4）装置设置：

① 硬压板设置：

a. 投入“1KLP9 检修状态投入”硬压板。

b. 投入“1KLP1 母差保护投入”硬压板。

c. 投入“1C3LP2 备用”硬压板，合上此压板是为了利用此跳闸回路使Ⅱ母差动保护动作后给保护装置一个母联 TWJ 开入。

d. 确认其余硬压板均在退出位置。

② 各支路刀闸位置及母联开关位置设置：

模拟 0261 开关挂在Ⅰ母上，0262 开关挂在Ⅱ母上，即：将支路 2（0261 开关）对应的Ⅰ母刀闸位置旋钮和支路 3（0262 开关）对应的Ⅱ母刀闸位置旋钮打至“强制通”位置，其余刀闸位置旋钮打至“自适应”位置。

短接端子排上以下端子以模拟Ⅱ母差动动作时给保护装置母联 TWJ 开入：1C1D2 和 1QD10 短接，1C1D5 和 1QD12 短接。

③ 软压板设置：

a. 将“差动保护”软压板设置为 1。

b. 其余软压板均设置为 0。

④ 保护控制字设置：

a. 将“差动保护”控制字设置为 1。

b. 其余保护控制字均设置为 0。

（5）试验接线，如图 1-4-1 所示。

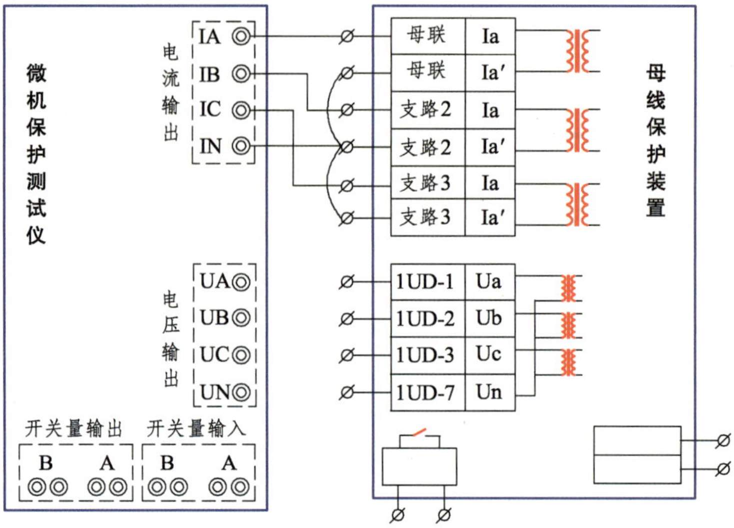

图 1-4-1　母联死区保护检验（母联合位）试验接线示意图

（6）试验数值计算。

无。

（7）逻辑检验。

状态一（故障前状态）设置，如图 1-4-2、图 1-4-3 所示。

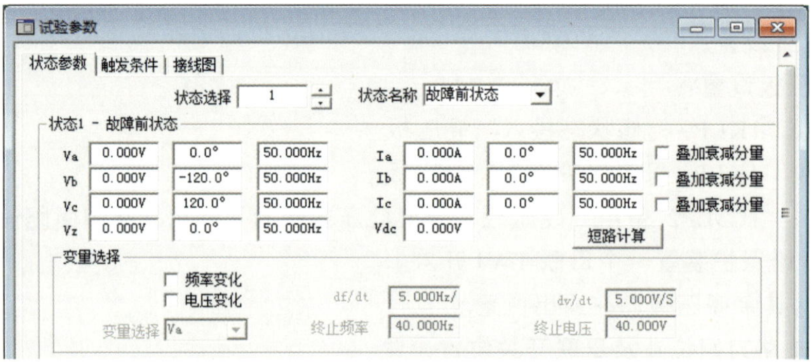

图 1-4-2　状态一状态参数设置示意图（母联合位）

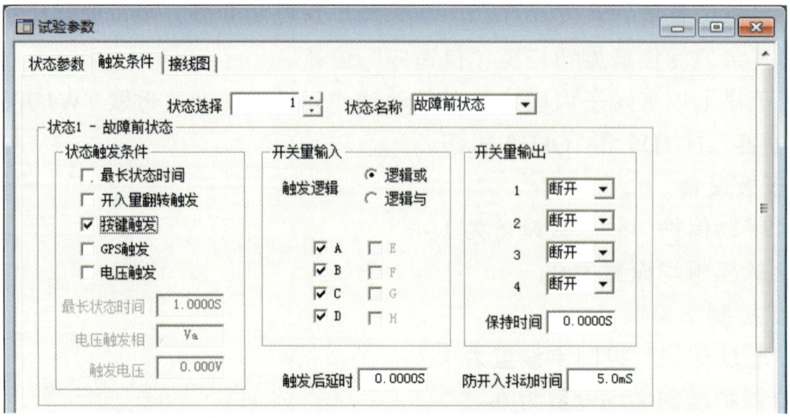

图 1-4-3　状态一触发条件设置示意图（母联合位）

状态二（故障状态）设置，如图 1-4-4、图 1-4-5 所示。

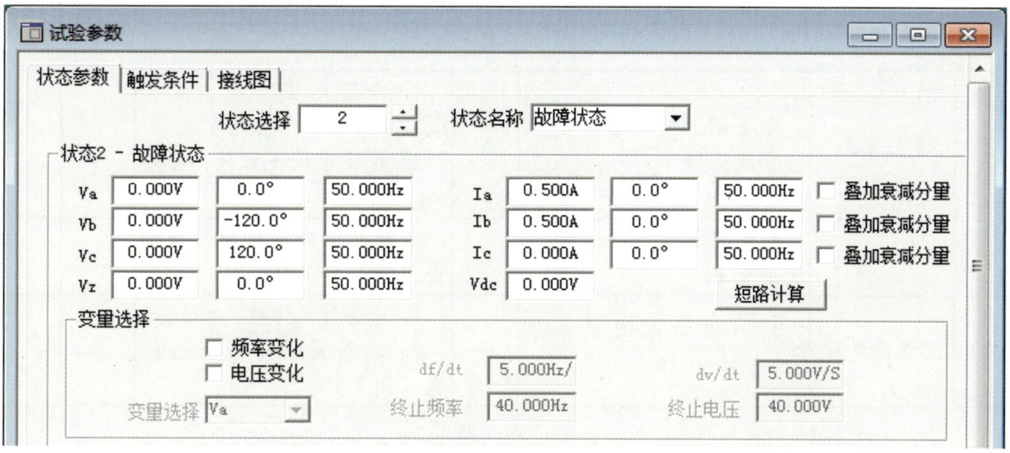

图 1-4-4　状态二状态参数设置示意图（母联合位）

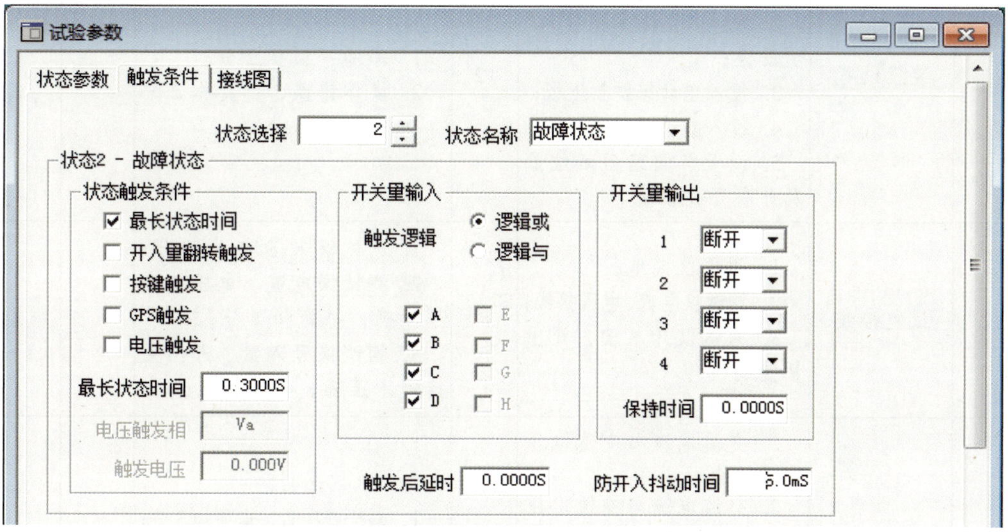

图 1-4-5　状态二触发条件设置示意图（母联合位）

试验参数设置完成后开始试验：先进入“故障前状态”（状态一），按键进入“故障状态”（状态二）。此时“Ⅱ母差动动作”指示灯点亮后，经延时“Ⅰ母差动动作”指示灯点亮，试验结果正确。

（8）试验完成。

试验结束后，记录试验数据。清理现场，恢复现场安全措施，整理工器具和仪器仪表。

七、评价反馈

（1）学生自评，见附录 1《学生自评表》。

（2）团队互评，见附录 2《团队互评表》。

（3）教师评价，见表 1-4-3。

表 1-4-3 教师评价表

序号	作业名称	质量标准	分值	扣分标准	扣分	得分
一、准备工作						
1	着装穿戴	安全帽、工作服、绝缘鞋穿戴正确	5	1. 未穿戴安全帽、工作服、工作鞋，扣 5 分； 2. 着装穿戴不规范，每处扣 1 分		
2	工器具检查	检查工器具齐全，符合使用要求	5	工器具选择不正确、未检查，每个扣 1 分		
3	工作票办理	按照规范办理工作票（口述）	5	1. 未办理工作票，扣 3 分； 2. 未到现场检查安全措施，扣 2 分		
二、工作过程						
1	装置设置	1. 投入“投检修状态”硬压板； 2. 投入“差动保护投入”硬压板； 3. 投入差动保护软压板； 4. 投入差动保护控制字； 5. 设置各支路刀闸位置及母联开关位置	12	1. 每漏一项扣 2 分； 2. 操作错误，一处扣 2 分		
2	试验接线	1. 测试仪接地； 2. 测试仪电流、电压接线； 3. 测试仪开入量、开出量接线	8	1. 测试仪未接地，扣 1 分； 2. 测试仪电流、电压接线不正确，每处扣 1 分； 3. 测试仪开入量、开出量接线不正确，每处扣 2 分		
3	装置检查	1. 交流电流与交流电压零漂检查； 2. 交流电流与交流电压幅值、相位检查； 3. 开入量检查； 4. 检查指示灯、装置有无异常，通道有无告警	10	1. 漏检查项目，每项扣 3 分； 2. 操作错误，一个扣 2 分		
4	母联死区（母联合位）保护逻辑检验	1. 母联开关为合位（母联 TWJ 接点无开入，且分列压板退出）； 2. 任选Ⅰ、Ⅱ母线上各一支路，将Ⅱ母线上支路的跳闸接点或者母联跳闸接点作为母联 TWJ 接点的控制开入量； 3. 将母联和这两支路 A 相同时串接电流，方向相同； 4. 电流幅值大于差动保护启动电流定值，母联死区保护动作	30	1. 计算错误一处扣 2 分； 2. 故障量输入错误一处扣 2 分； 3. 动作情况记录错误一处扣 2 分		

续表

序号	作业名称	质量标准	分值	扣分标准	扣分	得分
二、工作过程						
5	二次措施及现场恢复	1. 二次安措恢复至试验前状态； 2. 试验接线恢复	10	1. 二次安措未恢复至试验前状态，扣4分； 2. 未拆除试验接线，扣6分		
6	试验报告	1. 记录装置型号、软件版本及校验码； 2. 记录试验项目及数据； 3. 记录测试仪型号； 4. 试验结论	10	1. 未记录装置型号、软件版本及校验码，每项扣2分； 2. 未记录试验项目及数据，扣3分； 3. 未记录测试仪型号，扣1分； 4. 未写试验结论，扣1分		
三、工作终结						
1	工作票终结	办理工作票终结（口述）	5	未办理工作票终结，扣5分		
合计			100			
考评员栏		成绩：		考评老师：		

八、相关知识点

知识点 1：所谓母联死区保护指在母联断路器和母联 CT 之间发生故障，断路器侧母线跳开后故障仍然存在，正好处于 CT 侧母线小差的死区，为提高保护动作速度，专设了母联死区保护。

知识点 2：联络开关分位的判断条件——母差保护已动作且未返回状态下：在联络开关（不包括双母双分的分段开关）连接的任一段母线的差动保护已动作且保护未返回的状态下，TWJ 开入为 1，即判为联络开关分列运行，经死区延时后封联络开关 CT。从而实现并列运行时的联络开关死区保护。

任务 2　分位死区保护检验

一、学习情境描述

计划对一面 220 kV 母线保护装置进行定检，现场安全措施已布置完成，现需对其母联死区（母联分位）保护进行检验。

母线保护装置定值设置情况如表 1-4-4 所示。

表 1-4-4　母线保护装置定值设置

定值分类	定值名称	单位	整定值
母线保护定值	差动保护启动电流定值	A	0.3
	TA 断线告警定值	A	5

续表

定值分类	定值名称	单位	整定值
母线保护定值	TA 断线闭锁定值	A	6
	母联分段失灵电流定值	A	1
	母联分段失灵时间	s	0.25
失灵保护定值	低电压闭锁定值	V	45
	零序电压闭锁定值	V	6
	负序电压闭锁定值	V	4
	三相失灵相电流定值	A	0.5
	失灵零序电流定值	A	0.5
	失灵负序电流定值	A	0.5
	失灵保护 1 时限	s	0.25
	失灵保护 2 时限	s	0.4

TA 参数设置：

（1）将所有支路 TA 一次值全部设置为 1 200 A。

（2）将所有支路 TA 二次值全部设置为 5 A。

（3）将“基准 TA 一次值”设置为 1 200 A。

（4）将“基准 TA 二次值”设置为 5 A。

二、学习目标

知识目标

能分析母联死区（母联分位）保护逻辑。

能力目标

能正确完成母联死区（母联分位）保护的检验。

思政目标

培养团队协作精神。

三、任务书

完成 220 kV 母线保护装置定检中，母联死区（母联分位）保护的检验。

四、任务导入

引导问题：母联死区（母联分位）保护实现的逻辑思路？

答案：

五、任务实施

（1）完成现场安全措施布置。

（2）工器具、资料准备：

微机型继电保护测试仪、计算器、万用表、一字螺丝刀、绝缘胶布、装置图纸、装置说明书。

（3）试验记录单。

表 1-4-5　母联死区（母联分位）保护检验记录单

保护名称	检验思路	故障相别	动作报文

六、工作实施流程

（1）领取任务：按组分配屏位，每组一个屏位完成任务。

（2）工作前准备：

① 人员准备：指导教师为安全监护人，组长为工作负责人，其余人员为工作组成员，工作人员应清楚工作内容、安全措施，精神状态正常，无妨碍工作的病症。

② 危险点分析，安全预控措施：检查现场符合工作条件，分析本次工作危险点并做好相应预控措施。

（3）工作人员穿着工作服。

（4）装置设置：

① 硬压板设置：

a. 投入“1KLP9 检修状态投入”硬压板。

b. 投入“1KLP1 母差保护投入”硬压板。

c. 投入“1KLP3 Ⅰ/Ⅱ母线分列”硬压板。

d. 确认其余硬压板均在退出位置。

② 各支路刀闸位置及母联开关位置设置：

模拟 0261 开关挂在Ⅰ母上，0262 开关挂在Ⅱ母上，即：将支路 2（0261 开关）对应的Ⅰ母刀闸位置旋钮和支路 3（0262 开关）对应的Ⅱ母刀闸位置旋钮打至“强制通”位置，其余刀闸位置旋钮打至“自适应”位置。

短接端子排上以下端子以模拟母联分位，母联 TWJ = 1：1QD10 和 1QD12 短接。

③ 软压板设置：

a. 将“差动保护”软压板设置为 1。

b. 其余软压板均设置为 0。

④ 保护控制字设置：

a. 将“差动保护”控制字设置为 1。

b. 其余保护控制字均设置为 0。

（5）试验接线，如图 1-4-6 所示。

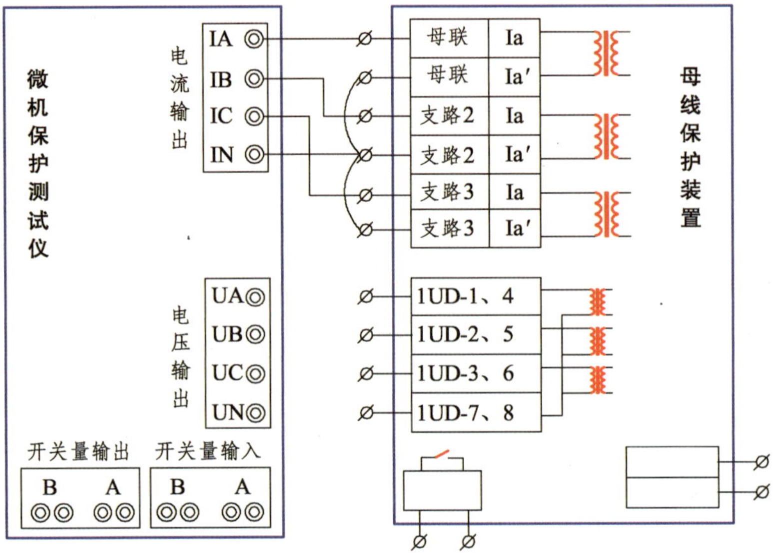

图 1-4-6　母联死区保护检验（母联分位）试验接线示意图

（6）试验数值计算：

无。

（7）逻辑检验：

状态一（故障前状态）设置，如图 1-4-7、图 1-4-8 所示。

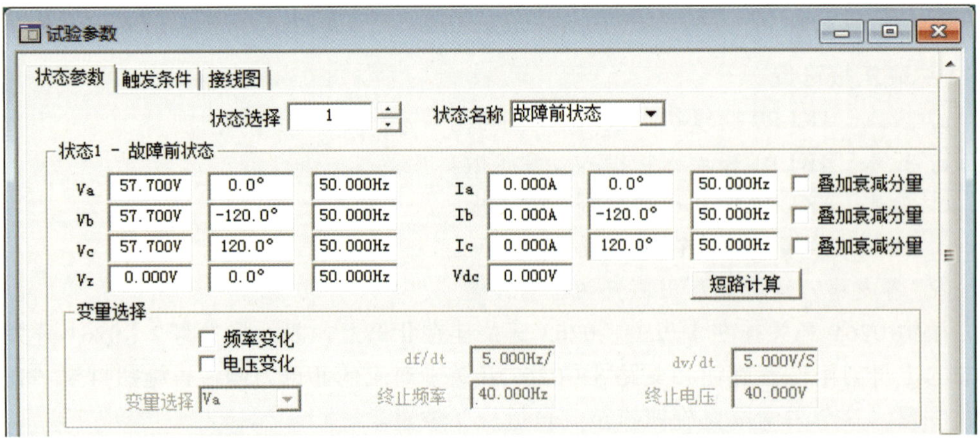

图 1-4-7　状态一状态参数设置示意图（母联分位）

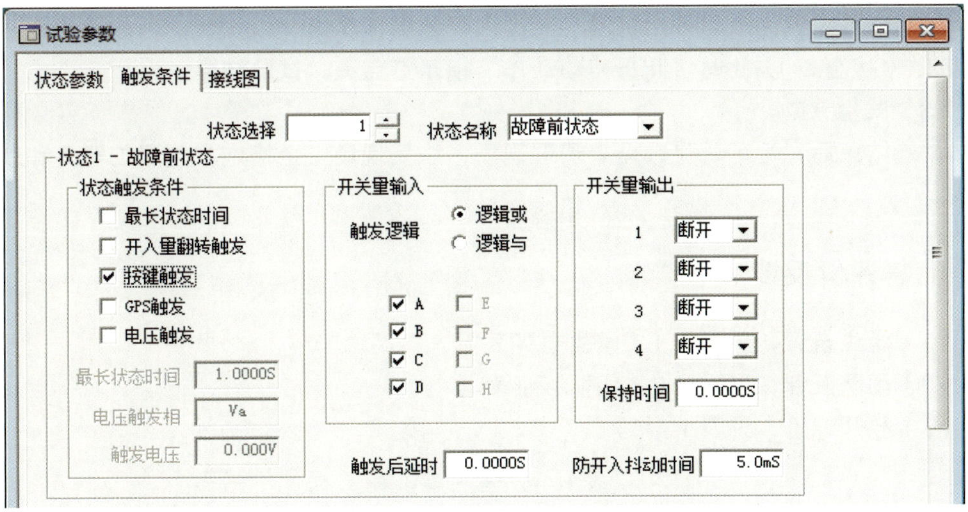

图 1-4-8　状态一触发条件设置示意图（母联分位）

状态二（故障状态）设置，如图 1-4-9、图 1-4-10 所示。

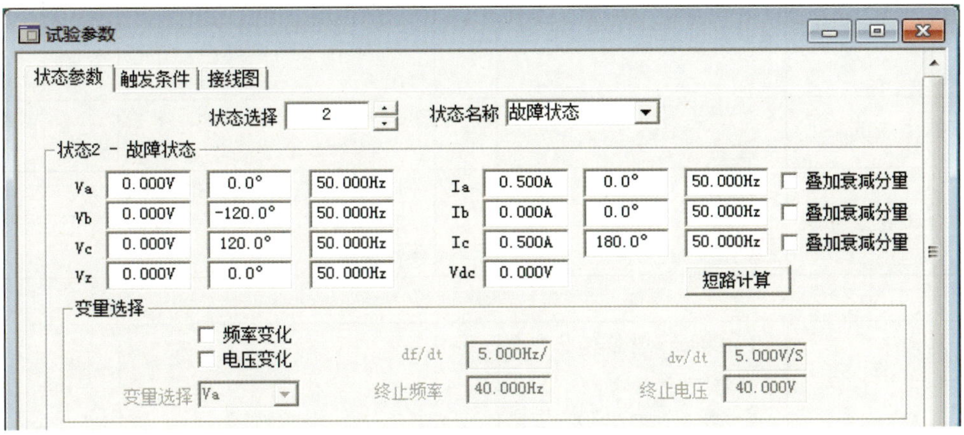

图 1-4-9　状态二状态参数设置示意图（母联分位）

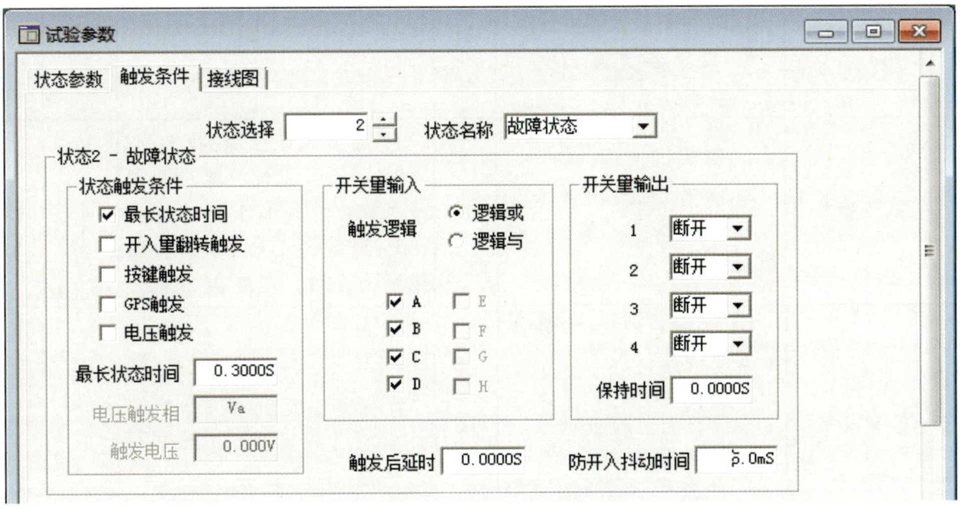

图 1-4-10　状态二触发条件设置示意图（母联分位）

试验参数设置完成后开始试验：先进入“故障前状态”（状态一），按键进入“故障状态”（状态二）。此时“Ⅱ母差动动作”指示灯点亮，试验结果正确。

（8）试验完成。

试验结束后，记录试验数据。清理现场，恢复现场安全措施，整理工器具和仪器仪表。

七、评价反馈

（1）学生自评，见附录1《学生自评表》。

（2）团队互评，见附录2《团队互评表》。

（3）教师评价，见表1-4-6。

表1-4-6　教师评价表

序号	作业名称	质量标准	分值	扣分标准	扣分	得分
一、准备工作						
1	着装穿戴	安全帽、工作服、绝缘鞋穿戴正确	5	1. 未穿戴安全帽、工作服、工作鞋，扣5分； 2. 着装穿戴不规范，每处扣1分		
2	工器具检查	检查工器具齐全，符合使用要求	5	工器具选择不正确、未检查，每个扣1分		
3	工作票办理	按照规范办理工作票（口述）	5	1. 未办理工作票，扣3分； 2. 未到现场检查安全措施，扣2分		
二、工作过程						
1	装置设置	1. 投入“投检修状态”硬压板； 2. 投入“差动保护投入”硬压板； 3. 投入差动保护软压板； 4. 投入差动保护控制字； 5. 设置各支路刀闸位置及母联开关位置	12	1. 每漏一项扣2分； 2. 操作错误，一处扣2分		
2	试验接线	1. 测试仪接地； 2. 测试仪电流、电压接线； 3. 测试仪开入量、开出量接线	8	1. 测试仪未接地，扣1分； 2. 测试仪电流、电压接线不正确，每处扣1分； 3. 测试仪开入量、开出量接线不正确，每处扣2分		
3	装置检查	1. 交流电流与交流电压零漂检查； 2. 交流电流与交流电压幅值、相位检查； 3. 开入量检查； 4. 检查指示灯、装置有无异常，通道有无告警	10	1. 漏检查项目，每项扣3分； 2. 操作错误，一个扣2分		

续表

序号	作业名称	质量标准	分值	扣分标准	扣分	得分
二、工作过程						
4	母联死区（母联分位）保护逻辑检验	1. 母联开关为分位（母联 TWJ 接点开入为 1，且分列压板投入）； 2. 任选Ⅱ母线上一支路，将母联和该支路 A 相同时串接电流，方向相反； 3. 电流幅值大于差动保护启动电流定值，Ⅱ母差动动作	30	1. 计算错误一处扣 2 分； 2. 故障量输入错误一处扣 2 分； 3. 动作情况记录错误一处扣 2 分		
5	二次措施及现场恢复	1. 二次安措恢复至试验前状态； 2. 试验接线恢复	10	1. 二次安措未恢复至试验前状态，扣 4 分； 2. 未拆除试验接线，扣 6 分		
6	试验报告	1. 记录装置型号、软件版本及校验码； 2. 记录试验项目及数据； 3. 记录测试仪型号； 4. 试验结论	10	1. 未记录装置型号、软件版本及校验码，每项扣 2 分； 2. 未记录试验项目及数据，扣 3 分； 3. 未记录测试仪型号，扣 1 分； 4. 未写试验结论，扣 1 分		
三、工作终结						
1	工作票终结	办理工作票终结（口述）	5	未办理工作票终结，扣 5 分		
合计			100			
考评员栏		成绩：		考评老师：		

八、相关知识点

知识点：联络开关分位的判断条件——正常运行状态下："分列压板"和 TWJ 开入取"与"逻辑，两者都为 1，判为联络开关分列运行，经死区延时后封联络开关 CT，其电流不计入小差回路；任一为 0，联络开关 CT 接入，其电流计入小差回路。

要求运行人员在联络开关断开后，投入对应联络开关的"分列压板"；在合联络开关前，退出"分列压板"，从而实现分列运行时的联络开关死区保护。

项目五　母联失灵保护逻辑检验

任务 1　内部启动母联失灵保护检验

一、学习情境描述

计划对一面 220 kV 母线保护装置进行定检，现场安全措施已布置完成，现需对其母联失灵（内部启动）保护进行检验。

母线保护装置定值设置情况如表 1-5-1 所示。

表 1-5-1 母线保护装置定值设置

定值分类	定值名称	单位	整定值
母线保护定值	差动保护启动电流定值	A	0.3
	TA 断线告警定值	A	5
	TA 断线闭锁定值	A	6
	母联分段失灵电流定值	A	1
	母联分段失灵时间	s	0.25
失灵保护定值	低电压闭锁定值	V	45
	零序电压闭锁定值	V	6
	负序电压闭锁定值	V	4
	三相失灵相电流定值	A	0.5
	失灵零序电流定值	A	0.5
	失灵负序电流定值	A	0.5
	失灵保护 1 时限	s	0.25
	失灵保护 2 时限	s	0.4

TA 参数设置：

（1）将所有支路 TA 一次值全部设置为 1 200 A。

（2）将所有支路 TA 二次值全部设置为 5 A。

（3）将“基准 TA 一次值”设置为 1 200 A。

（4）将“基准 TA 二次值”设置为 5 A。

二、学习目标

知识目标

能分析母联失灵（内部启动）保护逻辑。

能力目标

能正确完成母联失灵（内部启动）保护的检验。

思政目标

培养团队协作精神。

三、任务书

完成 220 kV 母线保护装置定检中，母联失灵（内部启动）保护的检验。

四、任务导入

引导问题：母联失灵（内部启动）保护实现的逻辑思路？

答案：

五、任务实施

（1）完成现场安全措施布置。

（2）工器具、资料准备：

微机型继电保护测试仪、计算器、万用表、一字螺丝刀、绝缘胶布、装置图纸、装置说明书。

（3）试验记录单。

表 1-5-2　母联失灵（内部启动）保护检验记录单

保护名称	检验思路	故障相别	动作报文

六、工作实施流程

（1）领取任务：按组分配屏位，每组一个屏位完成任务。

（2）工作前准备：

① 人员准备：指导教师为安全监护人，组长为工作负责人，其余人员为工作组成员，工作人员应清楚工作内容、安全措施，精神状态正常，无妨碍工作的病症。

② 危险点分析，安全预控措施：检查现场符合工作条件，分析本次工作危险点并做好相应预控措施。

（3）工作人员穿着工作服。

（4）装置设置：

① 硬压板设置：

a. 投入“1KLP9 检修状态投入”硬压板。

b. 投入“1KLP1 差动保护投入”硬压板。

c. 确认其余硬压板均在退出位置。

② 各支路刀闸位置及母联开关位置设置：

模拟 0261 开关挂在Ⅰ母上，0262 开关挂在Ⅱ母上，即：将支路 2（0261 开关）对应的Ⅰ母刀闸位置旋钮和支路 3（0262 开关）对应的Ⅱ母刀闸位置旋钮打至“强制通”位置，其余刀闸位置旋钮打至“自适应”位置。

③ 软压板设置：

a. 将“差动保护”软压板设置为 1。

b. 其余软压板均设置为 0。

④ 保护控制字设置：

a. 将“差动保护”控制字设置为 1。

b. 其余保护控制字均设置为 0。

（5）试验接线，如图 1-5-1 所示。

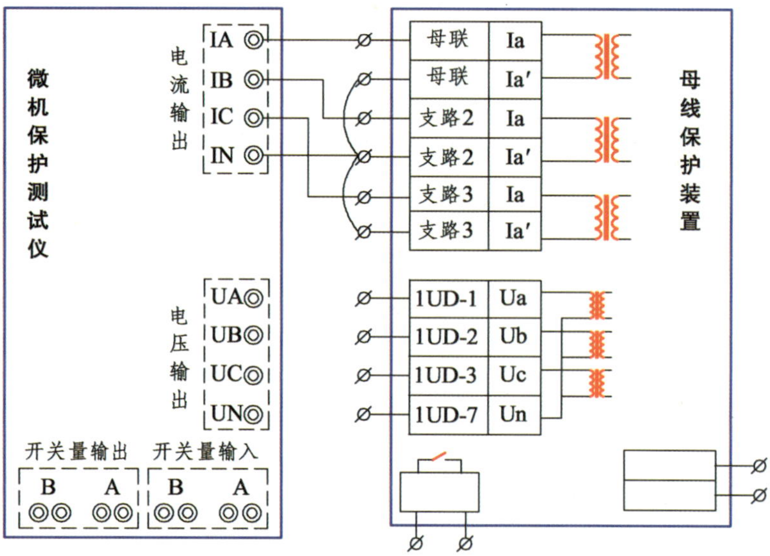

图 1-5-1　试验接线示意图

（6）试验数值计算：

① 1.05 倍“母联分段失灵电流定值”时，测试仪输入电流计算：

$$I_a = 1.05 \times I_{mlsl} = 1.05 \times 1 = 1.05\ (\text{A})$$

② 0.95 倍“母联分段失灵电流定值”时，测试仪输入电流计算：

$$I_a = 0.95 \times I_{mlsl} = 0.95 \times 1 = 0.95\ (\text{A})$$

（7）逻辑检验。

如图 1-5-2 所示。使用测试仪“状态序列”模块进行试验，需设置两个状态。

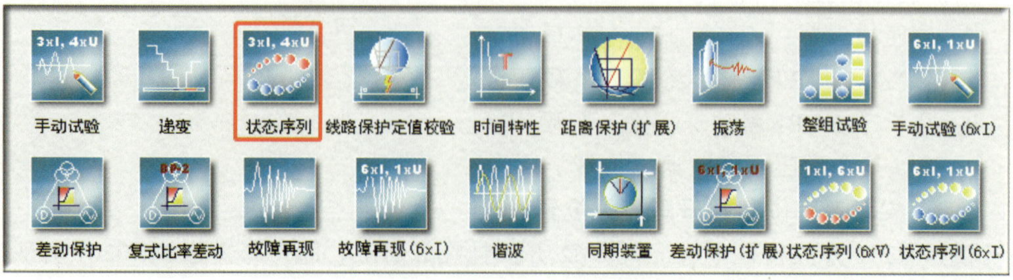

图 1-5-2　测试仪试验类型选择界面示意图

① 检验母联失灵保护“母联分段失灵电流定值”：母联电流为 1.05 倍“母联分段失灵电流定值”时，母联失灵保护应动作。

状态一（故障前状态）设置，如图 1-5-3、图 1-5-4 所示。

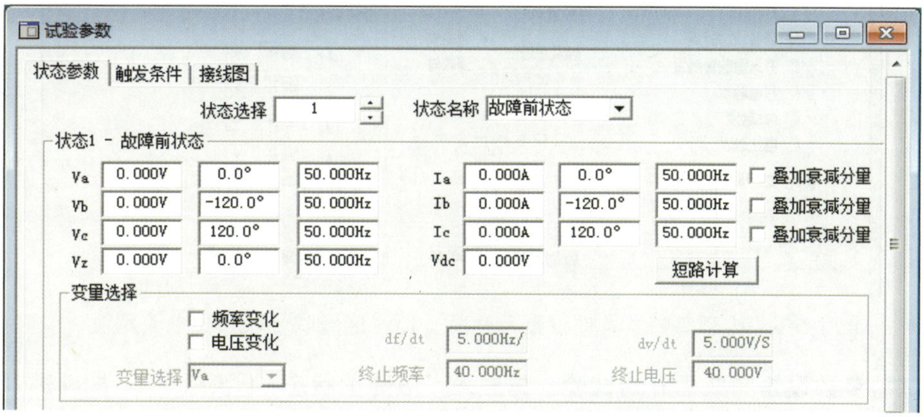

图 1-5-3　状态一状态参数设置示意图（1.05 倍母联分段失灵电流定值）

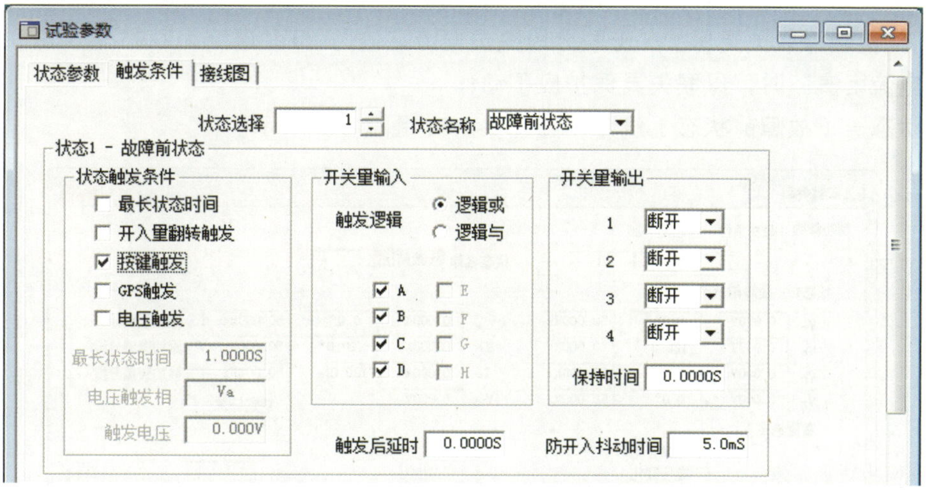

图 1-5-4　状态一触发条件设置示意图（1.05 倍母联分段失灵电流定值）

状态二（故障状态）设置，如图 1-5-5、图 1-5-6 所示。

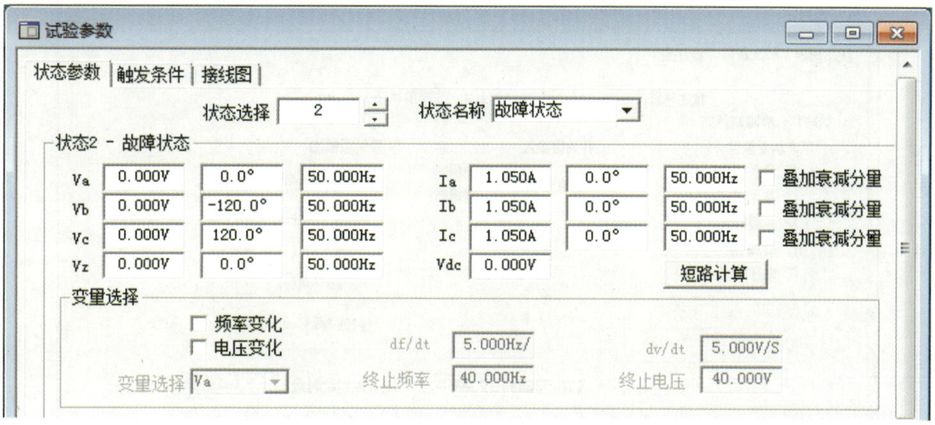

图 1-5-5　状态二状态参数设置示意图（1.05 倍母联分段失灵电流定值）

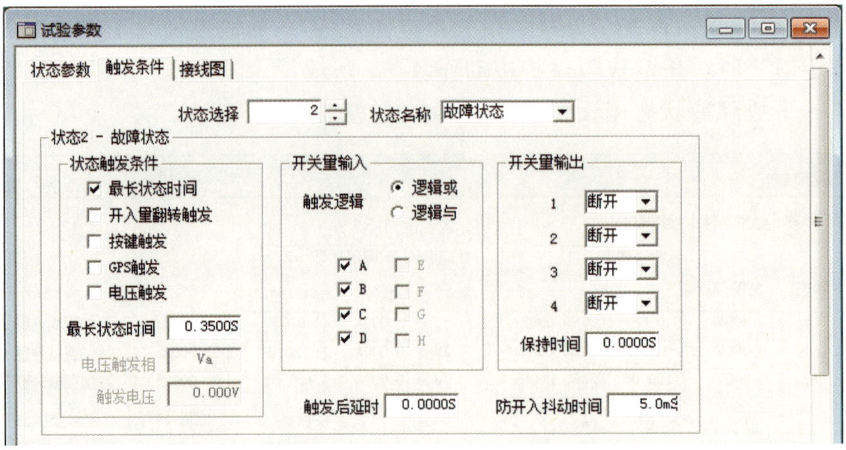

图 1-5-6　状态二触发条件设置示意图（1.05 倍母联分段失灵电流定值）

试验参数设置完成后开始试验：先进入“故障前状态”（状态一），按键进入“故障状态”（状态二）。此时“Ⅱ母差动动作”指示灯点亮后，经延时“Ⅰ母失灵动作”“Ⅱ母失灵动作”指示灯点亮，试验结果正确。

② 检验母联失灵保护“母联分段失灵电流定值”：母联电流为 0.95 倍“母联分段失灵电流定值”时，母联失灵保护应不动作。

状态一（故障前状态）设置，如图 1-5-7、图 1-5-8 所示。

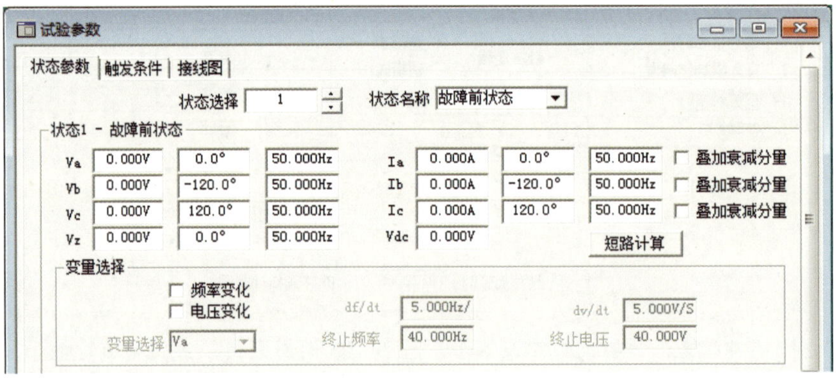

图 1-5-7　状态一状态参数设置示意图（0.95 倍母联分段失灵电流定值）

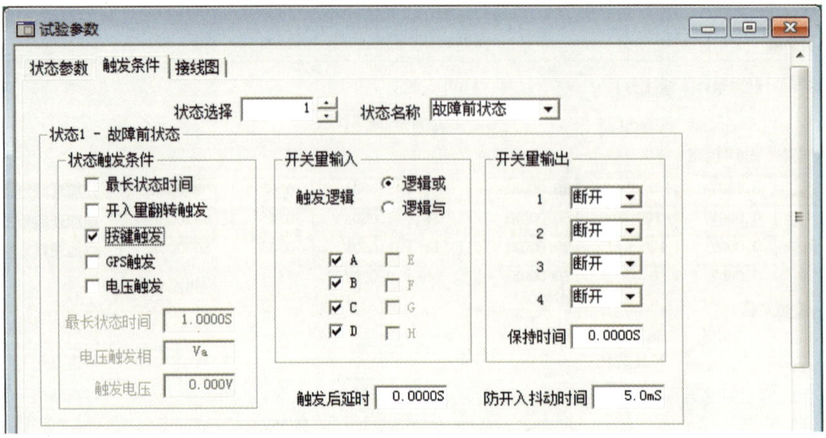

图 1-5-8　状态一触发条件设置示意图（0.95 倍母联分段失灵电流定值）

状态二（故障状态）设置，如图 1-5-9、图 1-5-10 所示。

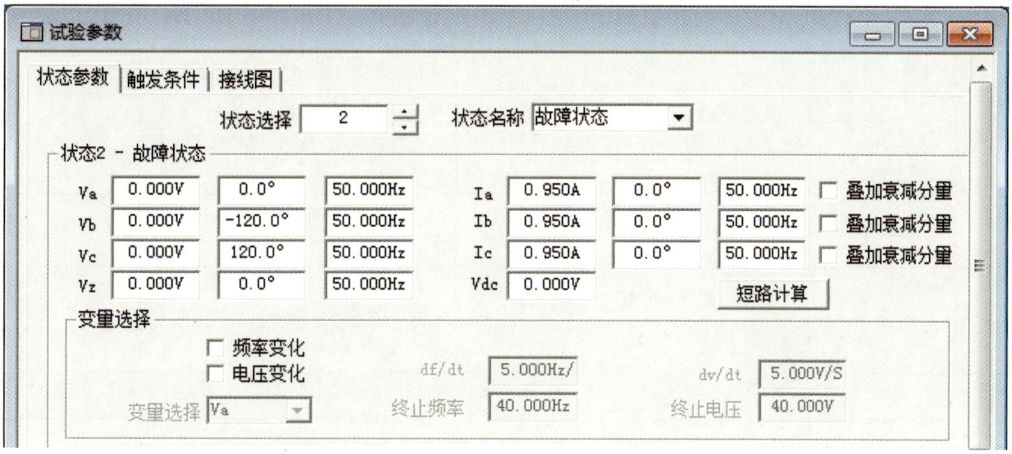

图 1-5-9 状态二状态参数设置示意图（0.95 倍母联分段失灵电流定值）

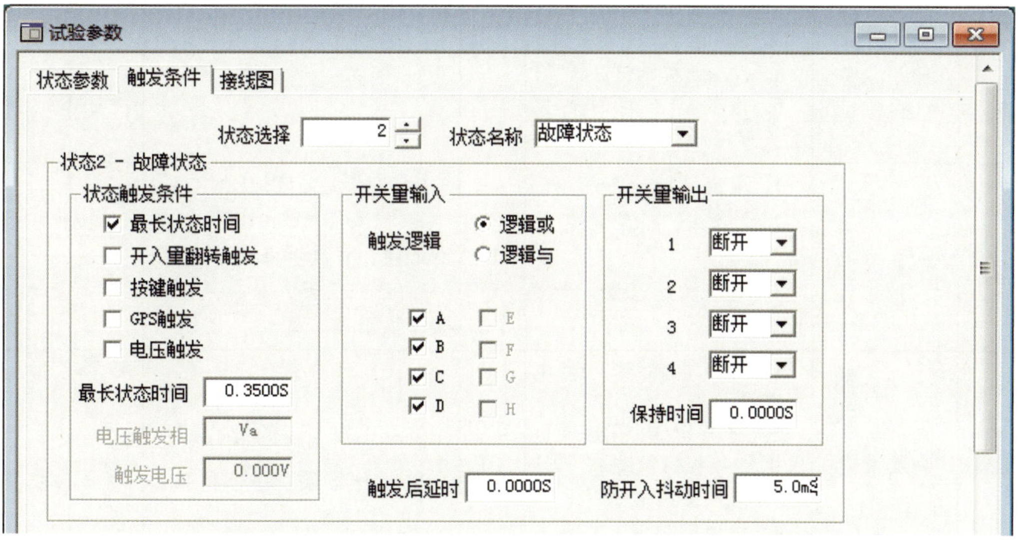

图 1-5-10 状态二触发条件设置示意图（0.95 倍母联分段失灵电流定值）

试验参数设置完成后开始试验：先进入“故障前状态”（状态一），按键进入“故障状态”（状态二）。此时仅“Ⅱ母差动动作”指示灯点亮，试验结果正确。

（8）试验完成。

试验结束后，记录试验数据。清理现场，恢复现场安全措施，整理工器具和仪器仪表。

七、评价反馈

（1）学生自评，见附录 1《学生自评表》。

（2）团队互评，见附录 2《团队互评表》。

（3）教师评价，见表 1-5-3。

表 1-5-3　教师评价表

序号	作业名称	质量标准	分值	扣分标准	扣分	得分
一、准备工作						
1	着装穿戴	安全帽、工作服、绝缘鞋穿戴正确	5	1. 未穿戴安全帽、工作服、工作鞋，扣 5 分； 2. 着装穿戴不规范，每处扣 1 分		
2	工器具检查	检查工器具齐全，符合使用要求	5	工器具选择不正确、未检查，每个扣 1 分		
3	工作票办理	按照规范办理工作票（口述）	5	1. 未办理工作票，扣 3 分； 2. 未到现场检查安全措施，扣 2 分		
二、工作过程						
1	装置设置	1. 投入“投检修状态”硬压板； 2. 投入“差动保护投入”硬压板； 3. 投入差动保护软压板； 4. 投入差动保护控制字； 5. 设置各支路刀闸位置及母联开关位置	12	1. 每漏一项扣 2 分； 2. 操作错误，一处扣 2 分		
2	试验接线	1. 测试仪接地； 2. 测试仪电流、电压接线； 3. 测试仪开入量、开出量接线	8	1. 测试仪未接地，扣 1 分； 2. 测试仪电流、电压接线不正确，每处扣 1 分； 3. 测试仪开入量、开出量接线不正确，每处扣 2 分		
3	装置检查	1. 交流电流与交流电压零漂检查； 2. 交流电流与交流电压幅值、相位检查； 3. 开入量检查； 4. 检查指示灯、装置有无异常，通道有无告警	10	1. 漏检查项目，每项扣 3 分； 2. 操作错误，一个扣 2 分		
4	母联失灵（内部启动）保护检验	1. 任选Ⅰ、Ⅱ母线上各一条支路，将母联和这两条支路 A 相同时串接电流，方向相同； 2. 电流幅值大于差动保护启动电流定值，小于母联失灵定值时，Ⅱ母差动动作； 3. 电流幅值大于差动保护启动电流定值，大于母联失灵定值时，Ⅱ母差动先动作，启动母联失灵，经母联失灵延时后，Ⅰ、Ⅱ母失灵动作	30	1. 计算错误一处扣 2 分； 2. 故障量输入错误一处扣 2 分； 3. 动作情况记录错误一处扣 2 分		

续表

序号	作业名称	质量标准	分值	扣分标准	扣分	得分
二、工作过程						
5	二次措施及现场恢复	1. 二次安措恢复至试验前状态； 2. 试验接线恢复	10	1. 二次安措未恢复至试验前状态，扣 4 分； 2. 未拆除试验接线，扣 6 分		
6	试验报告	1. 记录装置型号、软件版本及校验码； 2. 记录试验项目及数据； 3. 记录测试仪型号； 4. 试验结论	10	1. 未记录装置型号、软件版本及校验码，每项扣 2 分； 2. 未记录试验项目及数据，扣 3 分； 3. 未记录测试仪型号，扣 1 分； 4. 未写试验结论，扣 1 分		
三、工作终结						
1	工作票终结	办理工作票终结（口述）	5	未办理工作票终结，扣 5 分		
合计			100			
考评员栏		成绩：		考评老师：		

八、相关知识点

知识点： 母联失灵保护的作用是，母线保护动作或母联充电保护动作给母联发了跳令后防止母联断路器失灵不能切除故障而设置的保护。一旦出现上述情况，则切除所有母线的连接元件。注：只有母差保护和母联充电保护等需要跳母联的保护才起动母联失灵保护。

母联失灵保护的动作原理是：当保护向母联发跳令后，经整定延时母联电流仍然大于母联失灵电流定值时，母联失灵保护经两母线电压闭锁后切除两母线上所有连接元件。

任务 2　外部启动母联失灵保护检验

一、学习情境描述

计划对一面 220 kV 母线保护装置进行定检，现场安全措施已布置完成，现需对其母联失灵（外部启动）保护进行检验。

母线保护装置定值设置情况如表 1-5-4 所示。

表 1-5-4　母线保护装置定值设置

定值分类	定值名称	单位	整定值
母线保护定值	差动保护启动电流定值	A	0.3
	TA 断线告警定值	A	5

续表

定值分类	定值名称	单位	整定值
母线保护定值	TA 断线闭锁定值	A	6
	母联分段失灵电流定值	A	1
	母联分段失灵时间	s	0.25
失灵保护定值	低电压闭锁定值	V	45
	零序电压闭锁定值	V	6
	负序电压闭锁定值	V	4
	三相失灵相电流定值	A	0.5
	失灵零序电流定值	A	0.5
	失灵负序电流定值	A	0.5
	失灵保护 1 时限	s	0.25
	失灵保护 2 时限	s	0.4

TA 参数设置：

（1）将所有支路 TA 一次值全部设置为 1 200 A。

（2）将所有支路 TA 二次值全部设置为 5 A。

（3）将“基准 TA 一次值”设置为 1 200 A。

（4）将“基准 TA 二次值”设置为 5 A。

二、学习目标

知识目标

能分析母联失灵（外部启动）保护逻辑。

能力目标

能正确完成母联失灵（外部启动）保护的检验。

思政目标

培养团队协作精神。

三、任务书

完成 220 kV 母线保护装置定检中，母联失灵（外部启动）保护的检验。

四、任务导入

引导问题：母联失灵（外部启动）保护实现的逻辑思路?

答案：

五、任务实施

（1）完成现场安全措施布置。

（2）工器具、资料准备：

微机型继电保护测试仪、计算器、万用表、一字螺丝刀、绝缘胶布、装置图纸、装置说明书。

（3）试验记录单。

表 1-5-5　母联失灵（外部启动）保护检验记录单

保护名称	检验思路	故障相别	动作报文

六、工作实施流程

（1）领取任务：按组分配屏位，每组一个屏位完成任务。

（2）工作前准备：

① 人员准备：指导教师为安全监护人，组长为工作负责人，其余人员为工作组成员，工作人员应清楚工作内容、安全措施，精神状态正常，无妨碍工作的病症。

② 危险点分析，安全预控措施：检查现场符合工作条件，分析本次工作危险点并做好相应预控措施。

（3）工作人员穿着工作服。

（4）装置设置：

① 硬压板设置：

a. 投入“1KLP9 检修状态投入”硬压板。

b. 确认其余硬压板均在退出位置。

② 各支路刀闸位置及母联开关位置设置：

模拟 0261 开关挂在Ⅰ母上，0262 开关挂在Ⅱ母上，即：将支路 2（0261 开关）对应的Ⅰ母刀闸位置旋钮和支路 3（0262 开关）对应的Ⅱ母刀闸位置旋钮打至“强制通”位置，其余刀闸位置旋钮打至“自适应”位置。

③ 软压板设置：

软压板均设置为 0。

④ 保护控制字设置：

保护控制字均设置为 0。

（5）试验接线，如图 1-5-11 所示。

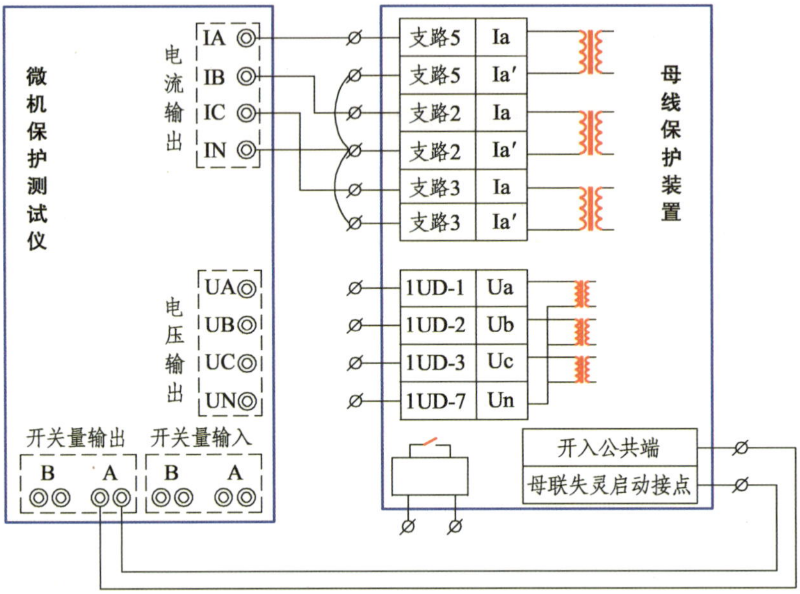

图 1-5-11　试验接线示意图

（6）试验数值计算：

无。

（7）逻辑检验。

如图 1-5-12 所示，使用测试仪“状态序列”模块进行试验，需设置两个状态。

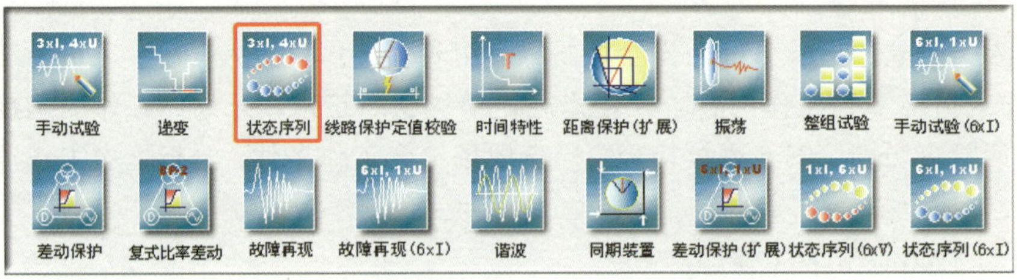

图 1-5-12　测试仪试验类型选择界面示意图

状态一（故障前状态）设置，如图 1-5-13、图 1-5-14 所示。

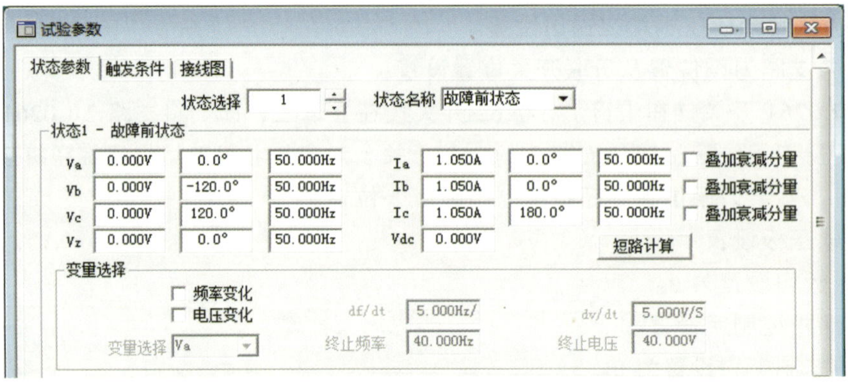

图 1-5-13　状态一状态参数设置示意图（外部启动）

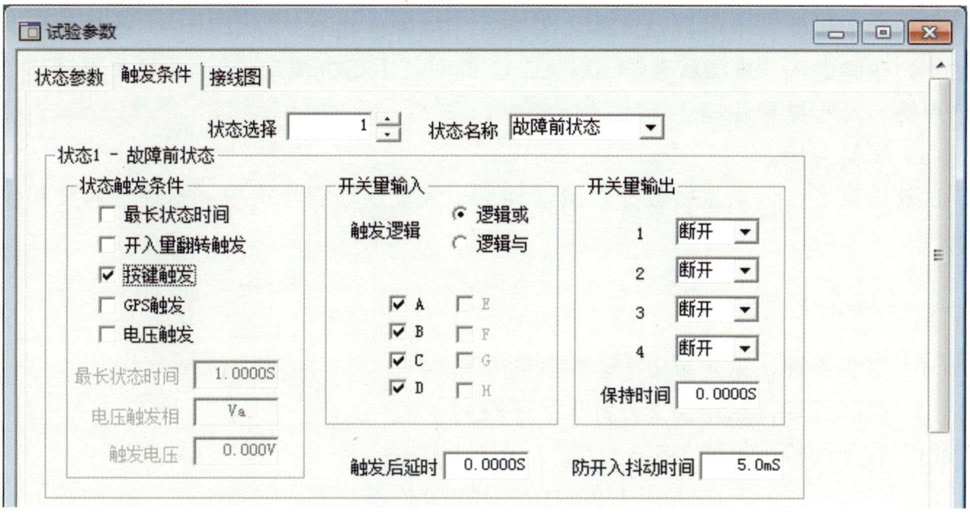

图 1-5-14　状态一触发条件设置示意图（外部启动）

状态二（故障状态）设置，如图 1-5-15、图 1-5-16 所示。

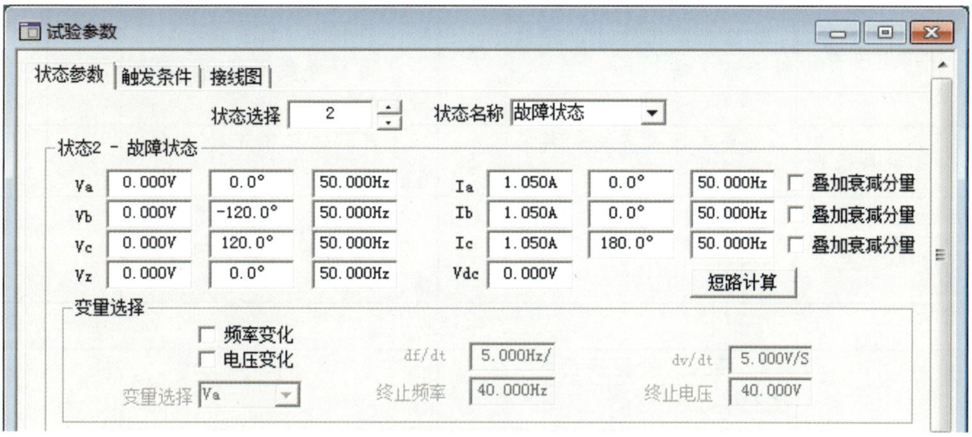

图 1-5-15　状态二状态参数设置示意图（外部启动）

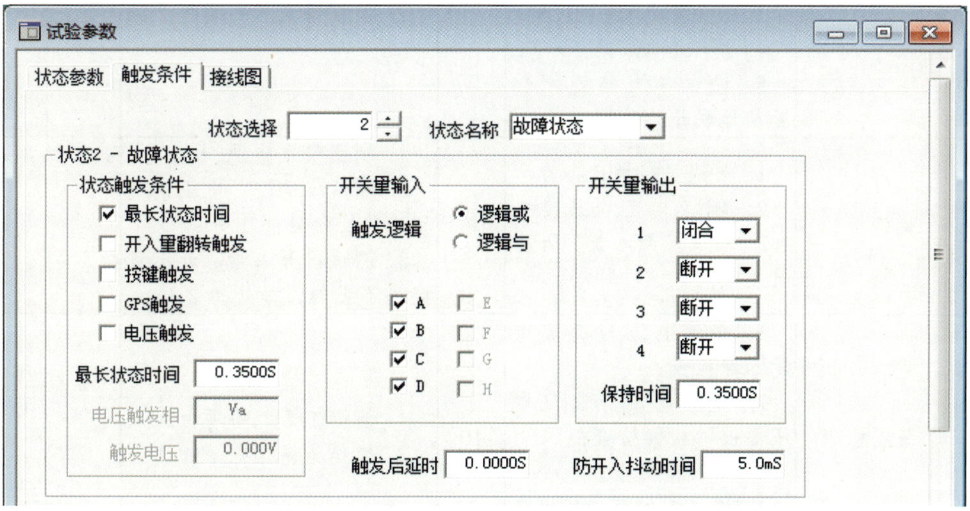

图 1-5-16　状态二触发条件设置示意图（外部启动）

试验参数设置完成后开始试验：先进入“故障前状态”（状态一），此时保护装置不动作，按键进入“故障状态”（状态二）。此时“Ⅰ母失灵动作”“Ⅱ母失灵动作”指示灯点亮，试验结果正确。

（8）试验完成。

试验结束后，记录试验数据。清理现场，恢复现场安全措施，整理工器具和仪器仪表。

七、评价反馈

（1）学生自评，见附录1《学生自评表》。

（2）团队互评，见附录2《团队互评表》。

（3）教师评价，见表1-5-6。

表1-5-6　教师评价表

序号	作业名称	质量标准	分值	扣分标准	扣分	得分
一、准备工作						
1	着装穿戴	安全帽、工作服、绝缘鞋穿戴正确	5	1. 未穿戴安全帽、工作服、工作鞋，扣5分； 2. 着装穿戴不规范，每处扣1分		
2	工器具检查	检查工器具齐全，符合使用要求	5	工器具选择不正确、未检查，每个扣1分		
3	工作票办理	按照规范办理工作票（口述）	5	1. 未办理工作票，扣3分； 2. 未到现场检查安全措施，扣2分		
二、工作过程						
1	装置设置	1. 投入“投检修状态”硬压板； 2. 投入“差动保护投入”硬压板； 3. 投入差动保护软压板； 4. 投入差动保护控制字； 5. 设置各支路刀闸位置及母联开关位置	12	1. 每漏一项扣2分； 2. 操作错误，一处扣2分		
2	试验接线	1. 测试仪接地； 2. 测试仪电流、电压接线； 3. 测试仪开入量、开出量接线	8	1. 测试仪未接地，扣1分； 2. 测试仪电流、电压接线不正确，每处扣1分； 3. 测试仪开入量、开出量接线不正确，每处扣2分		
3	装置检查	1. 交流电流与交流电压零漂检查； 2. 交流电流与交流电压幅值、相位检查； 3. 开入量检查； 4. 检查指示灯、装置有无异常，通道有无告警	10	1. 漏检查项目，每项扣3分； 2. 操作错误，一个扣2分		

续表

序号	作业名称	质量标准	分值	扣分标准	扣分	得分
二、工作过程						
4	母联失灵（外部启动）保护检验	1. 任选Ⅰ、Ⅱ母线上各一支路，将母联和这两条支路A相同时串接电流，Ⅰ母线支路和母联的电流方向相同，Ⅱ母线支路的与前两者相反，此时差流平衡； 2. 电流幅值大于母联失灵定值时，合上母联三相跳闸启动失灵开入接点，启动母联失灵，经母联失灵延时后，Ⅰ、Ⅱ母失灵动作	30	1. 计算错误一处扣2分； 2. 故障量输入错误一处扣2分； 3. 动作情况记录错误一处扣2分		
5	二次措施及现场恢复	1. 二次安措恢复至试验前状态； 2. 试验接线恢复	10	1. 二次安措未恢复至试验前状态，扣4分； 2. 未拆除试验接线，扣6分		
6	试验报告	1. 记录装置型号、软件版本及校验码； 2. 记录试验项目及数据； 3. 记录测试仪型号； 4. 试验结论	10	1. 未记录装置型号、软件版本及校验码，每项扣2分； 2. 未记录试验项目及数据，扣3分； 3. 未记录测试仪型号，扣1分； 4. 未写试验结论，扣1分		
三、工作终结						
1	工作票终结	办理工作票终结（口述）	5	未办理工作票终结，扣5分		
合计			100			
考评员栏		成绩：		考评老师：		

八、相关知识点

知识点：当保护向母联开关发出跳令后，母联失灵过流元件持续动作，经整定的母联失灵延时，则母联失灵保护应经母线差动复合电压闭锁后切除相关母线各支路。需要注意的是，只有母联开关作为联络开关时，才启动母联失灵保护，且母联失灵保护固定投入。

项目 6　手合充电至死区保护逻辑检验

一、学习情境描述

计划对一面 220 kV 母线保护装置进行定检，现场安全措施已布置完成，现需对其母联（分段）充电于死区故障保护进行检验。保护检验相关参数定值如表 1-6-1 所示。

表 1-6-1　母联（分段）充电于死区故障保护检验相关参数定值

定值分类	定值名称	单位	整定值
母线保护定值	差动保护启动电流定值	A	0.3
	TA 断线告警定值	A	5
	TA 断线闭锁定值	A	6
	母联分段失灵电流定值	A	1
	母联分段失灵时间	s	0.25
失灵保护定值	低电压闭锁定值	V	45
	零序电压闭锁定值	V	6
	负序电压闭锁定值	V	4
	三相失灵相电流定值	A	0.5
	失灵零序电流定值	A	0.5
	失灵负序电流定值	A	0.5
	失灵保护 1 时限	s	0.25
	失灵保护 2 时限	s	0.4

TA 参数设置：

（1）将所有支路 TA 一次值全部设置为 1 200 A。

（2）将所有支路 TA 二次值全部设置为 5 A。

（3）将“基准 TA 一次值”设置为 1 200 A。

（4）将“基准 TA 二次值”设置为 5 A。

二、学习目标

知识目标

能正确理解母联（分段）充电于死区故障保护的逻辑框图。

能理解“展宽”的含义。

能力目标

能正确完成母联（分段）充电于死区故障保护的检验。

思政目标

培养团队协作精神。

三、任务书

完成 220 kV 母线保护装置定检中，母联（分段）充电于死区故障保护的检验。

四、任务导入

引导问题 1：查阅 BP-2CS 微机母线保护装置技术说明书，画出母联（分段）充电于死区故障保护逻辑框图。

答案：

引导问题 2：若不配置母联（分段）充电于死区故障保护，当发生母联充电至死区故障时（母联 CT 靠近无源母线），常规的母线保护逻辑动作结果是怎样?

答案：

五、任务实施

（1）完成现场安全措施布置。

（2）工器具、资料准备：

微机型继电保护测试仪、计算器、万用表、一字螺丝刀、绝缘胶布、装置图纸、装置说明书。

（3）试验记录单：

表 1-6-2　母联（分段）充电于死区故障保护检验记录单

保护名称	检验思路	故障相别	动作报文

六、工作实施流程

（1）领取任务：按组分配屏位，每组一个屏位完成任务。

（2）工作前准备：

① 人员准备：指导教师为安全监护人，组长为工作负责人，其余人员为工作组成员，工作人员应清楚工作内容、安全措施，精神状态正常，无妨碍工作的病症。

② 危险点分析，安全预控措施：检查现场符合工作条件，分析本次工作危险点并做好相应预控措施。

（3）工作人员穿着工作服。

（4）装置设置。

（5）试验接线，如图 1-6-1 所示。

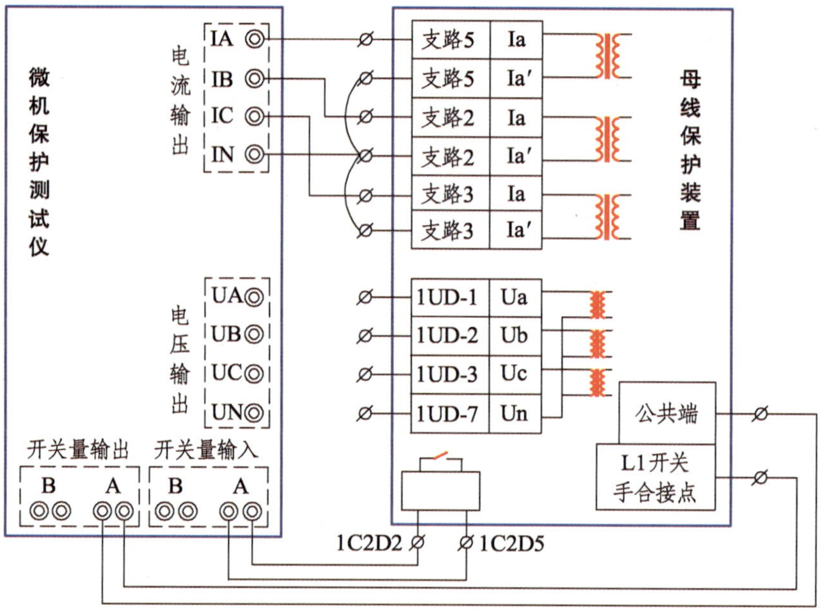

图 1-6-1 试验接线示意图

① 硬压板设置：

a. 投入“投检修状态”硬压板。

b. 投入“1KLP1 差动保护投入”硬压板。

c. 投入“1C1LP1 2271 跳闸出口一”压板右边的“1C1LP2 备用”压板。（合上此“备用”压板是为了利用此回路让母联跳闸后给一个开入测试仪作为故障状态的结束条件。）

d. 确认其余硬压板均在退出位置。

② 各支路刀闸位置及母联开关位置设置：

模拟 0261 开关挂在Ⅰ母上，0262 开关挂在Ⅱ母上，即将支路 2（0261 开关）对应的Ⅰ母刀闸位置旋钮和支路 3（0262 开关）对应的Ⅱ母刀闸位置旋钮打至“强制通”位置，其余刀闸位置旋钮打至“自适应”位置。模拟母联分位，有母联 TWJ 开入：短接端子排上 1QD10 和 1QD12。

③ 软压板设置：

a. 将“差动保护”软压板设置为 1。

b. 其余软压板均设置为 0。

④ 保护控制字设置：

a. 将“差动保护”控制字设置为 1。

b. 其余保护控制字均设置为 0。

（6）试验数值计算（假设故障相别为 A 相）：

本次试验使用“状态序列”模块，设置三个状态：

状态一为故障前状态，加入正常电压即可；

状态二为手合状态，将母联充电手合接点开入“闭合”；

状态三为故障状态，需加量使 I 母差动保护启动。

（7）逻辑检验。

状态一（故障前状态）设置，如图 1-6-2、图 1-6-3 所示。

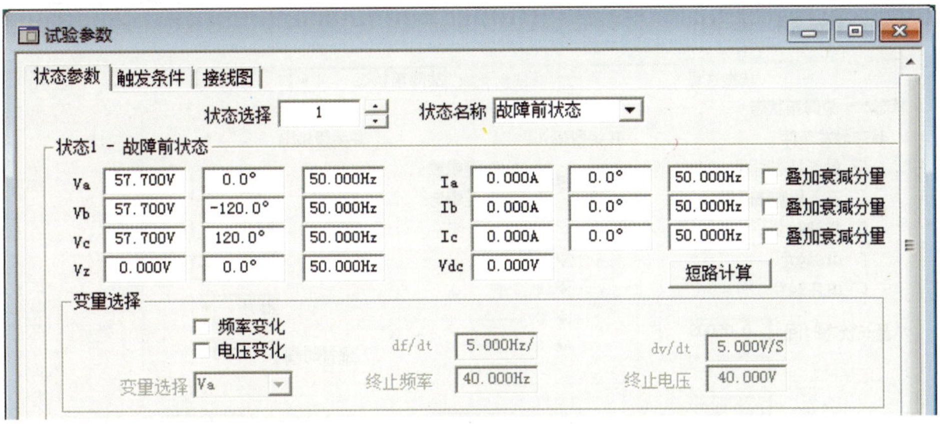

图 1-6-2 状态一状态参数设置示意图（故障前状态）

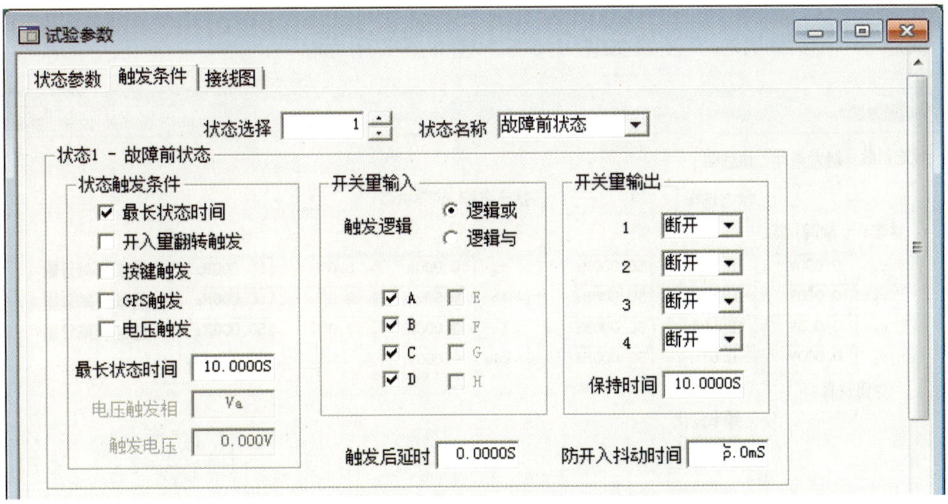

图 1-6-3 状态一触发条件设置示意图（故障前状态）

状态二（手合状态）设置如图 1-6-4、图 1-6-5 所示。

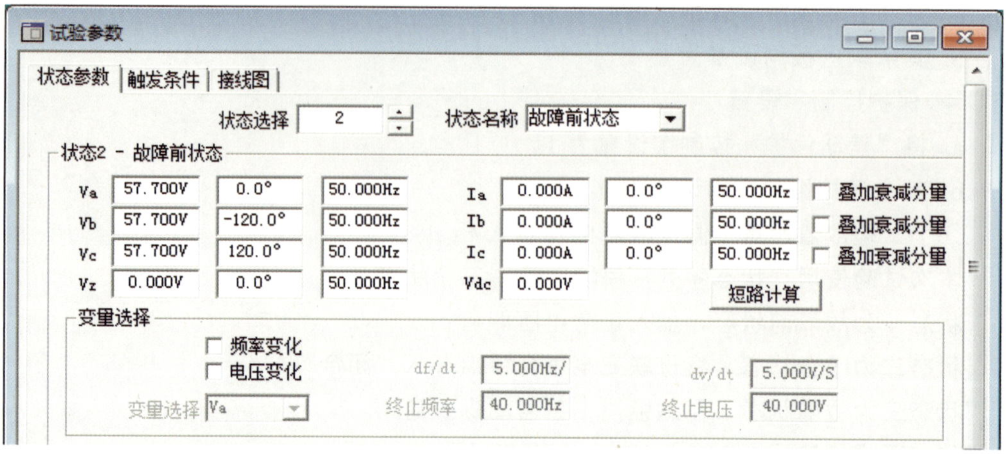

图 1-6-4　状态二状态参数设置示意图（手合状态）

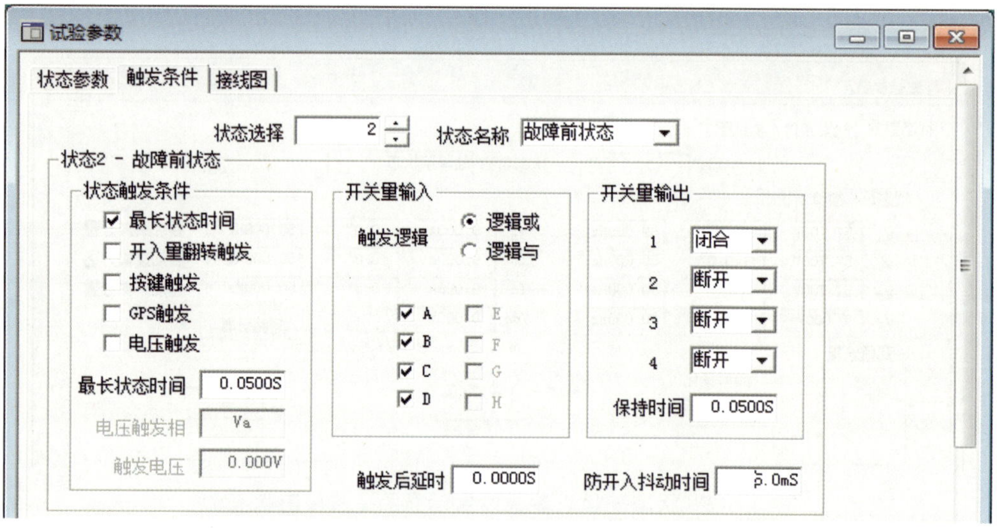

图 1-6-5　状态二触发条件设置示意图（手合状态）

状态三（故障状态）设置如图 1-6-6、图 1-6-7 所示。

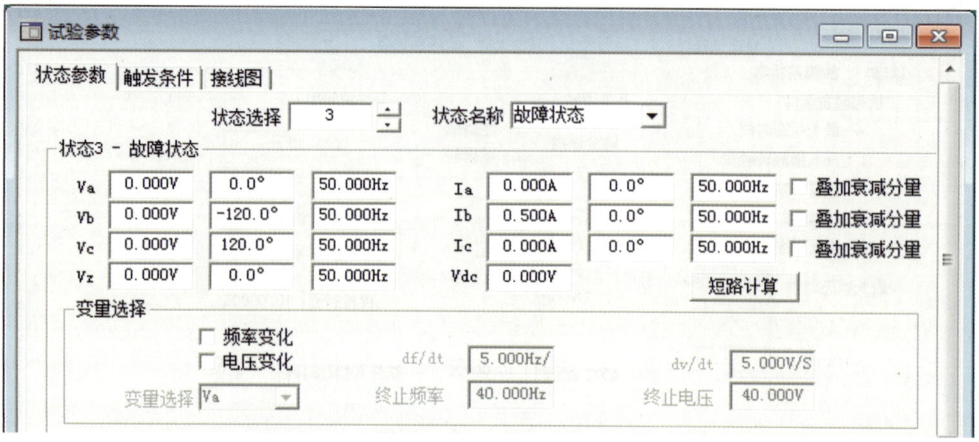

图 1-6-6　状态三状态参数设置示意图（故障状态）

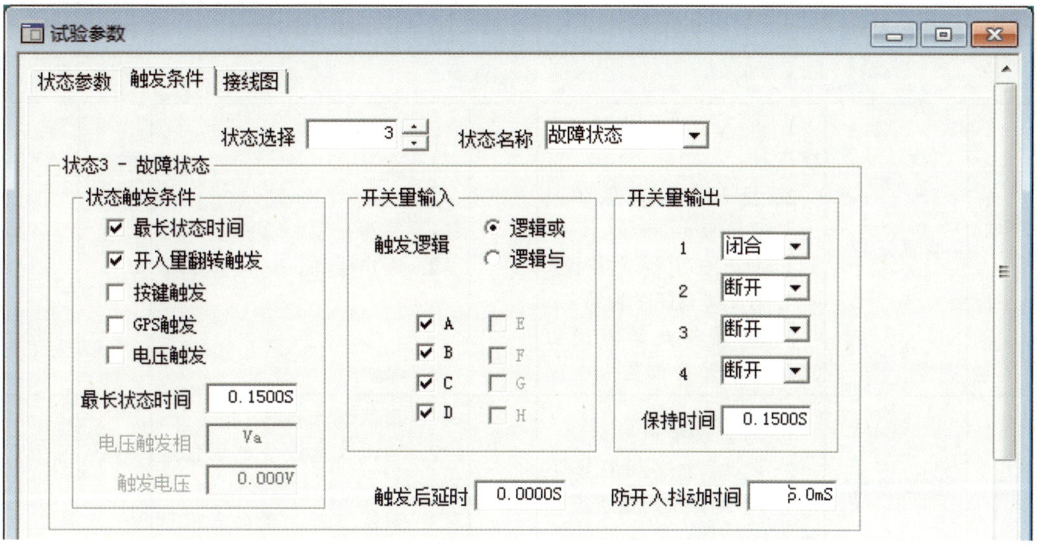

图 1-6-7　状态三触发条件设置示意图（故障状态）

试验参数设置完成后开始试验：先进入“故障前状态”（状态一），然后进入“手合状态”（状态二），再进入“故障状态”（状态三）。此时“母联动作”指示灯点亮，试验结果正确。

（8）试验完成。

试验结束后，记录试验数据。清理现场，恢复现场安全措施，整理工器具和仪器仪表。

七、评价反馈

（1）学生自评，见附录 1《学生自评表》。

（2）团队互评，见附录 2《团队互评表》。

（3）教师评价，见表 1-6-3。

表 1-6-3　教师评价表

序号	作业名称	质量标准	分值	扣分标准	扣分	得分
一、准备工作						
1	着装穿戴	安全帽、工作服、绝缘鞋穿戴正确	5	1. 未穿戴安全帽、工作服、工作鞋，扣 5 分； 2. 着装穿戴不规范，每处扣 1 分		
2	工器具检查	检查工器具齐全，符合使用要求	5	工器具选择不正确、未检查，每个扣 1 分		
3	工作票办理	按照规范办理工作票（口述）	5	1. 未办理工作票，扣 3 分； 2. 未到现场检查安全措施，扣 2 分		

续表

序号	作业名称	质量标准	分值	扣分标准	扣分	得分
二、工作过程						
1	装置设置	1. 投入“投检修状态”硬压板； 2. 投入“差动保护投入”硬压板； 3. 投入差动保护软压板； 4. 投入差动保护控制字； 5. 设置各支路刀闸位置及母联开关位置	12	1. 每漏一项扣 2 分； 2. 操作错误，一处扣 2 分		
2	试验接线	1. 测试仪接地； 2. 测试仪电流、电压接线； 3. 测试仪开入量、开出量接线	8	1. 测试仪未接地，扣 1 分； 2. 测试仪电流、电压接线不正确，每处扣 1 分； 3. 测试仪开入量、开出量接线不正确，每处扣 2 分		
3	装置检查	1. 交流电流与交流电压零漂检查； 2. 交流电流与交流电压幅值、相位检查； 3. 开入量检查； 4. 检查指示灯、装置有无异常，通道有无告警	10	1. 漏检查项目，每项扣 3 分； 2. 操作错误，一个扣 2 分		
4	母联充电至死区逻辑检验	1. 用试验仪的“状态序列”模拟故障：Ⅰ母线向Ⅱ母线充电，母联死区（CT 在Ⅱ母侧）有故障，母联充电至死区保护动作，切除母联。 状态一：Ⅰ母线加载正常电压，母联 TWJ 合上； 状态二：母联开关手合接点合上，状态持续 40 ms； 状态三：任选Ⅰ母线上一支路，加入试验电流（大于差动保护启动电流定值），并模拟故障降低Ⅰ母线电压；将母联的跳闸接点作为试验仪的控制开入量，结束状态三； 状态四：Ⅰ母线恢复正常电压。 2. 试验进入状态三时，母联充电至死区保护动作，切除母联，故障返回，Ⅰ母线不会被误切	30	1. 计算错误一处扣 2 分； 2. 故障量输入错误一处扣 2 分； 3. 动作情况记录错误一处扣 2 分		

续表

序号	作业名称	质量标准	分值	扣分标准	扣分	得分
二、工作过程						
5	二次措施及现场恢复	1. 二次安措恢复至试验前状态； 2. 试验接线恢复	10	1. 二次安措未恢复至试验前状态，扣4分； 2. 未拆除试验接线，扣6分		
6	试验报告	1. 记录装置型号、软件版本及校验码； 2. 记录试验项目及数据； 3. 记录测试仪型号； 4. 试验结论	10	1. 未记录装置型号、软件版本及校验码，每项扣2分； 2. 未记录试验项目及数据，扣3分； 3. 未记录测试仪型号，扣1分； 4. 未写试验结论，扣1分		
三、工作终结						
1	工作票终结	办理工作票终结（口述）	5	未办理工作票终结，扣5分		
合计			100			
考评员栏		成绩：		考评老师：		

八、相关知识点

知识点：国网标准化设计规范中7.2.1.h要求：母线保护应能自动识别母联（分段）的充电状态，合闸于死区故障时，应瞬时跳母联（分段），不应误切除运行母线。

九、拓展思考

（1）手合状态（状态二）中加量时间为何设置为50 ms？设置的依据是什么？

（2）故障状态（状态三）中开关量输出若设置为“断开”，是否会影响保护动作结果？为什么？

单元 2　电容器保护装置调试及检验

并联补偿电容器组在电力系统中起着非常重要的作用，通常装设在变电站中进行就地无功补偿。通过无功的补偿可提高电压质量，降低网络损耗，提高系统的电压稳定性。

电容器往往因产品质量和运行管理等问题引起故障，常见的有渗油、漏油、箱壳膨胀等故障现象，如不及时处理，将逐步扩展乃至形成极间短路，导致箱壳爆裂等事故。除采取改进电容器制造工艺、提高产品质量、加强运行管理等多方面的措施外，装设动作可靠的保护装置则是防止电容器发生爆裂的重要措施。本单元分 2 个项目：项目 1 为电容器保护装置认知，该项目完成保护原理认知和保护装置硬件结构认知，为后面的学习任务打下基础；项目 2 为电容器保护逻辑校验，根据电容器保护装置保护配置，该项目分为过电流保护、不平衡保护、过电压保护、低电压保护逻辑校验 4 个学习任务，使学生掌握电容器保护调试及检验方法，同时培养学生规程规范意识、安全意识、团队合作意识等。

项目 1　认知电容器保护装置

一、学习情境描述

本任务完成电容器保护的认知，完成对该装置信息、硬件结构、端子结构、保护配置的认知。

二、学习目标

知识目标

能准确说出电容器保护装置的保护配置。

能力目标

能正确完成对电容器保护装置各硬件结构的认知。

能正确完成对电容器保护装置端子的认知。

思政目标

培养学生规程规范意识。
培养学生细致的工作习惯。

三、任务书

完成电容器保护屏装置信息、硬件结构、端子结构、保护配置的认知。

四、任务导入

引导问题 1：并联电容器由哪些保护构成?

引导问题 2：电容器保护装置交流电压和电流从哪些端子进行采样?

五、任务实施

（1）现场完成一个电容器保护装置的认知。
（2）任务记录卡准备。

表 2-1-1　装置认知记录表

<table>
<tr><td colspan="5">装置信息认知</td></tr>
<tr><td>装置调度名称</td><td>装置型号</td><td>软件版本号</td><td>CRC 码</td><td>当前定值区</td></tr>
<tr><td></td><td></td><td></td><td></td><td></td></tr>
<tr><td colspan="5">硬件结构认知</td></tr>
<tr><td colspan="5">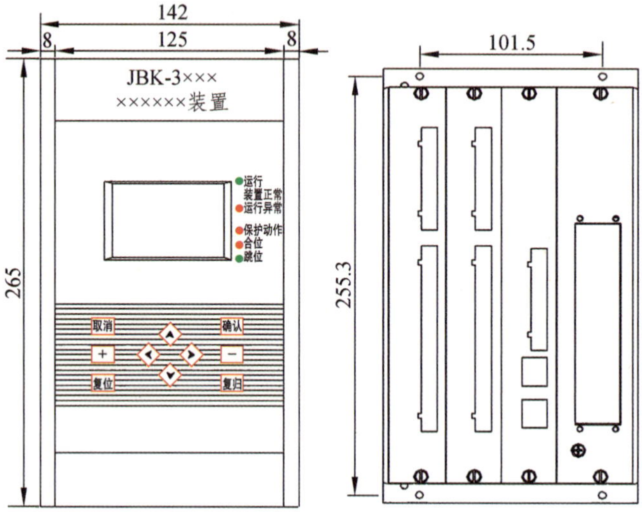
</td></tr>
<tr><td colspan="5">空开及端子排认知</td></tr>
<tr><td>名称</td><td>编号</td><td colspan="3">图片</td></tr>
<tr><td>交流空气开关</td><td></td><td colspan="3"></td></tr>
<tr><td>直流空气开关</td><td></td><td colspan="3"></td></tr>
<tr><td>电压端子</td><td></td><td colspan="3"></td></tr>
<tr><td>电流端子</td><td></td><td colspan="3"></td></tr>
</table>

续表

空开及端子排认知		
名称	编号	图片
开关量输入端子		
保护保护出口端子		
录波端子		
信号端子		
保护配置认知		
过电流保护		
不平衡电流、电压保护		
过电压保护		
低电压保护		

六、工作实施流程

（1）领取任务：按组分配工位，每组一个工位完成认知。

（2）工作前准备。

① 人员准备：指导教师为安全监护人，组长为工作负责人，其余人员为工作人员，工作人员应清楚工作内容、安全措施，精神状态正常，无妨碍工作的病症。

② 危险点分析，安全预控措施：检查现场符合工作条件，分析本次工作危险点并做好相应预控措施，布置现场安全措施。

（3）工作人员穿着工作服。

（4）根据认知情况，填写保护装置认知报告单。

（5）归还图纸资料，对场地进行整理。

七、评价反馈

（1）学生自评，见附录 1《学生自评表》。

（2）团队互评，见附录 2《团队互评表》。

（3）教师评价，见表 2-1-2。

表 2-1-2 教师评价

序号	评价内容	教师评分	签名
1	是否按计划时间完（15 分）		
2	完成上交情况（20 分）		
3	完成质量（25 分）		
4	语言表达能力（15 分）		
5	团队精神（15 分）		
6	创新点（10 分）		

八、相关知识点

知识点 1：变电站电容器作用。

电容器是变电站常用元件，它与电气设备是并联关系，因此称之为并联电容器。并联补偿电容器用于变电站的无功补偿，通常装设在中、低压侧。通过并联补偿电容器对无功的补偿可达到提高电压质量，降低网络损耗。电容器在运行过程中会出现各种形式的异常和故障，因此必须配置相应的保护装置。

知识点 2：电容器常见异常及故障。

（1）电容器组和断路器之间连接线短路。

（2）电容器内部故障及其引出线短路。

（3）电容器组中，某一故障电容器切除后所引起剩余电容器的过电压。

（4）电容器组的单相接地故障。

（5）电容器组过电压。

（6）所连接的母线失压。

（7）中性点不接地的电容器组，各组对中性点的单相短路。

知识点 3：电容器保护配置。

并联补偿电容器组针对上述故障一般配置以下保护：

（1）限时电流速断保护和过电流保护。限时电流速断和过电流保护用于反应电容器组和断路器之间连接线的短路，一般采用限时电流速断以躲过电容器充电涌流。过电流保护作后备，躲过长期工作最大负荷。

（2）内部故障过电压主保护。当电容器组中的故障电容器被切除到一定数量后，引起剩余电容器端电压超过 110%额定电压时，保护应将整组电容器断开。为此，可采用下列保护之一：

① 中性点不接地单星形接线电容器组，可装设中性点电压不平衡保护。

② 中性点接地单星形接线电容器组，可装设中性点电流不平衡保护。

③ 中性点不接地双星形接线电容器组，可装设中性点间电流或电压不平衡保护。

④ 中性点接地双星形接线电容器组，可装设反应中性点回路电流差的不平衡保护。

⑤ 单星形接线的电容器组，可采用开口三角电压保护。

不平衡保护动作带有短延时，防止电容器组合闸、断路器三相合闸不同步、外部故障等情况下误动作，延时一般取 0.3 ~ 0.5 s。

（3）外部过电压保护。用于反应外部引起的电容器端电压过压，一般按电容器端电压不长时间超过 1.1 倍电容器额定电压的原则整定。过电压保护延时动作，其动作时间应在 1 min 内，发信号或跳闸，一般采用定时限，也有采用反时限的。需要注意的是该保护是反应外部引起的对称性过电压，与内部一部分电容器被切除，造成内部电压不均压产生的过电压其作用和原理是不同的。

（4）低电压保护。电容器低电压保护的作用是考虑当母线失压后将连接在母线上的所有并联补偿电容器切除，防止当电容器因电源消失在放电过程中恢复供电造成暂态过电压而损坏电容器。并联补偿电容器的低电压保护一般整定为 0.15～0.4 倍额定电压。保护的动作时间与本侧出线后备保护时间配合。电源侧重合闸及备自投的动作时间应当考虑电容器的低电压保护动作时间，如果电容器低电压保护动作时间较长则应采取相关措施，如联切电容器等。

九、拓展思考

（1）变电站为什么要就地补偿无功功率？

（2）与补偿电容器配套使用的串联电抗器有什么作用？

项目 2　电容器保护逻辑检验

任务 1　电容器过电流保护定值检验

一、学习情境描述

对电容器保护装置进行过电流保护检验。

二、学习目标

知识目标

会描述电容器过电流保护原理。

能力目标

能正确完成电容器过电流保护逻辑检验。

思政目标

培养安全意识、团队合作意识。

培养服从意识。

培养奉献精神、电力职业精神。

三、任务书

完成电容器过电流保护逻辑检验。

四、任务导入

引导问题 1： 电容器过电流保护调试步骤有哪些?

引导问题 2： 分析电容器过流保护逻辑框图。

五、任务实施

（1）完成现场安全措施布置。

（2）工器具、资料准备。

微机型继电保护测试仪、计算器、万用表、一字螺丝刀、绝缘胶布、装置图纸、装置说明书。

（3）试验记录单。

表 2-2-1 试验记录单

保护名称	定值	故障相别	0.95 倍动作报文	1.05 倍动作报文	1.2 倍动作时间
定时限过电流Ⅰ段保护					
定时限过电流Ⅱ段保护					

六、工作实施流程

（1）领取任务。

按组分配工位，每组一个工位完成任务。

（2）工作前准备。

① 人员准备：指导教师为安全监护人，组长为工作负责人，其余人员为工作人员，工作人员应清楚工作内容、安全措施，精神状态正常，无妨碍工作的病症。

② 危险点分析，安全预控措施：检查现场符合工作条件，分析本次工作危险点并做好相应预控措施。

③ 工作人员穿着工作服。

（3）装置设置。

① 硬压板设置：

a. 投入“检修状态投入”硬压板。

b. 确认其余硬压板均在退出位置。

② 保护控制字设置：

a. 将“定时限过流保护Ⅰ段或Ⅱ段（二选一）”控制字设置为 1。

b. 其余保护控制字均设置为 0。

（4）过流保护检验。

① 试验接线。如图 2-2-1 所示，将继电保护测试仪的电流输出接至保护屏左侧端子排 21D 的电流输入端子，另将保护的某侧出口跳闸接点接到测试仪的任一开关量输入端，用于进行自动测试及测量保护动作时间。

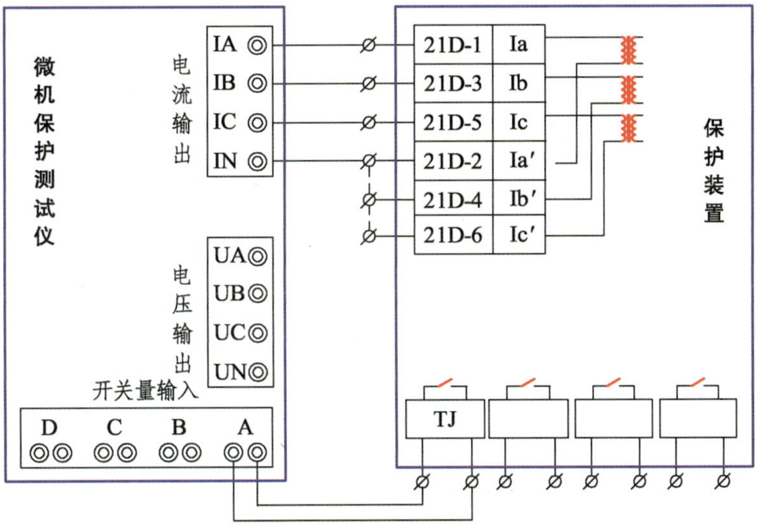

图 2-2-1　电容器过流保护试验接线示意图

② 测试仪进行过流定值检验。以过流Ⅰ段电流定值检验手动试验为例，打开测试软件如图 2-2-2 所示。单击手动试验进入如图 2-2-3 所示界面，操作测试仪使 A 相电流输出分别为Ⅰ段电流保护定值（假设为 10 A）的 1.05 倍和 0.95 倍，输出时间略大于该段电流保护动作时间（如 0.5 s），则 1.05 倍电流保护应可靠动作，0.95 倍应可靠不动作，然后在 1.2 倍时测量动作时间。过流Ⅱ段的试验方法与之类似。

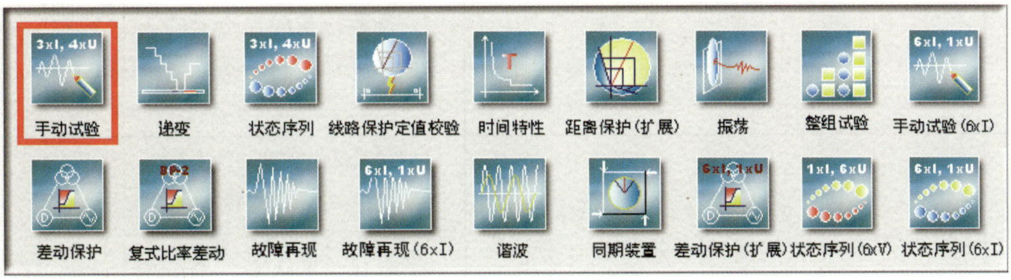

图 2-2-2　测试仪试验类型选择界面示意图

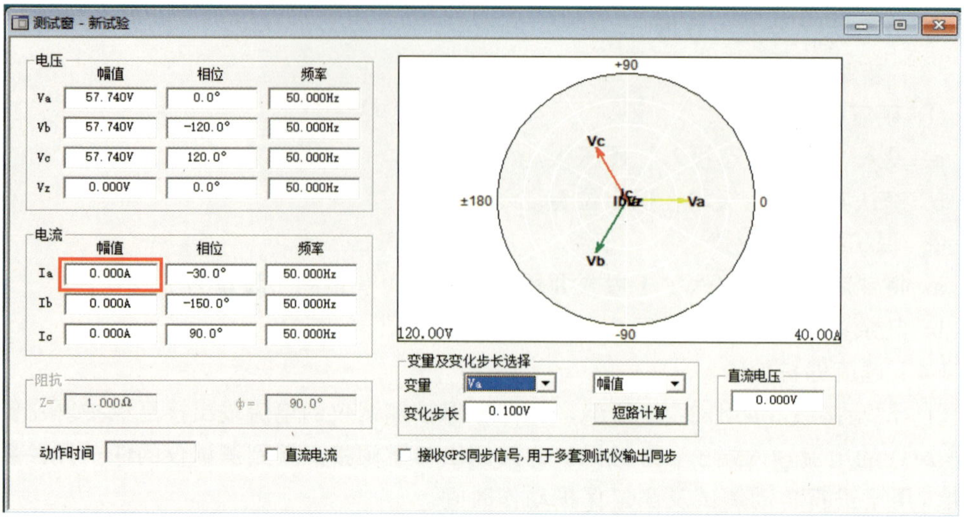

图 2-2-3　测试仪故障参数设置示意图

七、评价反馈

（1）学生自评，见附录 1《学生自评表》。

（2）团队互评，见附录 2《团队互评表》。

（3）教师评价，见表 2-2-2。

表 2-2-2　教师评价表

序号	作业名称	质量标准	分值	扣分标准	扣分	得分
一、准备工作						
1	着装穿戴	安全帽、工作服、绝缘鞋穿戴正确	5	1. 未穿戴安全帽、工作服、工作鞋，扣 5 分； 2. 着装穿戴不规范，每处扣 1 分		
2	工器具检查	检查工器具齐全，符合使用要求	5	工器具选择不正确、未检查，每个扣 1 分		
3	工作票办理	按照规范办理工作票（口述）	5	1. 未办理工作票，扣 3 分； 2. 未到现场检查安全措施，扣 2 分		
二、工作过程						
1	装置设置	1. 投入“投检修状态”硬压板； 2. 投入过流 Ⅰ 段（或 Ⅱ 段）保护软压板（或控制字）	12	1. 每漏一项扣 2 分； 2. 操作错误，一处扣 2 分		
2	试验接线	1. 测试仪接地； 2. 测试仪电流接线； 3. 测试仪开入量、开出量接线	8	1. 测试仪未接地，扣 1 分； 2. 测试仪电流接线不正确，每处扣 1 分； 3. 测试仪开入量、开出量接线不正确，每处扣 2 分		

续表

序号	作业名称	质量标准	分值	扣分标准	扣分	得分
二、工作过程						
3	装置检查	1. 交流电流零漂检查； 2. 交流电流幅值、相位检查； 3. 开入量检查； 4. 检查指示灯、装置有无异常，通道有无告警	10	1. 漏检查项目，每项扣3分； 2. 操作错误，一个扣2分		
4	电容器过流保护定值检验	1. 加单相电流，使1.05倍保护值可靠动作。 1. 加单相电流，使0.95倍保护定值可靠不动作	30	1. 计算错误一处扣2分； 2. 故障量输入错误一处扣2分； 3. 动作情况记录错误一处扣2分		
6	二次措施及现场恢复	1. 二次安措恢复至试验前状态； 2. 试验接线恢复	10	1. 二次安措未恢复至试验前状态，扣4分； 2. 未拆除试验接线，扣6分		
7	试验报告	1. 记录装置型号、软件版本及校验码； 2. 记录试验项目及数据； 3. 记录测试仪型号； 4. 试验结论	10	1. 未记录装置型号、软件版本及校验码，每项扣2分； 2. 未记录试验项目及数据，扣3分； 3. 未记录测试仪型号，扣1分； 4. 未写试验结论，扣1分		
三、工作终结						
1	工作票终结	办理工作票终结（口述）	5	未办理工作票终结，扣5分		
合计			100			
考评员栏		成绩：		考评老师：		

八、相关知识点

知识点： 电容器定时限过流保护逻辑原理。

JBK-3021 电容器保护装置设两段定时限过流保护，各段电流及时间定值可独立整定，分别设置整定控制字控制这两段保护的投退。保护逻辑框图如图 2-2-4 所示。

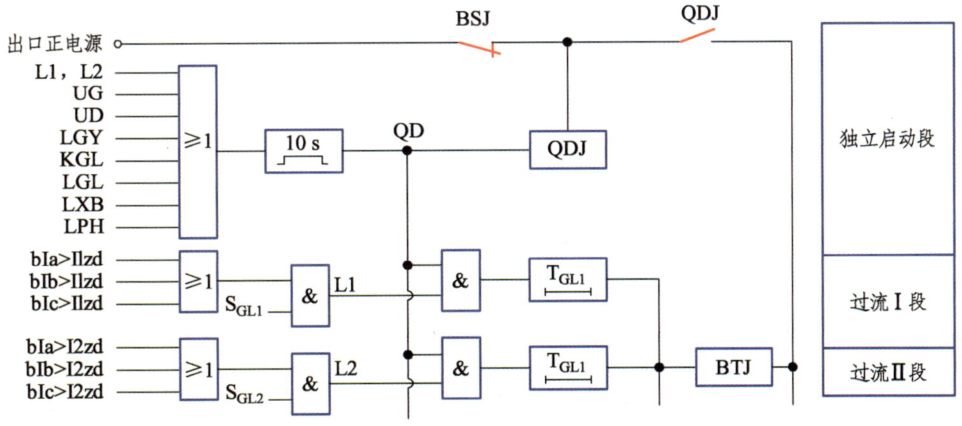

图 2-2-4　JBK3021 定时限过流保护逻辑框图

任务 2　不平衡保护定值检验

一、学习情境描述

对电容器保护装置进行不平衡保护定值检验。

二、学习目标

知识目标

会描述电容器保护原理。

能力目标

能正确完成电容器不平衡保护逻辑检验。

思政目标

培养良好的安全意识。
培养团队协作精神。

三、任务书

完成电容器不平衡保护逻辑检验。

四、任务导入

引导问题 1：电容器不平衡保护调试步骤有哪些?

引导问题 2：分析电容器不平衡保护逻辑框图。

五、任务实施

（1）完成现场安全措施布置。

（2）工器具、资料准备。

微机型继电保护测试仪、计算器、万用表、一字螺丝刀、绝缘胶布、装置图纸、装置说明书。

（3）试验记录单。

表 2-2-3　试验记录单

保护名称	定值	故障相别	0.95 倍动作报文	1.05 倍动作报文
不平衡电压保护				
不平衡电流保护				

六、工作实施流程

（1）领取任务。

按组分配工位，每组一个工位完成任务。

（2）工作前准备。

① 人员准备：指导教师为安全监护人，组长为工作负责人，其余人员为工作组成员，工作人员应清楚工作内容、安全措施，精神状态正常，无妨碍工作的病症。

② 危险点分析，安全预控措施：检查现场符合工作条件，分析本次工作危险点并做好相应预控措施。

③ 工作人员穿着工作服。

（3）装置设置。

① 硬压板设置：

a. 投入“检修状态投入”硬压板。

b. 确认其余硬压板均在退出位置。

② 保护控制字设置：

a. 将“不平衡”控制字设置为 1。

b. 其余保护控制字均设置为 0。

（4）不平衡电压、电流保护检验。

① 试验接线。如图 2-2-5 所示，将测试仪的某相电流及电压如 A 相电流或 A 相电压接入电容器保护装置的不平衡电流及不平衡电压的交流输入端。

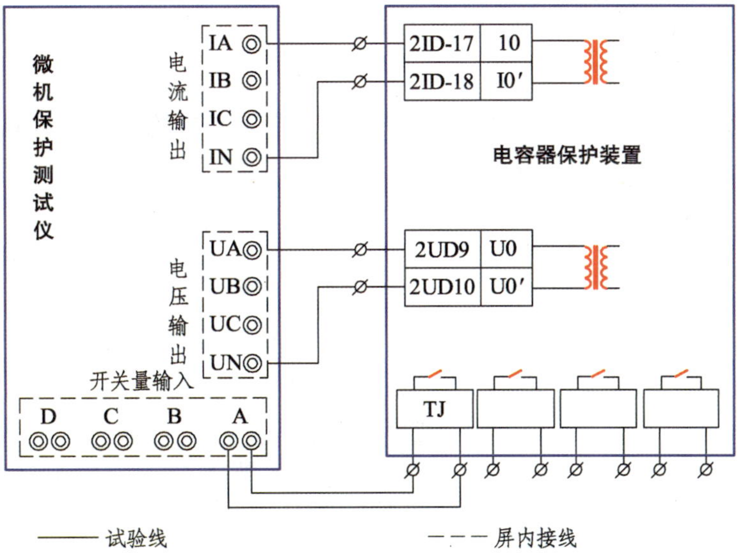

图 2-2-5　电容器不平衡保护试验接线示意图

② 利用测试仪进行不平衡电压定值检验。以 A 相不平衡电压定值检验手动试验为例，打开测试软件如图 2-2-6 所示。单击手动试验进入如图 2-2-7 所示的界面，操作测试仪使 A 相电压输出（不平衡电压）分别为不平衡电压定值 0.95 倍定值和 1.05 倍，1.05 倍时可靠动作，0.95 倍时可靠不动作。

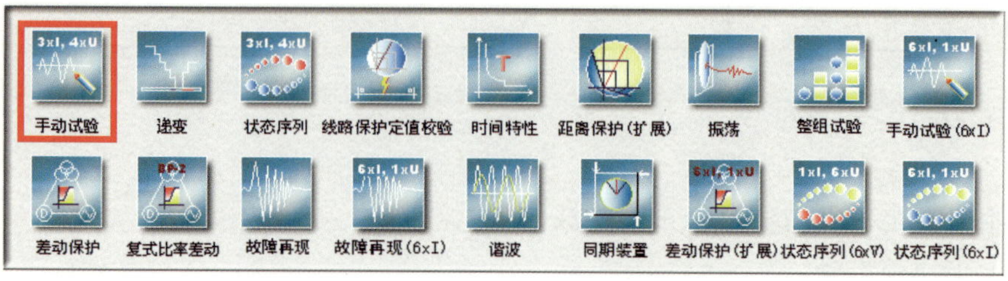

图 2-2-6　测试仪试验类型选择界面示意图

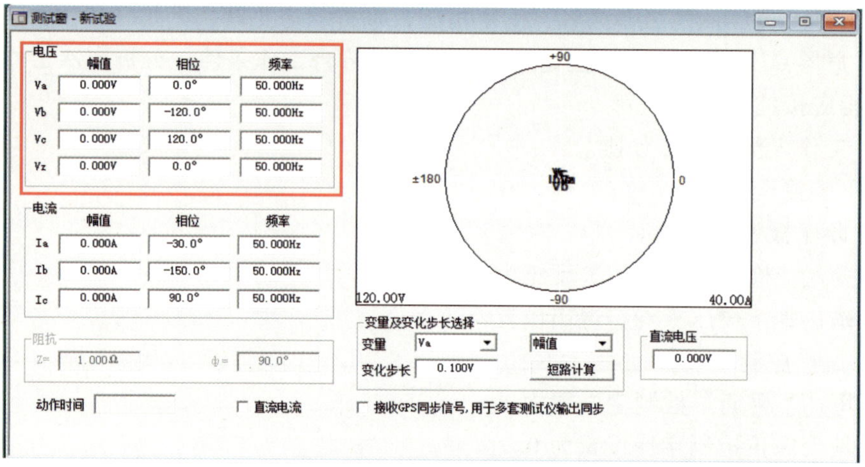

图 2-2-7　测试仪不平衡电压故障参数设置示意图

（3）利用测试仪进行不平衡电流定值检验。以 A 相不平衡电流定值检验手动试验为例，单击手动试验进入如图 2-2-8 所示的界面，操作测试仪使 A 相电流输出（不平衡电流）分别为不平衡电流定值 0.95 倍定值和 1.05 倍，1.05 倍时可靠动作，0.95 倍时可靠不动作。

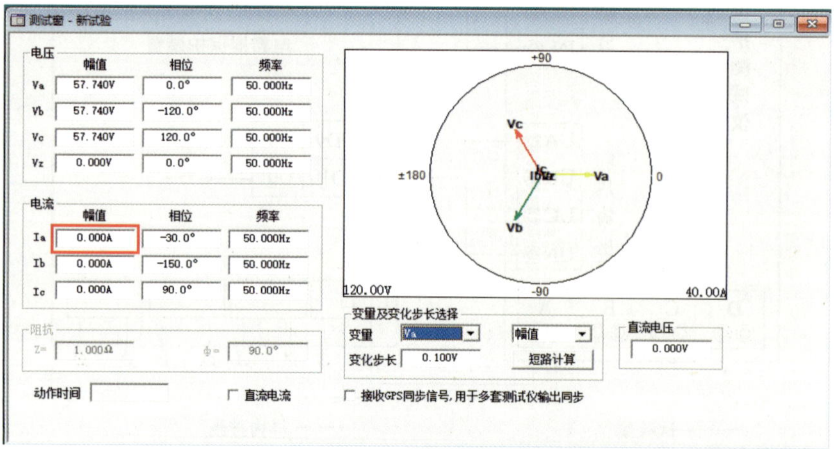

图 2-2-8　测试仪不平衡电流故障参数设置示意图

七、评价反馈

（1）学生自评，见附录 1《学生自评表》。

（2）团队互评，见附录 2《团队互评表》。

（3）教师评价，见表 2-2-4。

表 2-2-4　教师评价表

序号	作业名称	质量标准	分值	扣分标准	扣分	得分
一、准备工作						
1	着装穿戴	安全帽、工作服、绝缘鞋穿戴正确	5	1. 未穿戴安全帽、工作服、工作鞋，扣 5 分； 2. 着装穿戴不规范，每处扣 1 分		
2	工器具检查	检查工器具齐全，符合使用要求	5	工器具选择不正确、未检查，每个扣 1 分		
3	工作票办理	按照规范办理工作票（口述）	5	1. 未办理工作票，扣 3 分； 2. 未到现场检查安全措施，扣 2 分		
二、工作过程						
1	装置设置	1. 投入“投检修状态”硬压板； 2. 投入不平衡电压、不平衡电流保护软压板（或控制字）	12	1. 每漏一项扣 2 分； 2. 操作错误，一处扣 2 分		
2	试验接线	1. 测试仪接地； 2. 测试仪电压、电流接线； 3. 测试仪开入量、开出量接线	8	1. 测试仪未接地，扣 1 分； 2. 测试仪电流接线不正确，每处扣 1 分； 3. 测试仪开入量、开出量接线不正确，每处扣 2 分		
3	装置检查	1. 交流电流零漂检查； 2. 交流电流、电压幅值、相位检查； 3. 开入量检查； 4. 检查指示灯、装置有无异常，通道有无告警	10	1. 漏检查项目，每项扣 3 分； 2. 操作错误，一个扣 2 分		
4	电容器不平衡保护定值检验	1. 加不平衡电压，使 1.05 倍不平衡电压定值可靠动作，0.95 倍不平衡电压定值保可靠不动作； 2. 加不平衡电流，使 1.05 倍不平衡电流保护定值可靠动作，0.95 倍不平衡电流保护定值可靠不动作	30	1. 计算错误一处扣 2 分； 2. 故障量输入错误一处扣 2 分； 3. 动作情况记录错误一处扣 2 分		
6	二次措施及现场恢复	1. 二次安措恢复至试验前状态； 2. 试验接线恢复	10	1. 二次安措未恢复至试验前状态，扣 4 分； 2. 未拆除试验接线，扣 6 分		

续表

序号	作业名称	质量标准	分值	扣分标准	扣分	得分
二、工作过程						
7	试验报告	1. 记录装置型号、软件版本及校验码； 2. 记录试验项目及数据； 3. 记录测试仪型号； 4. 试验结论	10	1. 未记录装置型号、软件版本及校验码，每项扣 2 分； 2. 未记录试验项目及数据，扣 3 分； 3. 未记录测试仪型号，扣 1 分； 4. 未写试验结论，扣 1 分		
三、工作终结						
1	工作票终结	办理工作票终结（口述）	5	未办理工作票终结，扣 5 分		
合计			100			
考评员栏		成绩：		考评老师：		

八、相关知识点

知识点： 电容器不平衡保护逻辑原理。

JBK-3021 电容器保护装置设不平衡电压与电流保护，保护逻辑框图如图 2-2-9 所示。

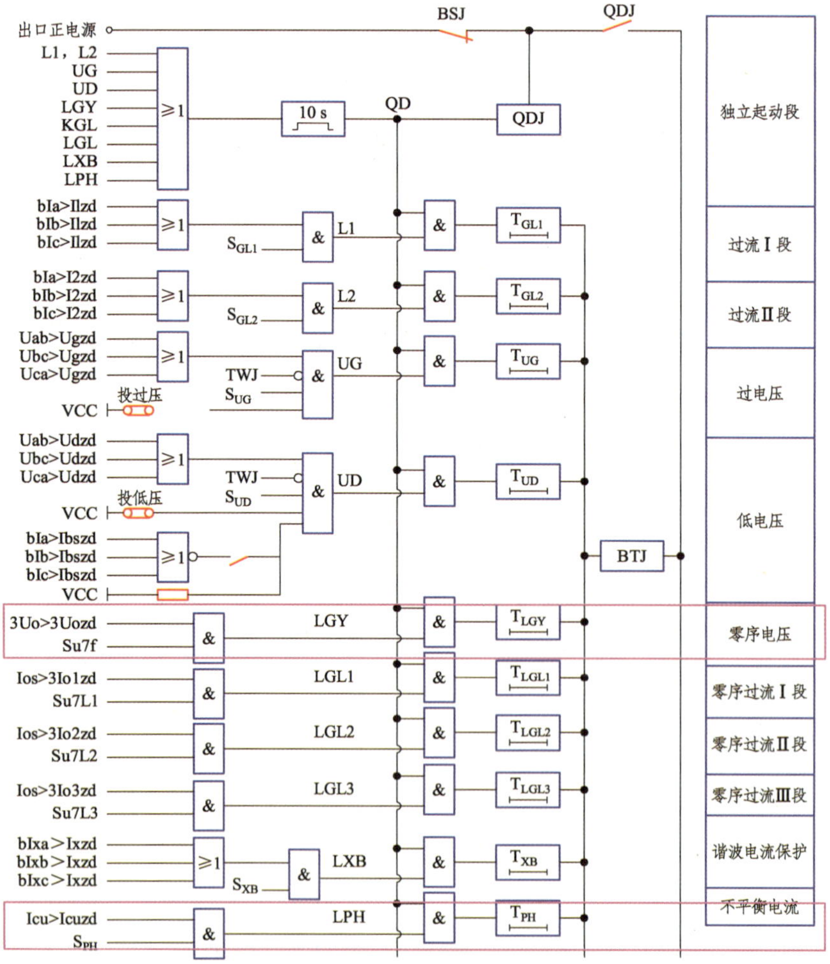

图 2-2-9　JBK3021 不平衡保护逻辑框图

任务 3　电容器过电压保护定值检验

一、学习情境描述

对电容器保护装置进行过电压保护检验。

二、学习目标

知识目标

会描述电容器过电压保护原理。

能力目标

能正确完成电容器过电压保护逻辑检验。

思政目标

培养良好的安全意识。
培养团队协作精神。

三、任务书

完成电容器过电压保护逻辑检验。

四、任务导入

引导问题 1： 电容器过电压保护调试步骤有哪些？

引导问题 2： 分析电容器过电压保护逻辑框图。

五、任务实施

（1）完成现场安全措施布置。

（2）工器具、资料准备。

微机型继电保护测试仪、计算器、万用表、一字螺丝刀、绝缘胶布、装置图纸、装置说明书。

（3）试验记录单。

表 2-2-5 试验记录单

保护名称	定值	故障相别	0.95 倍动作报文	1.05 倍动作报文
过电压保护				

六、工作实施流程

（1）领取任务。

按组分配工位，每组一个工位完成任务。

（2）工作前准备。

① 人员准备：指导教师为安全监护人，组长为工作负责人，其余人员为工作组成员，工作人员应清楚工作内容、安全措施，精神状态正常，无妨碍工作的病症。

② 危险点分析，安全预控措施：检查现场符合工作条件，分析本次工作危险点并做好相应预控措施。

③ 工作人员穿着工作服。

（3）装置设置。

① 硬压板设置：

a. 投入“检修状态”“过电压保护”硬压板。

b. 确认其余硬压板均在退出位置。

② 保护控制字设置：

a. 将“过电压保护投入”控制字设置为 1。

b. 其余保护控制字均设置为 0。

（4）过电压保护检验。

① 试验接线，如图 2-2-10 所示，将测试仪的三相电压输出分别接至电容器保护装置电压输入端，另将保护的某侧出口跳闸接点接到测试仪的任一开关量输入端，用于进行自动测试及测量保护动作时间。试验前可打印或记录过电压低电压保护定值，过电压保护定值为 115 V（线电压），动作时间 0.5 s。

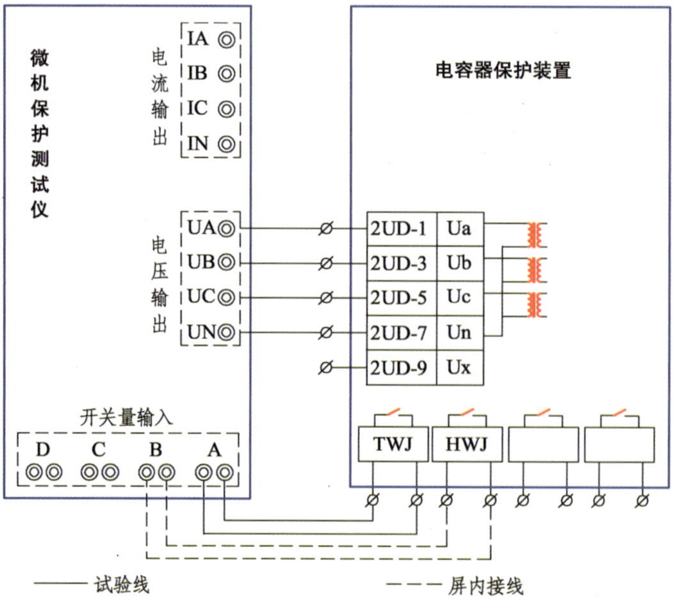

图 2-2-10 电容器过电压保护试验接线示意图

② 测试仪进行过电压定值检验。以校验 AB 相线电压为例，打开测试软件如图 2-2-11 所示。点击手动试验进入如图 2-2-12 所示的界面，操作测试仪使 AB 相线电压输出分别为过电压定值的 1.05 倍和 0.95 倍，则 1.05 倍过电压保护应可靠动作，0.95 倍应可靠不动作。

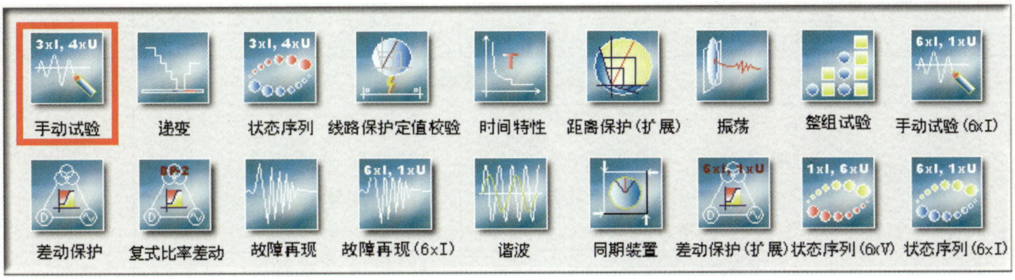

图 2-2-11　测试仪试验类型选择界面示意图

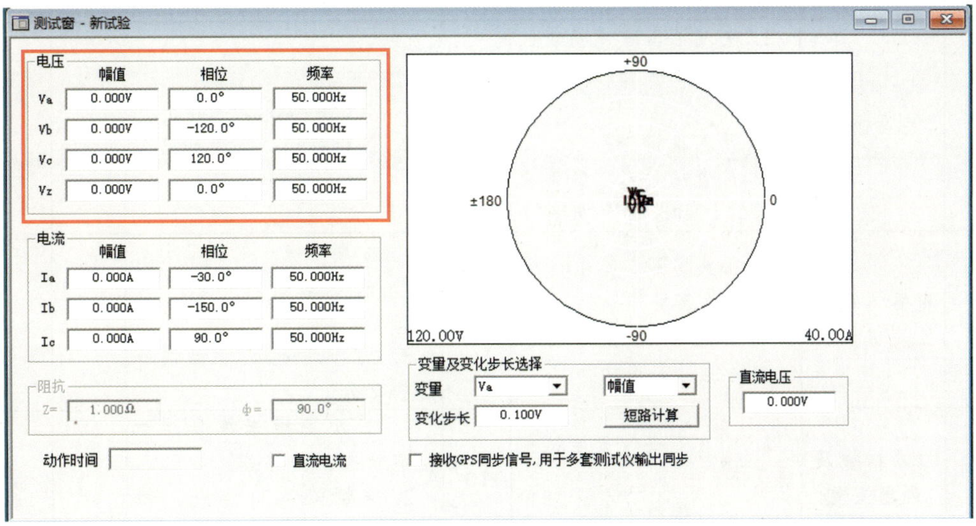

图 2-2-12　测试仪故障参数设置示意图

七、评价反馈

（1）学生自评，见附录 1《学生自评表》。

（2）团队互评，见附录 2《团队互评表》。

（3）教师评价，见表 2-2-6。

表 2-2-6　教师评价表

序号	作业名称	质量标准	分值	扣分标准	扣分	得分
一、准备工作						
1	着装穿戴	安全帽、工作服、绝缘鞋穿戴正确	5	1. 未穿戴安全帽、工作服、工作鞋，扣 5 分； 2. 着装穿戴不规范，每处扣 1 分		
2	工器具检查	检查工器具齐全，符合使用要求	5	工器具选择不正确、未检查，每个扣 1 分		

续表

序号	作业名称	质量标准	分值	扣分标准	扣分	得分
一、准备工作						
3	工作票办理	按照规范办理工作票（口述）	5	1. 未办理工作票，扣 3 分； 2. 未到现场检查安全措施，扣 2 分		
二、工作过程						
1	装置设置	1. 投入“投检修状态”、“过电压保护”硬压板； 2. 投入过电压保护软压板（或控制字）	12	1. 每漏一项扣 2 分； 2. 操作错误，一处扣 2 分		
2	试验接线	1. 测试仪接地； 2. 测试仪开入量、开出量接线	8	1. 测试仪未接地，扣 1 分； 2. 测试仪开入量、开出量接线不正确，每处扣 2 分		
3	装置检查	1. 交流电压零漂检查； 2. 交流电压幅值、相位检查； 3. 开入量检查； 4. 检查指示灯、装置有无异常，通道有无告警	10	1. 漏检查项目，每项扣 3 分； 2. 操作错误，一个扣 2 分		
4	电容器过电压定值检验	1. 加线电压，使 1.05 倍保护值可靠动作。 2. 加线电压，使 0.95 倍保护定值可靠不动作	30	1. 计算错误一处扣 2 分； 2. 故障量输入错误一处扣 2 分； 3. 动作情况记录错误一处扣 2 分		
6	二次措施及现场恢复	1. 二次安措恢复至试验前状态； 2. 试验接线恢复	10	1. 二次安措未恢复至试验前状态，扣 4 分； 2. 未拆除试验接线，扣 6 分		
7	试验报告	1. 记录装置型号、软件版本及校验码； 2. 记录试验项目及数据； 3. 记录测试仪型号； 4. 试验结论	10	1. 未记录装置型号、软件版本及校验码，每项扣 2 分； 2. 未记录试验项目及数据，扣 3 分； 3. 未记录测试仪型号，扣 1 分； 4. 未写试验结论，扣 1 分		
三、工作终结						
1	工作票终结	办理工作票终结（口述）	5	未办理工作票终结，扣 5 分		
合计			100			
考评员栏		成绩：		考评老师：		

八、相关知识点

知识点：电容器过电压保护逻辑原理。

JBK-3021 电容器保护装置设过电压保护，保护逻辑框图如图 2-2-13 所示。

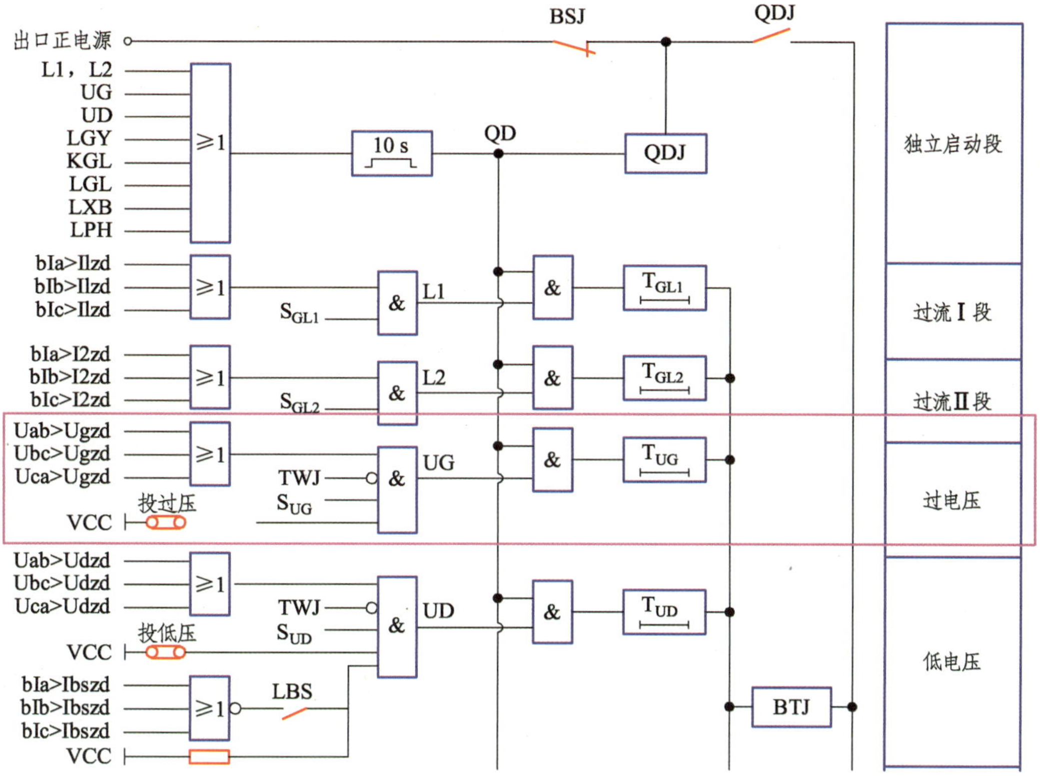

图 2-2-13 JBK3021 过电压保护逻辑框图

任务 4 低电压保护定值检验

一、学习情境描述

对电容器保护装置进行低电压保护定值检验。

二、学习目标

知识目标

会描述电容器保护原理。

能力目标

能正确完成电容器低电压保护逻辑检验。

思政目标

培养良好的安全意识。

培养团队协作精神。

三、任务书

完成电容器低电压保护逻辑检验。

四、任务导入

引导问题 1： 电容器低电压保护调试步骤有哪些?

引导问题 2： 分析电容器低电压保护逻辑框图。

五、任务实施

（1）完成现场安全措施布置。

（2）工器具、资料准备。

微机型继电保护测试仪、计算器、万用表、一字螺丝刀、绝缘胶布、装置图纸、装置说明书。

（3）试验记录单。

表 2-2-7　试验记录单

保护名称	定值	故障相别	0.95 倍动作报文	1.05 倍动作报文
低电压保护				

六、工作实施流程

（1）领取任务。

按组分配工位，每组一个工位完成任务。

（2）工作前准备。

① 人员准备：指导教师为安全监护人，组长为工作负责人，其余人员为工作组成员，工作人员应清楚工作内容、安全措施，精神状态正常，无妨碍工作的病症。

② 危险点分析，安全预控措施：检查现场符合工作条件，分析本次工作危险点并做好相应预控措施。

③ 工作人员穿着工作服。

（3）装置设置。

① 硬压板设置：

a. 投入“检修状态投入”“低电压保护”硬压板。

b. 确认其余硬压板均在退出位置。

② 保护控制字设置：

a. 将“低电压保护投入”“低电压电流闭锁投入”控制字设置为1。

b. 其余保护控制字均设置为0。

（4）低电压保护检验。

① 试验接线，如图2-2-14所示，将测试仪的三相电流输出和电压输出分别接至电容器保护装置电流和电压输入端。

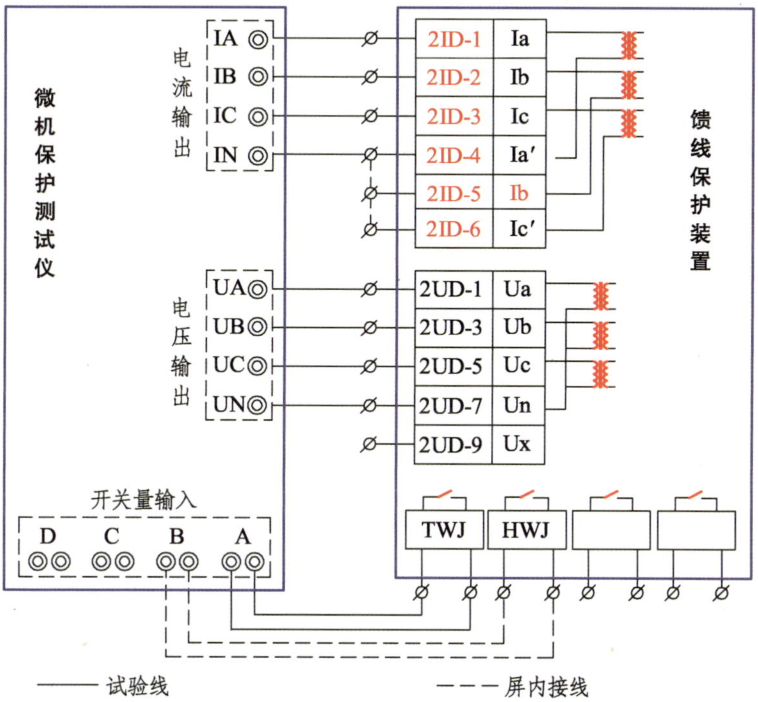

图2-2-14 电容器低电压保护试验接线示意图

② 利用测试仪进行低电压定值检验。以AB相线电压低电压定值检验手动试验为例，打开测试软件如图2-2-15所示。单击手动试验进入如图2-2-16所示的界面，操作测试仪使AB相线电压分别为低电压定值0.95倍定值和1.05倍，使A相电流为低电压电流闭锁电流定值1.05倍（低电压保护选择经电流闭锁，以防止TV断线造成低电压保护误动）。此时低电压保护应在AB相线电压为低电压定值0.95倍时可靠动作，应在AB相线电压为低电压定值1.05倍时可靠不动作。

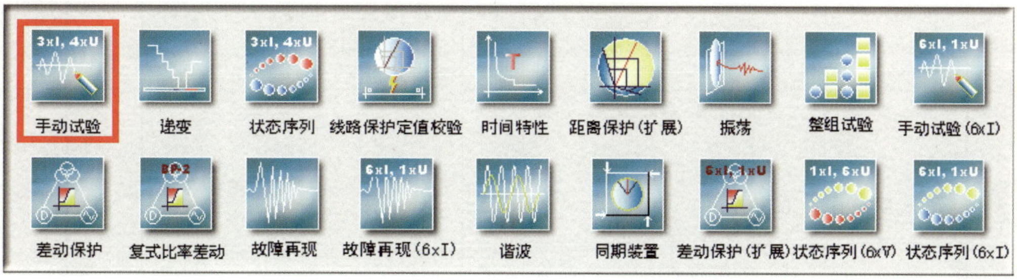

图2-2-15 测试仪试验类型选择界面示意图

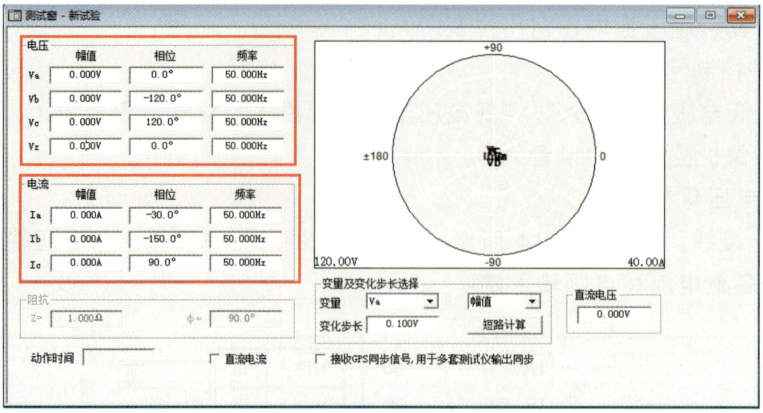

图 2-2-16 测试仪故障参数设置示意图

七、评价反馈

（1）学生自评，见附录 1《学生自评表》。

（2）团队互评，见附录 2《团队互评表》。

（3）教师评价，见表 2-2-8。

表 2-2-8 教师评价表

序号	作业名称	质量标准	分值	扣分标准	扣分	得分
一、准备工作						
1	着装穿戴	安全帽、工作服、绝缘鞋穿戴正确	5	1. 未穿戴安全帽、工作服、工作鞋，扣 5 分； 2. 着装穿戴不规范，每处扣 1 分		
2	工器具检查	检查工器具齐全，符合使用要求	5	工器具选择不正确、未检查，每个扣 1 分		
3	工作票办理	按照规范办理工作票（口述）	5	1. 未办理工作票，扣 3 分； 2. 未到现场检查安全措施，扣 2 分		
二、工作过程						
1	装置设置	1. 投“检修状态投入”“低电压保护”硬压板； 2. 将“低电压保护投入”“低电压电流闭锁投入”控制字设置为 1	12	1. 每漏一项扣 2 分； 2. 操作错误，一处扣 2 分		
2	试验接线	1. 测试仪接地； 2. 测试仪电压、电流接线； 3. 测试仪开入量、开出量接线	8	1. 测试仪未接地，扣 1 分； 2. 测试仪电流接线不正确，每处扣 1 分； 3. 测试仪开入量、开出量接线不正确，每处扣 2 分		
3	装置检查	1. 交流电流、电压零漂检查； 2. 交流电流、电压幅值、相位检查； 3. 开入量检查； 4. 检查指示灯、装置有无异常，通道有无告警	10	1. 漏检查项目，每项扣 3 分； 2. 操作错误，一个扣 2 分		

续表

序号	作业名称	质量标准	分值	扣分标准	扣分	得分
二、工作过程						
4	电容器低电压保护定值检验	1. 加 1.05 倍低电压，退出低电压电流闭锁； 2. 加线电压，使 1.05 倍低电压电压定值可靠不动作，0.95 倍定值保可靠动作	30	1. 计算错误一处扣 2 分； 2. 故障量输入错误一处扣 2 分； 3. 动作情况记录错误一处扣 2 分		
6	二次措施及现场恢复	1. 二次安措恢复至试验前状态； 2. 试验接线恢复	10	1. 二次安措未恢复至试验前状态，扣 4 分； 2. 未拆除试验接线，扣 6 分		
7	试验报告	1. 记录装置型号、软件版本及校验码； 2. 记录试验项目及数据； 3. 记录测试仪型号； 4. 试验结论	10	1. 未记录装置型号、软件版本及校验码，每项扣 2 分； 2. 未记录试验项目及数据，扣 3 分； 3. 未记录测试仪型号，扣 1 分； 4. 未写试验结论，扣 1 分		
三、工作终结						
1	工作票终结	办理工作票终结（口述）	5	未办理工作票终结，扣 5 分		
合计			100			
考评员栏		成绩：		考评老师：		

八、相关知识点

知识点： 电容器低电压保护逻辑原理。

JBK-3021 电容器保护装置低电压保护，保护逻辑框图如图 2-2-17 所示。

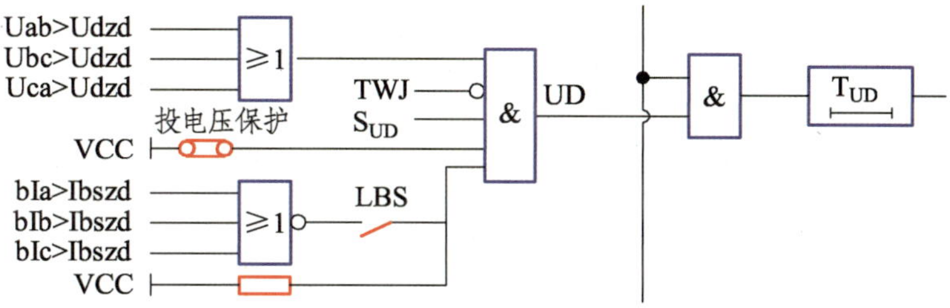

图 2-2-17　JBK3021 低电压保护逻辑框图

单元 3 进线及分段（内桥）备自投装置调试及检验

备用电源自动投入装置（简称备自投装置）用于变电站有备用电源的情形，在主电源因故障断开后，自动迅速地投入备用电源恢复供电，以提高供电可靠性。

按照接线方式，可分为进线及分段（内桥）备自投、变压器及分段备自投、扩大内桥备自投三大类，本单元主要讲解进线及分段（内桥）备自投。从备自投装置认知到备自投装置逻辑调试，由浅入深地讲解，通过学习，掌握备自投装置的相关基础知识、备自投装置结果认知的知识目标，具备逻辑调试的技能操作能力和团结协作的能力。

项目 1 认知备自投装置

任务 1 备自投装置分类认知

一、学习情境描述

本任务为完成备自投装置的认知，请完成装置信息、硬件结构、端子结构、功能配置的认知。

二、学习目标

知识目标

掌握备用电源自动投入装置的相关基础知识。

能力目标

能正确完成备自投装置各硬件结构的认知。

能正确完成备自投装置端子结构的认知。

思政目标

培养团队协作能力。

培养专注的工作习惯。

培养学生规程规范意识。

三、任务书

完成备自投装置信息、硬件结构、端子结构、功能配置的认知。

四、任务导入

引导问题：备自投装置在电力系统中的作用是什么？

答：

五、任务实施

（1）完成现场一次安全措施布置。

相邻屏前后悬挂“运行设备”红布帘，工作屏前后悬挂“在此工作”标识牌。

（2）工器具、资料准备。

装置图纸、装置说明书。

（3）任务记录卡准备。

六、工作实施流程

（1）领取任务：按组分配屏位，每组一个屏位完成认知。

（2）工作前准备。

① 人员准备：指导教师为安全监护人，组长为工作负责人，其余人员为工作人员，工作人员应清楚工作内容、安全措施，精神状态正常，无妨碍工作的病症。

② 危险点分析，安全预控措施：检查现场符合工作条件，分析本次工作危险点并做好相应预控措施，布置现场一次安全措施。

（3）工作人员穿着工作服。

（4）根据认知情况，填写保护装置认知报告单。

（5）归还图纸资料，对场地进行整理。

表 3-1-1　装置认知记录表

装置信息认知				
装置调度名称	装置型号	软件版本号	CRC 码	当前定值区

硬件结构认知

计划号：	图纸编号：J/BH
尺　寸：2260×800×600	工程名称：四川××公司技能培训继保工程
颜　色：GY09 冰灰桔纹	受控性质：
数　量：1	
柜　式：柜	
交流额定电流：5 A	发放编号：
直流额定电压：220 V	持有者：（负责）
跳/合闸电流：	持有者：

序号	符号	名称	型号	数量	备注
20					
19					
18	FK	复归开关	LW21-16Z/4.6602.6	1	伊莱克斯
17	DYQK	打印切换开关	LW21-16/4.7711.9	1	伊莱克斯
16	4-1QK, 4-2QK	切换控制开关	LW21-16/9.0622.2	2	伊莱克斯
15	4-1KK, 4-2KK	操作控制开关	LW21-16D/49.6770.2N2	2	伊莱克斯
14	3QK,5QK	转换开关	LW21-16/9.0622.2	2	伊莱克斯
13	JDK	交流照明开关	S261S-B4	1	ABB
12	ZKK	交流电压开关	S263S-B2	4	ABB
11	DK	操作电源开关	S252S-B4DC	2	ABB
10	DK	通讯电源开关	S252S-B6DC	2	ABB
9	DK	装置电源开关	S252S-B3DC	4	ABB
8	TK	通信防雷模块	JBK-3941	4	智达公司提供
7	71n	网络快速交换机	SICOM 2024M-2S-24T	1	东土科技
6	6n	远动工作站	JBK-3500	1	智达公司提供
5	5n	10 kV电压重动并列装置	JBK-3066	1	智达公司提供
4	4n	操作箱装置	JBK-3063	1	智达公司提供
3	3n	110 kV电压重动并列装置	JBK-3066	1	智达公司提供
2	2n	10 kV备自投保护装置	JBK-3052	1	智达公司提供
1	1n	110 kV备自投保护装置	JBK-3052	1	智达公司提供

四川××公司技能培训继保	
PZK-06　总控屏 屏面布置图	
2012-11-20	ZD/GCSJ-SCDLPX-XJ-11-2012

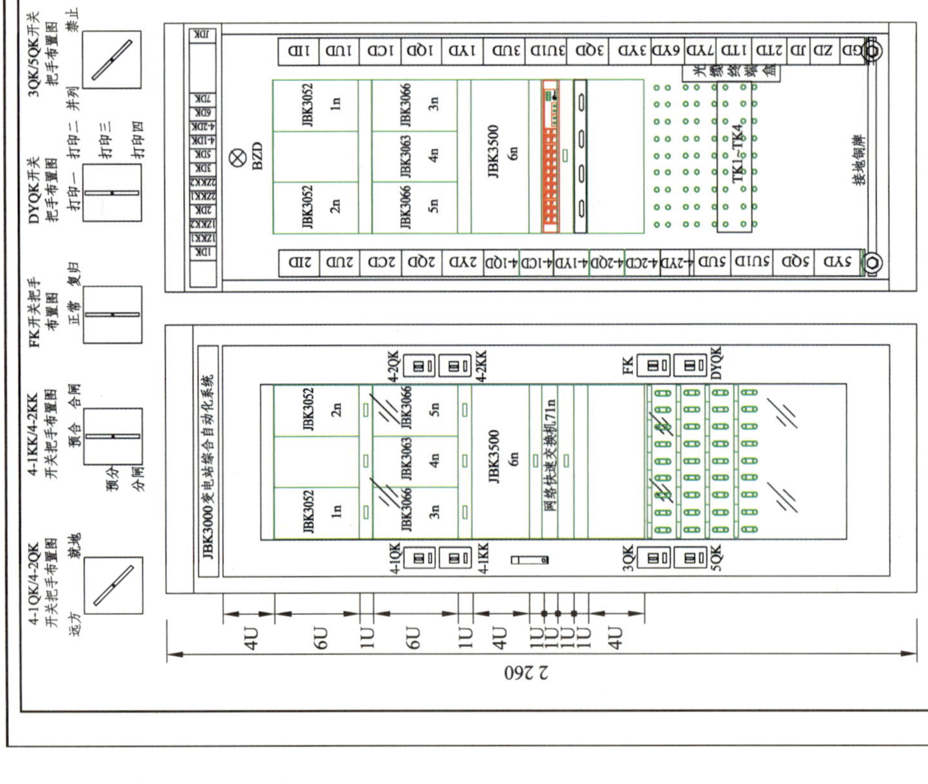

续表

硬件结构认知

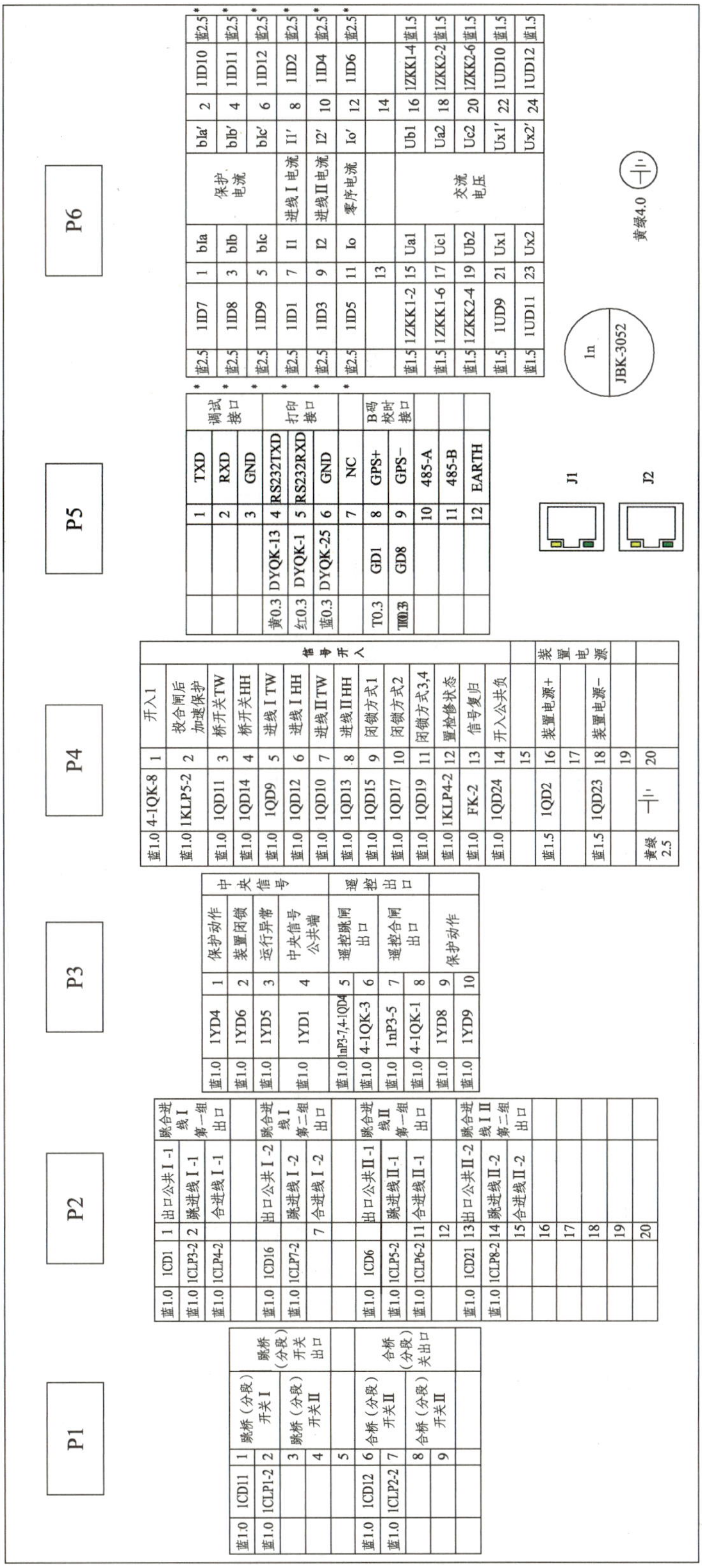

续表

硬件结构认知
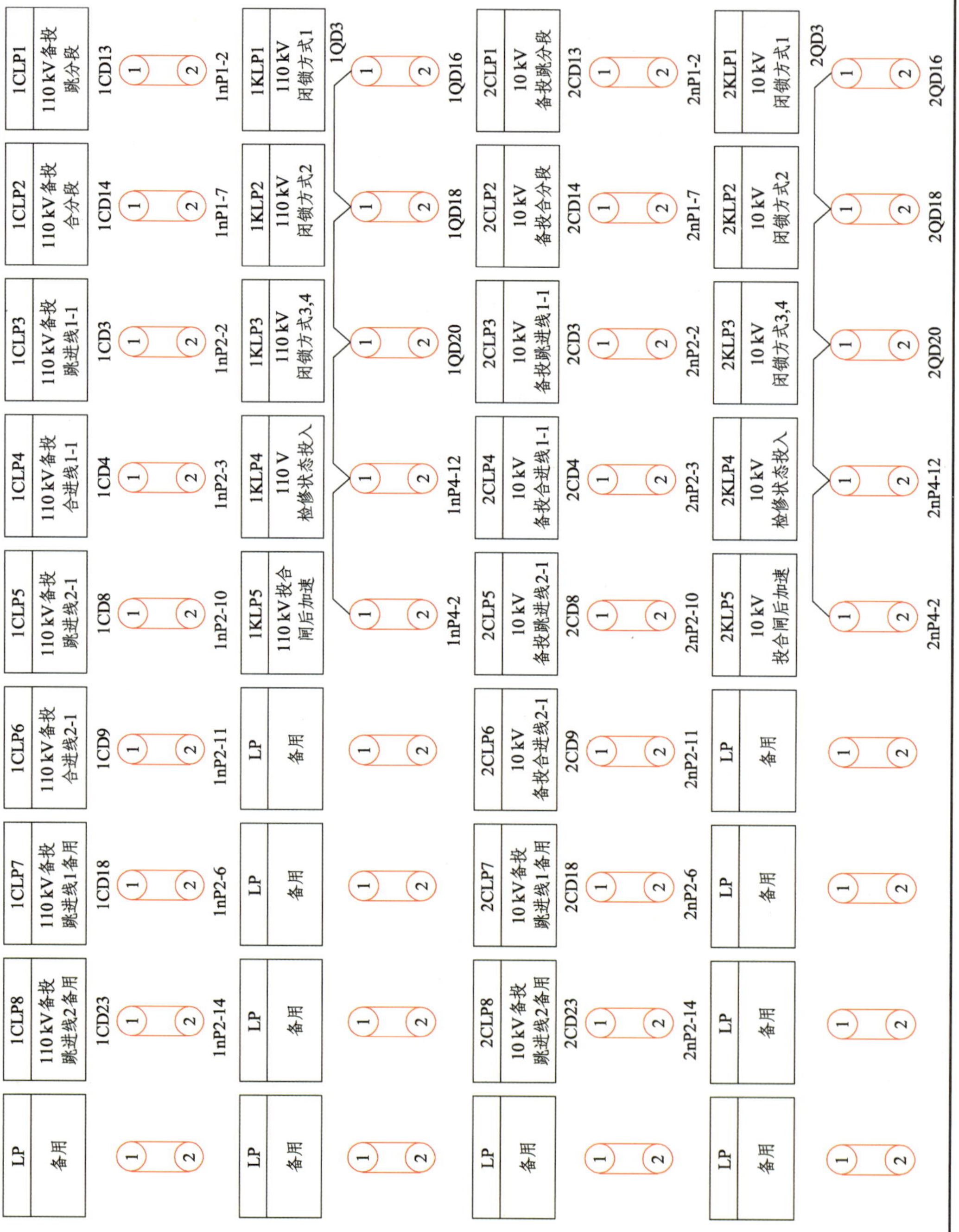

1CLP1
110 kV备投跳分段
1CD13
1nP1-2
1CLP2
110 kV备投合分段
1CD14
1nP1-7
1CLP3
110 kV备投跳进线1-1
1CD3
1nP2-2
1CLP4
110 kV备投合进线1-1
1CD4
1nP2-3
1CLP5
110 kV备投跳进线2-1
1CD8
1nP2-10
1CLP6
110 kV备投合进线2-1
1CD9
1nP2-11
1CLP7
110 kV备投跳进线1备用
1CD18
1nP2-6
1CLP8
110 kV备投跳进线2备用
1CD23
1nP2-14
LP
备用
1KLP1
110 kV闭锁方式1
1QD3
1QD16
1KLP2
110 kV闭锁方式2
1QD18
1KLP3
110 kV闭锁方式3,4
1QD20
1KLP4
110 V检修状态投入
1nP4-12
1KLP5
110 kV投合闸后加速
1nP4-2
LP
备用
LP
备用
LP
备用
LP
备用
2CLP1
10 kV备投跳分段
2CD13
2nP1-2
2CLP2
10 kV备投合分段
2CD14
2nP1-7
2CLP3
10 kV备投跳进线1-1
2CD3
2nP2-2
2CLP4
10 kV备投合进线1-1
2CD4
2nP2-3
2CLP5
10 kV备投跳进线2-1
2CD8
2nP2-10
2CLP6
10 kV备投合进线2-1
2CD9
2nP2-11
2CLP7
10 kV备投跳进线1备用
2CD18
2nP2-6
2CLP8
10 kV备投跳进线2备用
2CD23
2nP2-14
LP
备用
2KLP1
10 kV闭锁方式1
2QD3
2QD16
2KLP2
10 kV闭锁方式2
2QD18
2KLP3
10 kV闭锁方式3,4
2QD20
2KLP4
10 kV检修状态投入
2nP4-12
2KLP5
10 kV投合闸后加速
2nP4-2
LP
备用
LP
备用
LP
备用
LP
备用

续表

硬件结构认知

(蓝1.5)(蓝1.5)
ZD1 ZD9
1 3
S252S-B3DC
1DK
JBK-3052
110 kV备自投装置电源开关
2 4
1QD1 1QD25
(蓝1.5)(蓝1.5)
(蓝1.5) (蓝1.5) (蓝1.5)
1UD1 1UD2 1UD3
1 3 5
S263S-B2
1ZKK1
JBK-3052
110 kV备自投交流电压开关1
2 4 6
1nP6-15 1nP6-16 1nP6-17
(蓝1.5) (蓝1.5) (蓝1.5)
(蓝1.5) (蓝1.5) (蓝1.5)
1UD4 1UD5 1UD6
1 3 5
S263S-B2
1ZKK2
JBK-3052
110 kV备自投交流电压开关2
2 4 6
1nP6-18 1nP6-19 1nP6-20
(蓝1.5) (蓝1.5) (蓝1.5)
(蓝1.5) (蓝1.5)
ZD2 ZD10
1 3
S252S-B3DC
2DK
JBK-3052
10 kV备自投装置电源开关
2 4
2QD1 2QD25
(蓝1.5) (蓝1.5)
(蓝1.5) (蓝1.5) (蓝1.5)
2UD1 2UD2 2UD3
1 3 5
S263S-B2
2ZKK1
JBK-3052
10 kV备自投交流电压开关1
2 4 6
2nP6-15 2nP6-16 2nP6-17
(蓝1.5) (蓝1.5) (蓝1.5)
(蓝1.5) (蓝1.5) (蓝1.5)
2UD4 2UD5 2UD6
1 3 5
S263S-B2
2ZKK2
JBK-3052
10 kV备自投交流电压开关2
2 4 6
2nP6-18 2nP6-19 2nP6-20
(蓝1.5) (蓝1.5) (蓝1.5)
(蓝1.5) (蓝1.5)
ZD3 ZD11
1 3
S252S-B3DC
3DK
JBK-3066
110 kV电压重动并列装置电源开关
2 4
3QD1 3QD18
(蓝1.5) (蓝1.5)
(蓝1.5) (蓝1.5)
ZD4 ZD12
1 3
S252S-B3DC
5DK
JBK-3066
10 kV电压重动并列装置电源开关
2 4
5QD1 5QD18
(蓝1.5) (蓝1.5)
(蓝1.5) (蓝1.5)
ZD6 ZD14
1 3
S252S-B4DC
4-1DK
JBK-3063
高压分段控制电源开关
2 4
4-1QD1 4-1QD21
(蓝1.5) (蓝1.5)
(蓝1.5) (蓝1.5)
ZD7 ZD15
1 3
S252S-B4DC
4-2DK
JBK-3063
低压分段控制电源开关
2 4
4-2QD1 4-2QD2
(蓝1.5) (蓝1.5)

续表

空开及端子排认知		
名称	编号	初始状态
交流空气开关		
直流空气开关		
电压端子		
电流端子		
开关量输入端子		
保护出口端子		
录波端子		
信号端子		
功能认知		
方式 1		
方式 2		
方式 3		
方式 4		
其他功能		

七、评价反馈

（1）学生自评，见附录 1《学生自评表》。

（2）团队互评，见附录 2《团队互评表》。

（3）教师评价，见表 3-1-2。

表 3-1-2　教师评价表

序号	作业名称	质量标准	分值	扣分标准	扣分	得分
一、准备工作						
1	着装穿戴	安全帽、工作服、绝缘鞋穿戴正确	5	1. 未穿戴安全帽、工作服、工作鞋，扣 1 分； 2. 着装穿戴不规范，每处扣 1 分		
2	二次图纸	检查图纸是否正确，符合使用要求	5	图纸选择不正确、未检查，每个扣 1 分		
3	工作地点	确认工作地点	5	未确认工作地点扣 3 分；未查看相邻屏，扣 2 分		
二、工作过程						
1	记录装置信息	正确记录装置调度编号、装置型号、版本、校验码、定值区等信息	10	1. 每漏一项扣 2 分； 2. 操作错误，一处扣 2 分		
2	设备认知	图纸和设备对应，正确认知装置交流电压空开、直流电压空开、电流端子、电压端子、开入端子、开出端子、硬压板、录波端子、信号端子等	35	1. 每漏一项扣 5 分； 2. 操作错误，一处扣 5 分		
3	功能认知	正确认知方式 1、方式 2、方式 3、方式 4 对应的动作开关逻辑和其他功能逻辑	40	1. 每漏一项扣 10 分； 2. 功能认知错误，一个扣 5 分； 3. 其他功能认知错误或漏项，扣 5 分		
合计			100			
考评员栏		成绩：		考评老师：		

八、相关知识点

知识点 1：备自投装置的作用。

备用电源自动投入装置是指当线路或用电设备发生故障时，能够自动迅速、准确地把备用电源投入用电设备中或把设备切换到备用电源上，不至于让用户断电的一种装置，简称 BZT 装置。即备自投装置。当工作电源因故障被断开以后，能将备用电源快速自动投入，保证用户连续供电的自动化装置。

知识点 2：备自投基本分类。

为了提高电力系统的供电可靠性，分段、内桥、扩大桥、进线、变压器可配置备自投装置。备自投装置分为：① 进线及分段（内桥）备自投装置；② 变压器和分段备自投；③ 扩大内桥备自投。

知识点 3：进线及分段（内桥）备自投 4 种运行方式。

本单元主要讲解进线及分段（内桥）备自投装置，备自投装置应具有分段（内桥）断路器备自投和进线断路器备自投自适应功能，备自投的方式根据一次运行方式分为 4 种方式。其一次主接线图如图 3-1-1 所示，其方式定义详见表 3-1-3。

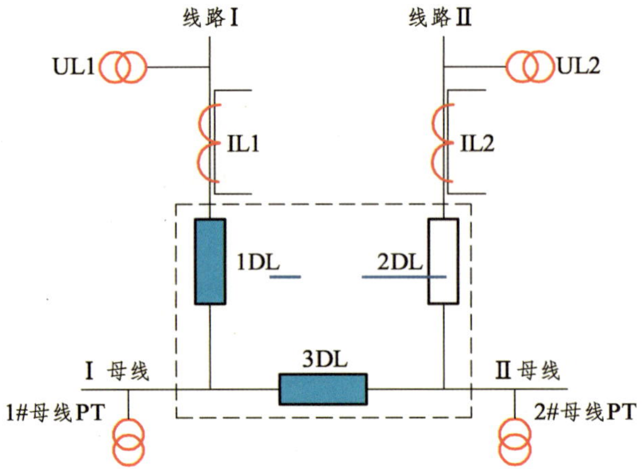

图 3-1-1　一次主接线图

表 3-1-3　备自投定义方式

序号	备自投方式	整定方式	说明
1	方式 1	0，1	进线Ⅰ运行，进线 2 备用
2	方式 2	0，1	进线Ⅰ备用，进线 2 运行
3	方式 3	0，1	Ⅰ、Ⅱ母均运行，Ⅰ母失压，合分段（内桥）
4	方式 4	0，1	Ⅰ、Ⅱ母均运行，Ⅱ母失压，合分段（内桥）
注：方式 1～方式 4 均置“1”时，为进线和分段（内桥）备自投自适应方式；方式 1～4 均置“0”时，按退出备自投功能处理			

任务 2　备自投装置调试现场二次安全措施实施

一、学习情境描述

计划对运行的备自投装置进行定检，现场一次安全措施已布置完成。现需实施现场二次安全措施，确保电网、设备和人身安全。

二、学习目标

知识目标

掌握调试现场二次安全措施的内容。

掌握二次安全措施票的填写规范。

能力目标

能正确完成备自投装置二次安全措施票的填写。

能规范完成备自投装置二次安全措施的实施。

思政目标

培养良好的安全意识。

培养团队协作精神。

培养学生严谨认真的学习态度和工作习惯。

三、任务书

（1）填写二次安全措施票。

（2）实施现场二次安全措施。

四、任务导入

引导问题 1： 根据电流回路图纸（见图 3-1-2），分析电流回路的危险点有哪些？

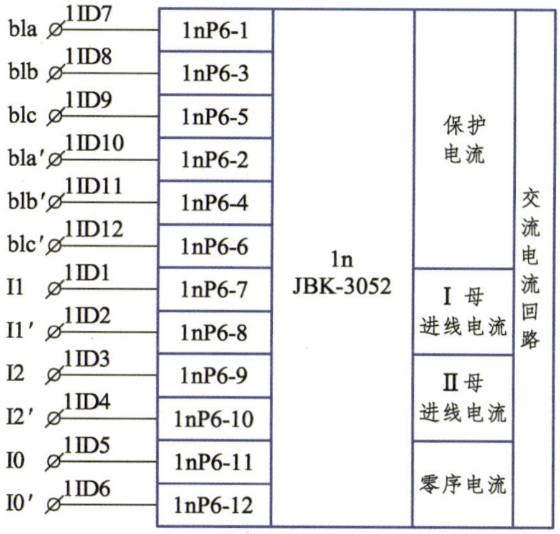

图 3-1-2　交流电流端子排图

答案：

引导问题 2： 根据电压回路图纸（见图 3-1-3），分析电压回路的危险点有哪些？

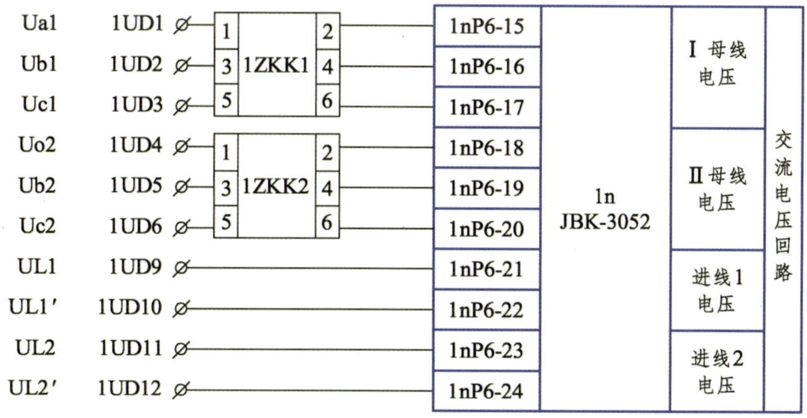

图 3-1-3　交流电压端子排图

答案：

引导问题 3： 根据出口回路图纸（见图 3-1-4），分析出口回路的危险点有哪些？

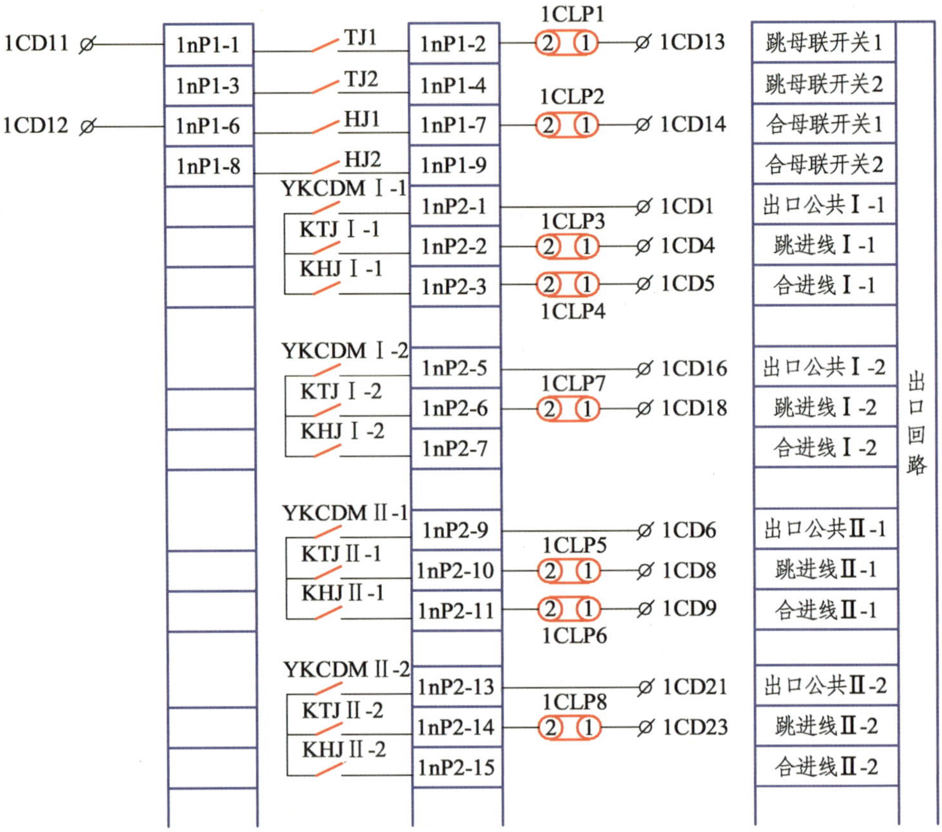

图 3-1-4　出口端子排图

答案：

五、任务实施

（1）完成现场一次安全措施布置。

相邻屏前后悬挂“运行设备”红布帘，工作装置前后悬挂“在此工作”标识牌。

（2）工器具、资料准备。

万用表、一字螺丝刀、绝缘胶布、装置图纸、装置说明书。

（3）二次安全措施票准备（见表 3-1-4）。

表 3-1-4　二次安全措施票

单位：　　　　　　　　　　　　　　　　　　　　　　　　编号：

<table>
<tr><td colspan="2">被试设备名称</td><td colspan="4"></td></tr>
<tr><td>工作负责人</td><td></td><td>工作时间</td><td>月　日</td><td>签发人</td><td></td></tr>
<tr><td colspan="6">工作内容：</td></tr>
<tr><td colspan="6">安全措施：包括应打开及恢复连接片、直流线、交流线、信号线、联锁线和联锁开关等，按工作顺序填用安全措施。</td></tr>
</table>

序号	执行	安全措施内容	恢复

六、工作实施流程

（1）领取任务：按组分配屏位，每组一个屏位完成任务。

（2）工作前准备。

① 人员准备：指导教师为安全监护人，组长为工作负责人，其余人员为工作组成员，工作人员应清楚工作内容、安全措施，精神状态正常，无妨碍工作的病症。

② 危险点分析，安全预控措施：检查现场符合工作条件，分析本次工作危险点并做好相应预控措施，布置现场一次安全措施。

（3）工作人员穿着工作服。

（4）根据认知情况，填写二次安全措施票。

（5）指导老师对二次安全措施票完成情况进行评价。

（6）教师演示规范实施现场二次安全措施。

（7）分组练习。

（8）指导老师点评实施情况。

（9）清理现场。

七、评价反馈

（1）学生自评，见附录 1《学生自评表》。

（2）团队互评，见附录 2《团队互评表》。

（3）教师评价，见表 3-1-5。

表 3-1-5　教师评价表

序号	作业名称	质量标准	分值	扣分标准	扣分	得分
一、准备工作						
1	着装穿戴	安全帽、工作服、绝缘鞋穿戴正确	3	1. 未穿戴安全帽、工作服、工作鞋，扣 1 分； 2. 着装穿戴不规范，每处扣 1 分		
2	工器具检查	检查工器具齐全，符合使用要求	3	工器具选择不正确、未检查，每个扣 1 分		
3	工作票办理	按照规范办理工作票（口述）	4	1. 未办理工作票，扣 1 分； 2. 未到现场检查安全措施，扣 1 分		
二、工作过程						
1	记录压板位置	正确记录压板状态	8	1. 每漏一项扣 2 分； 2. 操作错误，一处扣 2 分		
2	记录空开状态	正确记录空开状态	8	1. 每漏一项扣 2 分； 2. 操作错误，一处扣 2 分		
3	退出出口压板	正确退出出口压板	8	1. 漏退一个扣 2 分； 2. 操作错误，一个扣 2 分		
4	断开出口回路	正确断开出口回路	8	1. 漏退一个扣 2 分； 2. 操作错误，一个扣 2 分		
5	断开电压回路	正确拉开交流空开；正确断开电压回路，未造成电压回路短路	10	1. 漏退一个扣 2 分； 2. 操作错误，一个扣 2 分； 3. 造成电压回路短路，该项不得分		
6	断开电流回路	正确断开电流回路，未造成电流回路开路	10	1. 漏退一个扣 2 分； 2. 操作错误，一个扣 2 分； 3. 造成电流回路开路，该项不得分		

续表

序号	作业名称	质量标准	分值	扣分标准	扣分	得分
二、工作过程						
7	断开其他回路	正确断开其他回路	10	1. 漏退一个扣 2 分； 2. 操作错误，一个扣 2 分		
8	填写二次安全措施票	正确填写二次安全措施票	20	每漏填一项或记录错误，扣 1 分		
三、工作终结						
1	工作票终结	办理工作票终结(口述)	8	未办理工作票终结，扣 1 分		
合计			100			
考评员栏		成绩：		考评老师：		

八、拓展思考

（1）在运行的备自投装置上实施二次安措，应注意电流回路不能开路，具体实施的方法是什么？

（2）后续对备自投装置做相关试验时，要求电压接在电压空开前，因试验中要通过操作空开来进行，所以电压回路的安全措施具体实施方法是什么？

项目 2　备自投装置逻辑检验

任务 1　备自投方式 1、方式 2 充电试验

一、学习情境描述

本任务为完成对备自投装置方式 1 和方式 2 的充电试验。相关保护定值如表 3-2-1 所示。

表 3-2-1　备自投方式 1、方式 2 充电试验相关定值

序号	定值名称	整定值	备注
保护定值			
1	母线有压定值	70 V	线电压
2	母线无压定值	30 V	线电压
3	电源有压定值	70 V	
4	电源 1 无流定值	0.2 A	1DL
5	电源 2 无流定值	0.2 A	2DL
6	电源 1 跳闸时间	1.8 s	跳 1DL
7	电源 2 跳闸时间	1.5 s	跳 2DL
8	合备用时间长延时	0.6 s	合 1DL、2DL
9	合分段断路器时间	0.5 s	合 3DL

续表

序号	定值名称	整定值	备注
控制字			
1	备自投方式 1	1	投入
2	备自投方式 2	1	投入
3	备自投方式 3	1	投入
4	备自投方式 4	1	投入
5	检电源 1 电压	1	投入
6	检电源 2 电压	1	投入
软压板			
1	备自投功能软压板	1	投入
2	备自投方式 1 软压板	1	投入
3	备自投方式 2 软压板	1	投入
4	备自投方式 3 软压板	1	投入
5	备自投方式 4 软压板	1	投入
保护定值			
1	母线有压定值	70 V	线电压
2	母线无压定值		线电压
3	电源有压定值	70 V	
4	电源 1 无流定值		1DL
5	电源 2 无流定值		2DL
6	电源 1 跳闸时间		跳 1DL
7	电源 2 跳闸时间		跳 2DL
8	合备用时间长延时		合 1DL、2DL
9	合分段断路器时间		合 3DL
控制字			
1	备自投方式 1	1	投入
2	备自投方式 2	1	投入
3	备自投方式 3	1	投入
4	备自投方式 4	1	投入
5	检电源 1 电压	1	投入
6	检电源 2 电压	1	投入
软压板			
1	备自投功能软压板	1	投入
2	备自投方式 1 软压板	1	投入
3	备自投方式 2 软压板	1	投入
4	备自投方式 3 软压板	1	投入
5	备自投方式 4 软压板	1	投入

二、学习目标

知识目标

能掌握备自投装置方式 1、方式 2 充电试验的接线要求。
能掌握备自投装置方式 1、方式 2 充电试验的条件。
能掌握备自投装置方式 1、方式 2 充电试验的方法。

能力目标

能对方式 1 进行充电试验。
能对方式 2 进行充电试验。

思政目标

培养团队协作精神。
培养学生严谨认真的学习态度和工作习惯。
培养学生严格遵守劳动纪律。

三、任务书

（1）完成备自投方式 1 充电试验。
（2）完成备自投方式 2 充电试验。

四、任务导入

引导问题 1：定值中“母线电压有压定值”是线电压，换算成相电压是多少？写出计算过程。

答案：

引导问题 2：此任务为方式 1、方式 2 的充电试验，定值中方式 1、方式 2、方式 3、方式 4 的功能均投入，正确吗？为什么？

答案：

五、任务实施

（1）工器具、资料准备：

微机型继电保护测试仪、模拟断路器、计算器、万用表、一字螺丝刀、绝缘胶布、装置图纸、装置说明书、备自投定值。

（2）试验记录单（见表 3-2-2）。

表 3-2-2　充电试验电压有压定值检验记录单

定值名称	定值	0.95 倍		1.05 倍	
母线电压有压定值					
电源有压定值					
填写说明：定值按实际装置定值填写，0.95 倍和 1.05 倍处填写“测试仪输入电压值”和“充电成功”或“充电不成功”					

六、工作实施流程

（1）领取任务：按组分配屏位，每组一个屏位完成任务。

（2）工作前准备：

① 人员准备：指导教师为安全监护人，组长为工作负责人，其余人员为工作成员，工作人员应清楚工作内容、安全措施，精神状态正常，无妨碍工作的病症。

② 危险点分析，安全预控措施：检查现场符合工作条件，分析本次工作危险点并做好相应预控措施。

（3）工作人员穿着工作服。

（4）装置设置。

① 功能硬压板设置：（“方式 3 投入”和“方式 4 投入”功能硬压板可投入，方便后面试验，也可做方式 3、方式 4 时试验时投入。建议投入，由备自投装置根据一次运行方式自适应。）

a. 投入“方式 1 投入”硬压板。

b. 投入“方式 2 投入”硬压板。

c. 投入“方式 3 投入”硬压板。

d. 投入“方式 4 投入”硬压板。

② 跳闸出口硬压板可暂不投入。

③ 定值设置。

装置定值按表 3-2-1 定值单执行。

（5）试验接线，如图 3-2-1 所示。

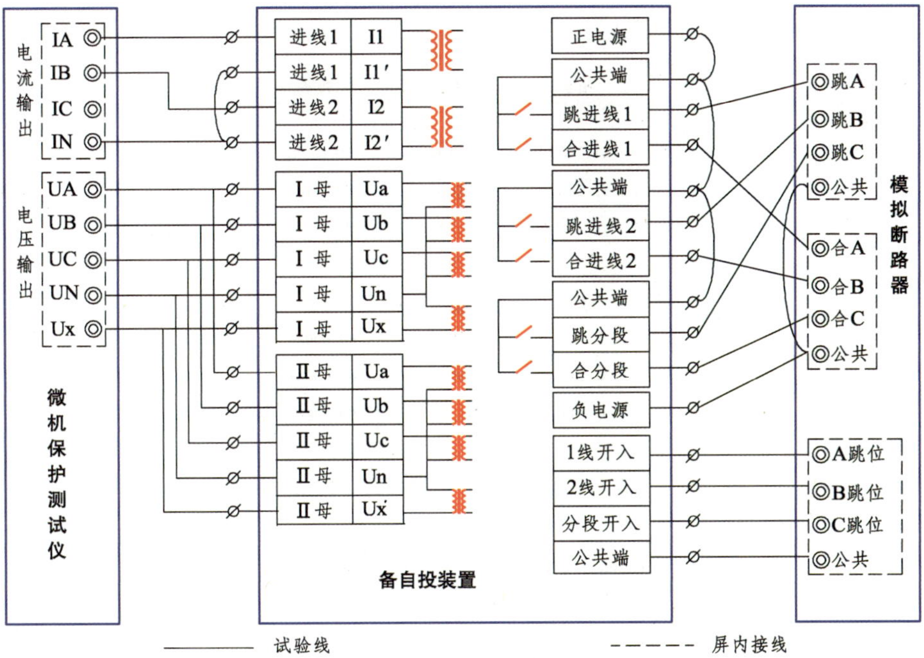

图 3-2-1　方式 1、方式 2 充电试验接线示意图

接线说明：

① 电流回路接线：用于进行电流闭锁定值检验，如不进行闭锁电流值检验时可不接入此电流。

② 电压回路接线：将测试仪的三相电压输出和线路电压输出分别接到Ⅰ母和Ⅱ母电压输入端和线路电压输入端。注意：母线电压的接线应接在母线电压空开前。电压回路做好安全措施，将外部电压回路解开并用绝缘胶布包裹。

③ 开入回路接线：将模拟断路器的 A 相、B 相、C 相跳位接点分别接入到备自投装置的进线 1 和进线 2 及分段跳位的开入端，模拟一次运行方式。需说明的是，一些备自投装置通过合后接点 HHJ 进行闭锁控制，则还应满足合后位置条件才能充电。所以，此时应将三个断路器的合后位置开入一直与正电短接，即充电试验过程中，HHJ 合后位置一直开入。

④ 开出回路接线：充电试验不需要接开出回路，但便于后面方式 1、方式 2 其他的试验，建议一次性将接线完成。

将备自投装置的跳、合进线 1、进线 2 及内桥开关的开出接点接到模拟断路器的跳闸线圈和合闸线圈输入端。即模拟断路器的 A 相模拟进线 1 断路器，B 相模拟进线 2 断路器，C 相模拟分段（内桥）断路器。

（6）充电逻辑校验。

① 方式 1 充电条件：两段母线线电压均大于有压定值，备用进线电压大于有压定值，分段（内桥）断路器在合闸位置，工作线路断路器在合闸位置，备用进线断路器在分闸位置，且无其他闭锁条件。

② 测试仪设置：用“手动试验”菜单。加入Ⅰ母和Ⅱ母正常三相正序电压（相电压 57.7 V），进线 2 线路正常电压（100 V）。备自投充电试验不需要输入电流。测试仪设置见图 3-2-2。

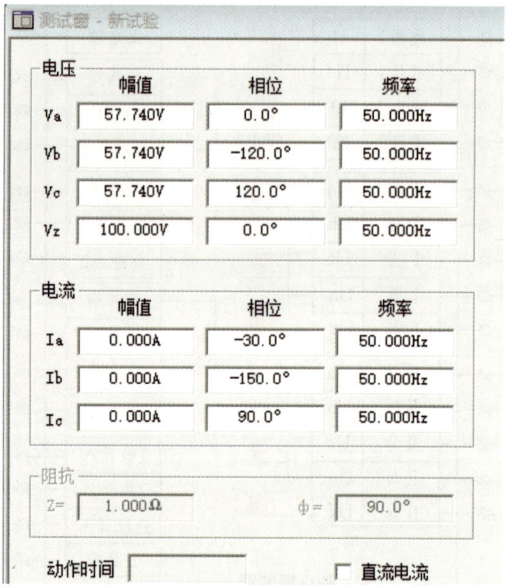

图 3-2-2　继保测试仪设置（备自投充电试验）

③ 模断设置：模拟断路器模拟方式 1 运行，即进线 1 和内桥断路器合位，进线 2 断路器分位。使模拟断路器的 A 相（1DL）和 C 相（3DL）在合闸位置，B 相在分闸位置（2DL）。模断设置完成后，应进入备自投装置的开入菜单查看断路器位置开入是否正确。

④ 继保测试仪试验开始，加量持续 15～20 s 后，备自投应充电完好。充电完成后，备自投装置应有明显标记，表明充电已完成。

⑤ 校验母线有压定值：模拟断路器设置不变，继保测试仪用“手动试验”菜单。将继保测试仪电压值按定值的 0.95 倍和 1.05 倍输入，测试仪输出时间大于备自投充电时间，注意母线有压定值是线电压，先换算成相电压。

a. 测试仪输出设置 0.95 倍时，不能完成充电；

计算过程：（$70/\sqrt{3}$）$\times 0.95 \approx 38.39$ V

测试仪设置见图 3-2-3。

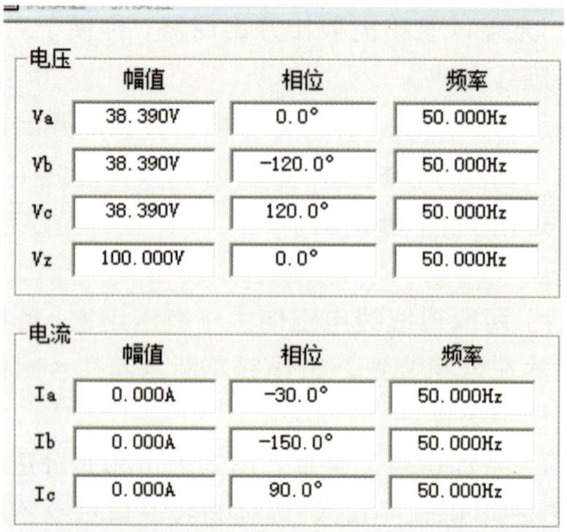

图 3-2-3　继保测试仪设置（0.95 倍母线有压定值校验）

b. 测试仪输出设置 1.05 倍时，完成充电；

计算过程：（ $70/\sqrt{3}$ ）$\times 1.05 \approx 42.44$ V

测试仪设置见图 3-2-4。

电压	幅值	相位	频率
Va	42.440V	0.0°	50.000Hz
Vb	42.440V	-120.0°	50.000Hz
Vc	42.440V	120.0°	50.000Hz
Vz	100.000V	0.0°	50.000Hz

电流	幅值	相位	频率
Ia	0.000A	-30.0°	50.000Hz
Ib	0.000A	-150.0°	50.000Hz
Ic	0.000A	90.0°	50.000Hz

图 3-2-4　继保测试仪设置（1.05 倍母线有压定值校验）

⑥ 校验“电源有压定值”：用“手动试验”菜单。明备用线路电压按定值的 0.95 倍和 1.05 倍输入，测试仪输出时间大于备自投充电时间。

a. 0.95 倍“电源有压定值”，即 $70 \times 0.95 = 66.5$ V，不能完成充电。

测试仪设置见图 3-2-5。

电压	幅值	相位	频率
Va	57.740V	0.0°	50.000Hz
Vb	57.740V	-120.0°	50.000Hz
Vc	57.740V	120.0°	50.000Hz
Vz	66.500V	0.0°	50.000Hz

电流	幅值	相位	频率
Ia	0.000A	-30.0°	50.000Hz
Ib	0.000A	-150.0°	50.000Hz
Ic	0.000A	90.0°	50.000Hz

图 3-2-5　继保测试仪设置（0.95 倍电源有压定值校验）

b. 1.05 倍时，即 $70\times1.05=73.5$ V 能可靠完成充电。测试仪设置见图 3-2-6。

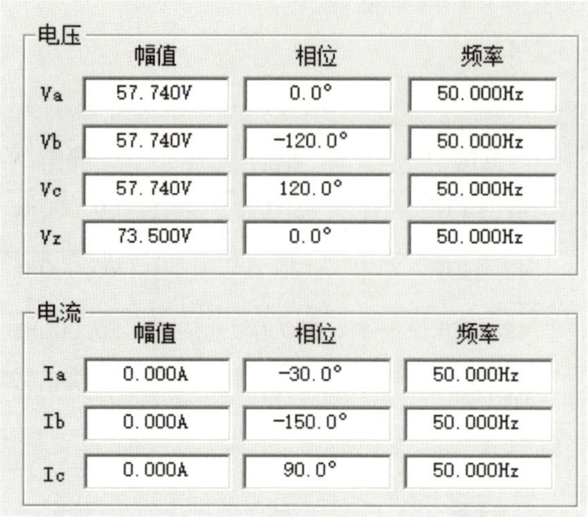

图 3-2-6　继保测试仪设置（1.05 倍电源有压定值设置校验）

（7）试验完成。

试验结束后，记录试验数据。清理现场，恢复现场安全措施，整理工器具和仪器仪表。

七、评价反馈

（1）学生自评，见附录 1《学生自评表》。

（2）团队互评，见附录 2《团队互评表》。

（3）教师评价，见表 3-2-3。

表 3-2-3　教师评价表

备自投装置充电试验						
序号	作业名称	质量标准	分值	扣分标准	扣分	得分
一、准备工作						
1	着装穿戴	安全帽、工作服、绝缘鞋穿戴正确	5	1. 未穿戴安全帽、工作服、工作鞋，扣 1 分； 2. 着装穿戴不规范，每处扣 1 分		
2	工器具检查	检查工器具齐全，符合使用要求	10	工器具选择不正确、未检查，每个扣 1 分		
3	工作票办理	按照规范办理工作票（口述）	10	1. 未办理工作票，扣 1 分； 2. 未到现场检查安全措施，扣 1 分		
二、工作过程						
1	记录压板、空开位置	正确记录压板、空开状态	10	1. 每漏一项扣 2 分； 2. 操作错误，一处扣 2 分		
2	试验接线	正确接线	15	每错一项扣 5 分		
3	测试仪试验数据设置	正确设置试验数据	10	每错一项扣 2 分		

续表

备自投装置充电试验						
序号	作业名称	质量标准	分值	扣分标准	扣分	得分
二、工作过程						
4	模断设置	正确设置断路器位置	15	每错一项扣5分		
5	模拟量检查	正确检查模拟量	10	每错一项扣2分		
6	开关量检查	正确检查开关量	10	每错一项扣2分		
6	充电成功	装置显示充电成功。	10	装置未显示充电成功扣10分		
三、工作终结						
1	工作票终结	办理工作票终结（口述）	5	未办理工作票终结，扣5分		
合计			100			
考评员栏		成绩：		考评老师：		

八、相关知识点

知识点1：进线备自投方式工作原理。

（1）进线备自投一次接线运行方式如图3-2-7和图3-2-8所示，正常运行时，一条进线带两段母线并列运行，另一条进线作为明备用，可采用进线备自投方式1或者方式2。

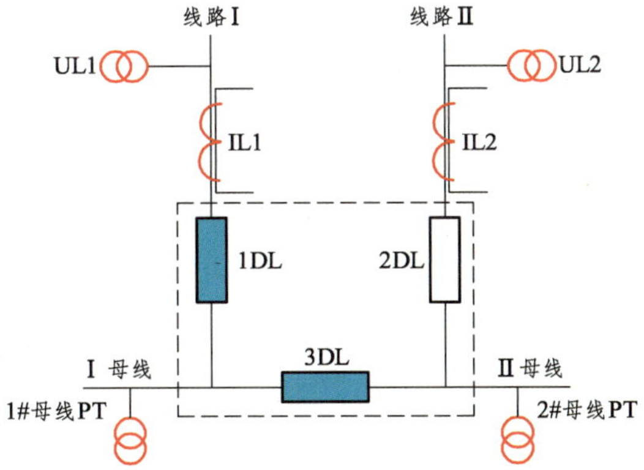

图3-2-7　方式1

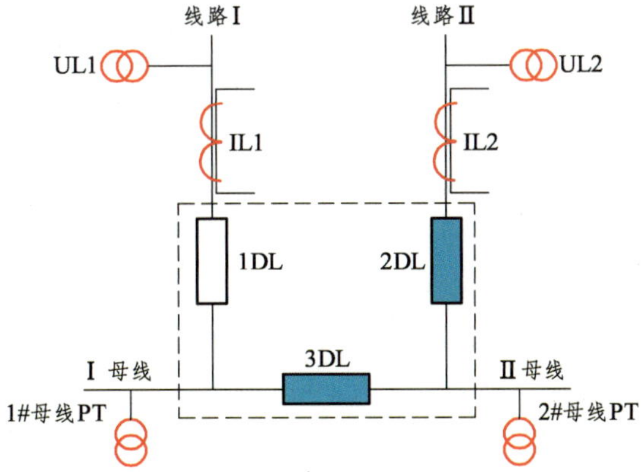

图3-2-8　方式2

（2）方式 1 和方式 2 为进线备自投方式。方式 1 时，线路 2 是线路 1 的明备用，方式 2 时，线路 1 是线路 2 的明备用。以方式 1 为例，进线备自投工作原理为：备自投装置根据一次运行方式，自适应投入方式 1，当线路 1 永久性故障时，备自投装置检测到Ⅰ母线和Ⅱ母线均失压，低于无压定值，且 1DL 电流小于无流定值，2DL 线路 PT 有压，大于有压定值，则延时跳 1DL，确认 1DL 跳开后，再延时合 2DL。当 3DL 偷跳时，备自投延时补跳 3DL，确认 3DL 跳开后，再延时合 2DL。当无线路 PT 时，可根据控制字退出检测线路 PT。

方式 2 和方式 1 的充电逻辑检验方法相同，方式 2 请参照方式 1 进行检验。

知识点 2：备自投充、放电状态应能远方监视，充电时间 15 s。

九、拓展思考

（1）电源有压定值 70 V，取的是线路 PT 电压。请思考以下问题：

① 10 kV 线路 PT 的变比是多少?

② 如定值是 70 V，则线路 PT 的二次绕组抽取的是哪个变比?

③ 如线路 PT 二次绕组抽取 $100/\sqrt{3}$ V 变比，则定值能给 70 V 吗?

（2）需说明的是，一些备自投装置通过合后接点 HHJ 进行闭锁控制，则应满足合位且合后位置条件才能充电。一些备自投仅合位条件充电，通过手跳接点进行闭锁控制。请说明 HHJ 的作用是什么?

任务 2　备自投方式 1、方式 2 放电试验

一、学习情境描述

本任务为完成对备自投装置方式 1 和方式 2 的放电试验。相关保护定值如表 3-2-4 所示。

表 3-2-4　备自投方式 1、方式 2 放电试验相关定值

序号	定值名称	整定值	备注
保护定值			
1	母线有压定值	70 V	线电压
2	母线无压定值	30 V	线电压
3	电源有压定值	70 V	
4	电源 1 无流定值	0.2 A	1DL
5	电源 2 无流定值	0.2 A	2DL
6	电源 1 跳闸时间	1.8 s	跳 1DL
7	电源 2 跳闸时间	1.5 s	跳 2DL
8	合备用时间长延时	0.6 s	合 1DL、2DL
9	合分段断路器时间	0.5 s	合 3DL

续表

序号	定值名称	整定值	备注
控制字			
1	备自投方式 1	1	投入
2	备自投方式 2	1	投入
3	备自投方式 3	1	投入
4	备自投方式 4	1	投入
5	检电源 1 电压	1	投入
6	检电源 2 电压	1	投入
软压板			
1	备自投功能软压板	1	投入
2	备自投方式 1 软压板	1	投入
3	备自投方式 2 软压板	1	投入
4	备自投方式 3 软压板	1	投入
5	备自投方式 4 软压板	1	投入

二、学习目标

知识目标

能掌握备自投装置方式 1、方式 2 放电试验的条件。
能掌握备自投装置方式 1、方式 2 放电试验的方法。

能力目标

能对方式 1 进行放电试验。
能对方式 2 进行放电试验。

思政目标

培养团队协作精神。
培养学生严谨认真的学习态度和工作习惯。
培养学生严格遵守劳动纪律。

三、任务书

（1）完成方式 1 放电试验。
（2）完成方式 2 放电试验。

四、任务导入

引导问题： 进线及分段（内桥）备自投装置方式 1 的工作原理是什么？
答案：

五、任务实施

（1）完成现场安全措施布置。

（2）工器具、资料准备：

微机型继电保护测试仪、模拟断路器、计算器、万用表、一字螺丝刀、绝缘胶布、装置图纸、装置说明书、备自投定值。

（3）试验记录单（见表 3-2-5）。

表 3-2-5　充电试验电压有压定值检验记录单

序号	放电方式	试验结果
1	断路器位置异常、手跳/遥跳闭锁	
2	电源失压	
3	闭锁备自投开入	
备注	试验结果填写后立即放电或延时放电，并填写装置报文	

六、工作实施流程

（1）领取任务：按组分配屏位，每组一个屏位完成任务。

（2）工作前准备：

① 人员准备：指导教师为安全监护人，组长为工作负责人，其余人员为工作组成员，工作人员应清楚工作内容、安全措施，精神状态正常，无妨碍工作的病症。

② 危险点分析，安全预控措施：检查现场符合工作条件，分析本次工作危险点并做好相应预控措施。

（3）工作人员穿着工作服。

（4）装置设置。

① 功能硬压板设置：（“方式 3 投入”和“方式 4 投入”功能硬压板可投入，方便后面试验，也可做方式 3 和方式 4 时试验时投入。建议投入，由备自投装置根据一次运行方式自适应。）

a. 投入“方式 1 投入”硬压板。

b. 投入“方式 2 投入”硬压板。

c. 投入“方式 3 投入”硬压板。

d. 投入“方式 4 投入”硬压板。

② 跳闸出口硬压板可暂不投入。

③ 定值设置。

装置定值按表 3-2-4 定值单执行。

（5）试验接线，如图 3-2-9 所示。

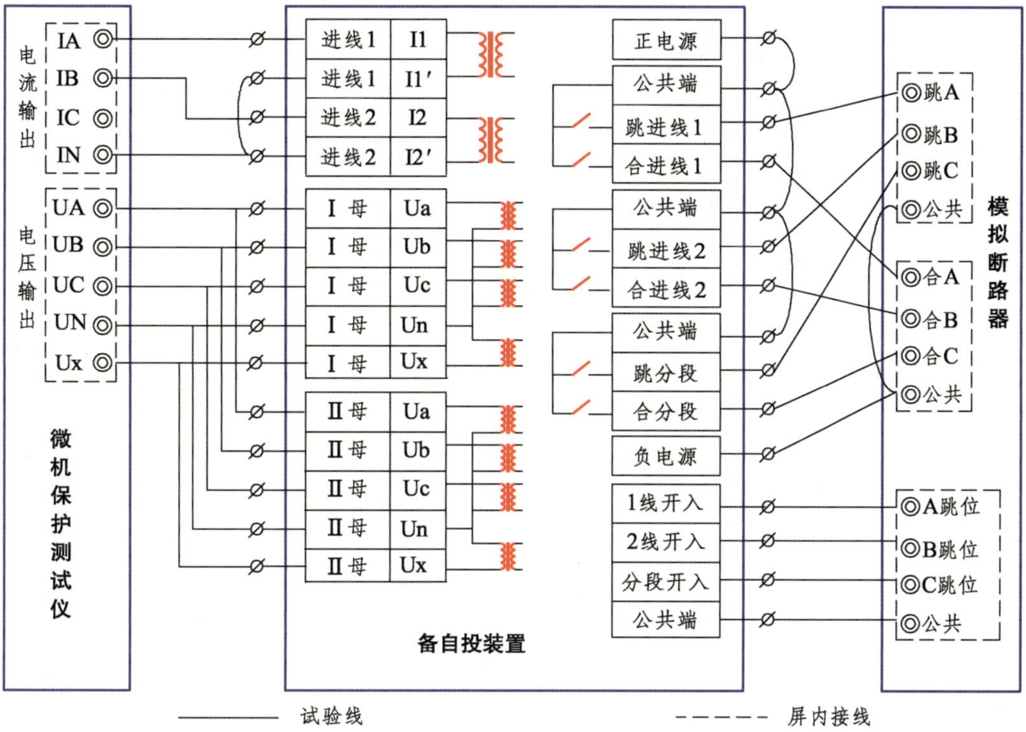

图 3-2-9　方式 1、方式 2 放电试验接线示意图

（6）试验条件：

① 测试仪设置：备自投方式 1 充电已完成。即放电试验前继保测试仪接线不变、输出值不变并一直保持输出，见图 3-2-10，模断设置不变。备投投处于充电完成正常运行状态。

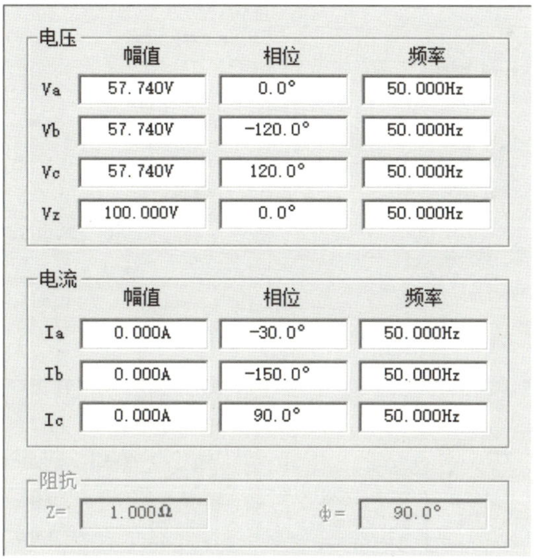

图 3-2-10　备自投放电试验前测试仪设置

② 模断设置：模拟断路器模拟方式 1 运行，即进线 1 和内桥断路器合位，进线 2 断路器分位。使模拟断路器的 A 相（1DL）和 C 相（3DL）在合闸位置，B 相在分闸位置（2DL）。

（7）放电试验逻辑校验：

① 断路器位置异常、手跳/遥跳闭锁。

a. 模拟手跳 1DL，备自投即放电。（备自投装置有两种方式区分手跳和保护跳，各厂家做法不同。一种是通过操作箱手跳继电器接点开入，来判断是否手跳；另一种是通过操作箱合后位置 HHJ 接点开入，来判断是否手跳。其原理和目的都是一样的。）

因为充电试验时，将 1DL 断路器合后位置与正电进行了短接，如果此时在模断处将 1DL 跳开，虽然备自投装置 1DL 的 TWJ = 1，但短接的 HHJ 一直有开入，备自投不判断是手跳，如何模拟手跳 1DL 呢？

放电试验前确认备自投已充好电，将 1DL 的 HHJ 开入短接线暂时取下（充好电后，HHJ = 0 不是放电条件，所以不会放电），再在模断处跳开 1DL，此时备自投装置 1DL 的 TWJ = 1 而 HHJ = 0，备自投判断为 1DL 手跳，立即放电。

b. 手跳 3DL 断路器，备自投即放电。

同理，在充电试验前将 3DL 的 HHJ 开入与正电进行了短接。模拟手跳 3DL，应将此短接线暂时取下。备自投充电完成后，在模断处跳开 3DL，备自投判为 3DL 手跳，立即放电。

c. 手合进线 2 断路器，备自投即放电。

同理，在充电试验时，2DL 的 HHJ 一直与正电短接。备自投充电完成后，在模断处合上 2DL，备自投判为 2DL 合闸，立即放电。

② 备自投检备用线路有压控制字投入时，断开进线 2 线路电压，备自投延时 15 s 放电。注意此处是延时放电，不是立即放电。测试仪由充电试验时的设置变成 $U_z = 0$ V，模拟备用线路无压，测试仪可用状态序列菜单或者手动菜单完成，状态 1 充电完成后，手动按键触发到状态 2，15 s 后，备自投放电。测试仪设置见图 3-2-11 和图 3-2-12。

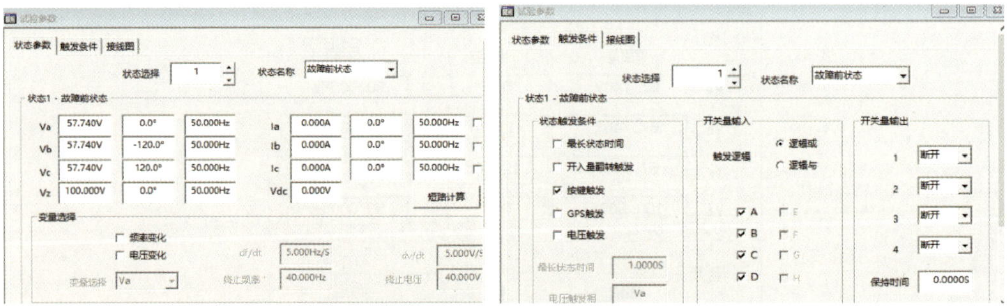

图 3-2-11 状态 1（充电状态）

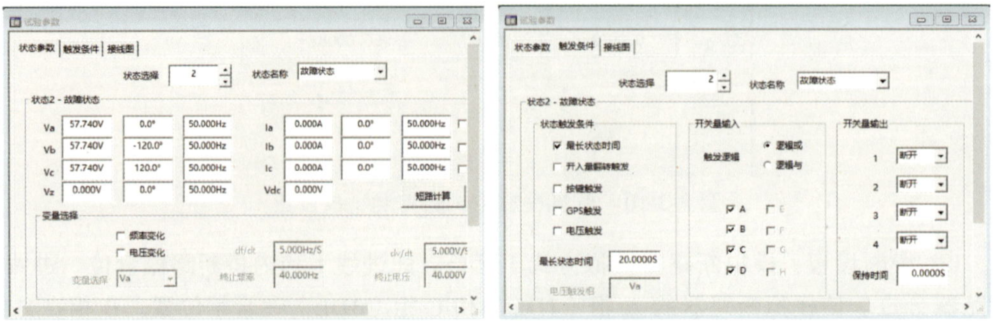

图 3-2-12 状态 2（检线路无压放电状态）

③ 短接闭锁备自投开入，备自投即放电。

备自投充电完成后，用试验线，将“闭锁备自投”开入与正电短接，备自投立即放电。

（8）记录试验数据。

（9）清理现场，恢复现场，整理工器具和仪器仪表。

七、评价反馈

（1）学生自评，见附录1《学生自评表》。

（2）团队互评，见附录2《团队互评表》。

（3）教师评价，见表3-2-6。

表3-2-6　教师评价表

备自投方式1、方式2放电试验						
序号	作业名称	质量标准	分值	扣分标准	扣分	得分
一、准备工作						
1	着装穿戴	安全帽、工作服、绝缘鞋穿戴正确	5	1. 未穿戴安全帽、工作服、工作鞋，扣1分； 2. 着装穿戴不规范，每处扣1分		
2	工器具检查	检查工器具齐全，符合使用要求	10	工器具选择不正确、未检查，每个扣1分		
3	工作票办理	按照规范办理工作票（口述）	10	1. 未办理工作票，扣1分； 2. 未到现场检查安全措施，扣1分		
二、工作过程						
1	记录压板、空开位置	正确记录压板、空开状态	10	1. 每漏一项扣2分； 2. 操作错误，一处扣2分		
2	试验接线	正确接线	10	每错一项扣2分		
3	测试仪试验数据设置	正确设置试验数据	10	每错一项扣2分		
4	模断设置正确	正确设置运行方式	10	每错一项扣2分		
5	试验前检查装置是否已充电	装置显示充电成功。	10	装置未显示充电成功扣10分		
6	断路器位置异常、手跳/遥跳闭锁放电	装置显示放电	20	1. 操作不正确扣2分； 2. 未按要求放电扣10分		
	备用电源失压放电试验	装置显示放电		1. 操作不正确扣2分； 2. 未按要求放电扣10分		
	开入“闭锁备自投”放电试验	装置显示放电		1. 操作不正确扣2分； 2. 未按要求放电扣10分		

续表

备自投方式 1、方式 2 放电试验						
序号	作业名称	质量标准	分值	扣分标准	扣分	得分
三、工作终结						
1	工作票终结	办理工作票终结（口述）	5	未办理工作票终结，扣 5 分		
合计			100			
考评员栏		成绩：		考评老师：		

八、相关知识点

知识点 1：方式 2 和方式 1 的放电试验方法相同，方式 2 请参照方式 1 进行检验。

知识点 2：放电分为立即放电和延时放电。断路器位置异常和闭锁备自投开入为立即放电，备用电源无压时为延时放电。

知识点 3：当线路无线路 PT 时，应当将相应检电源 1 电压、检电源 2 电压控制字整定为 0 即可。

九、拓展思考

（1）合后位置继电器是双位置继电器，它的作用是什么？

（2）备用电源无压延时 15 s 放电，为什么不能立即放电？

任务 3　备自投方式 1、方式 2 逻辑检验

一、学习情境描述

本任务为完成对备自投装置方式 1 和方式 2 的逻辑校验。相关保护定值如表 3-2-7 所示。

表 3-2-7　备自投方式 1、方式 2 逻辑检验相关定值

序号	定值名称	整定值	备注
保护定值			
1	母线有压定值	70 V	线电压
2	母线无压定值	30 V	线电压
3	电源有压定值	70 V	
4	电源 1 无流定值	0.2 A	1DL
5	电源 2 无流定值	0.2 A	2DL
6	电源 1 跳闸时间	1.8 s	跳 1DL
7	电源 2 跳闸时间	1.5 s	跳 2DL
8	合备用时间长延时	0.6 s	合 1DL、2DL
9	合分段断路器时间	0.5 s	合 3DL

续表

序号	定值名称	整定值	备注
控制字			
1	备自投方式 1	1	投入
2	备自投方式 2	1	投入
3	备自投方式 3	1	投入
4	备自投方式 4	1	投入
5	检电源 1 电压	1	投入
6	检电源 2 电压	1	投入
软压板			
1	备自投功能软压板	1	投入
2	备自投方式 1 软压板	1	投入
3	备自投方式 2 软压板	1	投入
4	备自投方式 3 软压板	1	投入
5	备自投方式 4 软压板	1	投入

二、学习目标

知识目标

能掌握备自投装置方式 1 逻辑试验方法。

能掌握备自投装置方式 2 逻辑试验方法。

能力目标

能对方式 1 进行逻辑试验。

能对方式 2 进行逻辑试验。

思政目标

培养团队协作精神。

培养学生严谨认真的学习态度和工作习惯。

培养学生严格遵守劳动纪律。

三、任务书

（1）完成方式 1 逻辑试验。

（2）完成方式 2 逻辑试验。

四、任务导入

引导问题 1： 进线及分段（内桥）备自投装置方式 1 的工作原理是什么？

答案：

引导问题 2：进线及分段（内桥）备自投装置方式 2 的工作原理是什么？

答案：

五、任务实施

（1）完成现场安全措施布置。

（2）工器具、资料准备：

微机型继电保护测试仪、模拟断路器、计算器、万用表、一字螺丝刀、绝缘胶布、装置图纸、装置说明书、备自投定值。

（3）试验记录单（见表 3-2-8）。

表 3-2-8 备自投方式 1、2 逻辑检验

检验内容	试验参数计算	参数状态设置	动作报文
母线无压定值检验			
电源无流定值检验			
模拟分段开关偷跳			
模拟内桥接线#1主变保护动作			
模拟内桥接线#2主变保护动作			

六、工作实施流程

（1）领取任务：按组分配屏位，每组一个屏位完成任务。

（2）工作前准备：

① 人员准备：指导教师为安全监护人，组长为工作负责人，其余人员为工作组成员，工作人员应清楚工作内容、安全措施，精神状态正常，无妨碍工作的病症。

② 危险点分析，安全预控措施：检查现场符合工作条件，分析本次工作危险点并做好相应预控措施。

（3）工作人员穿着工作服。

（4）装置设置。

① 功能硬压板设置：（“方式 3 投入”和“方式 4 投入”功能硬压板可投入，方便后面试验，也可做方式 3 和方式 4 时试验时投入。建议投入，由备自投装置根据一次运行方式自适应。）

a. 投入“方式 1 投入”硬压板。

b. 投入“方式 2 投入”硬压板。

c. 投入“方式 3 投入”硬压板。

d. 投入“方式 4 投入”硬压板。

② 跳闸出口硬压板设置：

备自投跳分段（内桥）断路器、备自投合分段（内桥）断路器、备自投跳电源 1 断路器、备自投合电源 1 断路器、备自投跳电源 2 断路器、备自投合电源 2 断路器均投入。

③ 定值设置。

装置定值按表 3-2-7 定值单执行。

（5）试验接线，如图 3-2-13 所示。

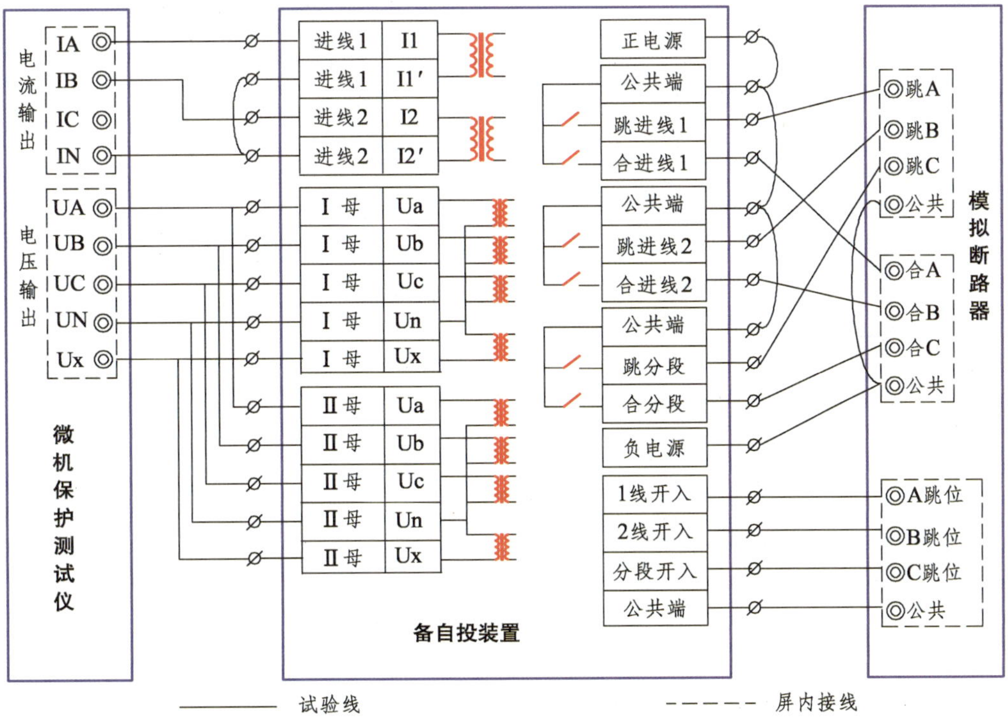

图 3-2-13　方式 1、方式 2 逻辑检验试验接线示意图

（6）第一个试验：两段母线电压均低于无压定值，线路Ⅰ进线无流，线路Ⅱ进线有压，延时跳线路 1 断路器，确认工作进线断路器跳开后，延时合线路断路器 2DL。测试仪可用状态序列菜单完成。状态 1 完成备自投充电，即充电试验。状态 2 模拟两段母线失压，时间设置为定值中跳 1DL 时间 1.8 s 加上断路器固有跳闸延时 0.08 s，见表 3-2-9。充完电后，状态 1 按键触发至状态 2。测试仪设置见图 3-2-14 和图 3-2-15。

表 3-2-9　试验方法

	加量	时间	模拟断路器	备注
状态 1	U_a、U_b、U_c 加正常三相正序电压（57.74 V，正序）；U_x 加正常电压（100 V）；电流不加量	大于备自投充电时间（20 s，或选择按键触发）	1DL、3DL 合位；2DL 分位	完成充电
状态 2	U_a、U_b、U_c 为变为 0 V；U_x 保持状态 1 的量不变	1.8 s + 0.08 s	备自投延时 1.8 s 跳 1DL，确认跳开后，延时 0.5 s 合 2DL	

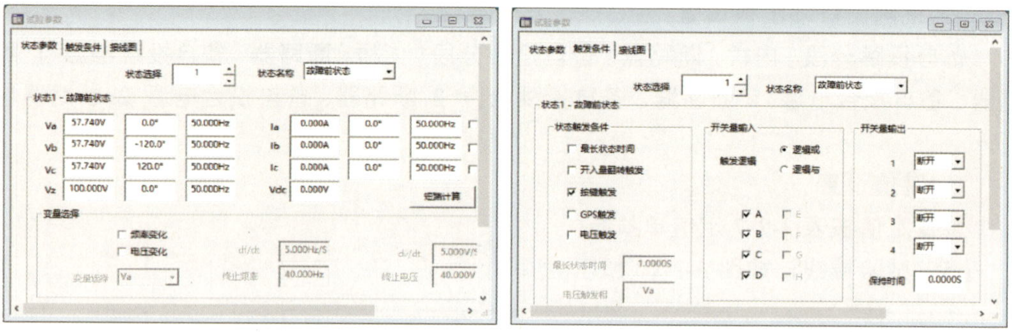

图 3-2-14　状态 1（逻辑检验测试仪设置）

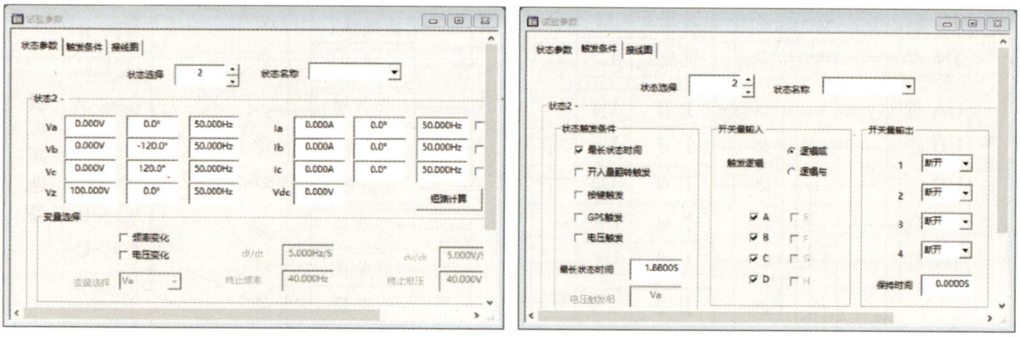

图 3-2-15　状态 2（逻辑检验测试仪设置）

① 此试验可验证电源 1 无流定值 0.2 A，1.05 倍时备自投不动作，0.95 倍时动作。试验方法见表 3-2-10。

表 3-2-10　进线无流定值检验试验方法

状态	加量	时间	模拟断路器	备注
状态 1	U_a、U_b、U_c 加正常三相正序电压（57.74 V，正序）；U_x 加正常电压（100 V）；电流不加量	大于备自投充电时间（20 s，或选择按键触发）	1DL、3DL 合位；2DL 分位	完成充电
状态 2	U_a、U_b、U_c 为变为 0 V；U_x 保持状态 1 的量不变，电流三相加正序 0.21 A（不动作）/0.19 A（动作）	1.8 s + 0.08 s	1.05 倍时不动作；0.95 倍时，备自投延时 1.8 s 跳 1DL，确认跳开后，延时 0.5 s 合 2DL	

a. 0.95 倍无流定值校验。$0.2\times0.95=0.19$ A。测试仪设置见图 3-2-16、图 3-2-17。

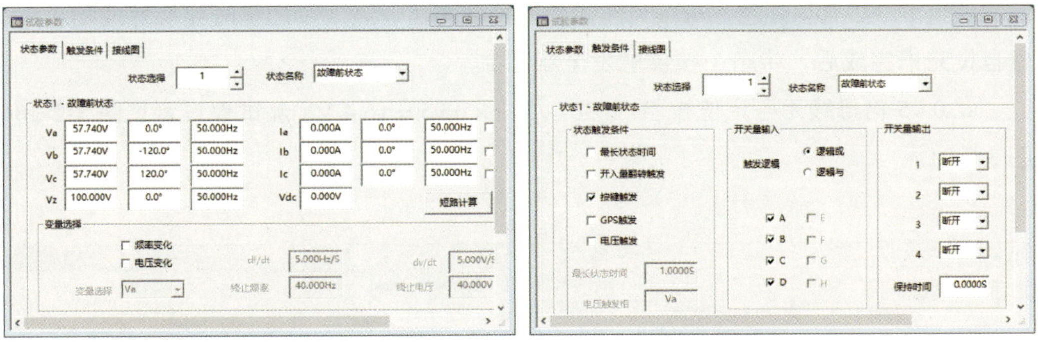

图 3-2-16　状态 1（无流定值 0.95 倍校验）

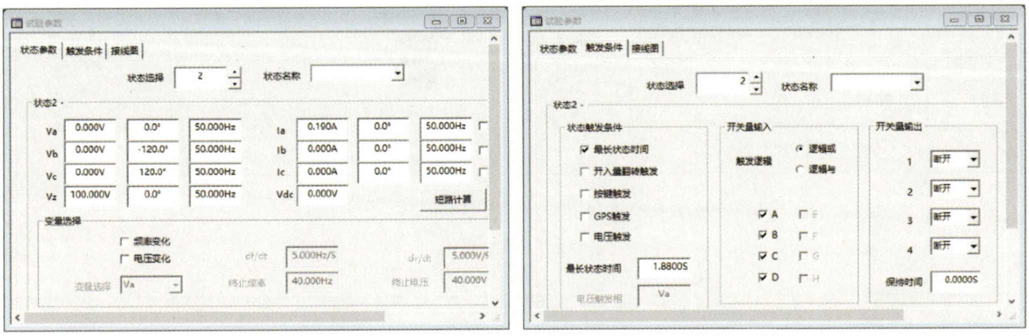

图 3-2-17　状态 2（无流定值 0.95 倍校验）

b. 1.05 倍无流定值校验。$0.2\times1.05=0.21$ A。测试仪设置见图 3-2-18、图 3-2-19。

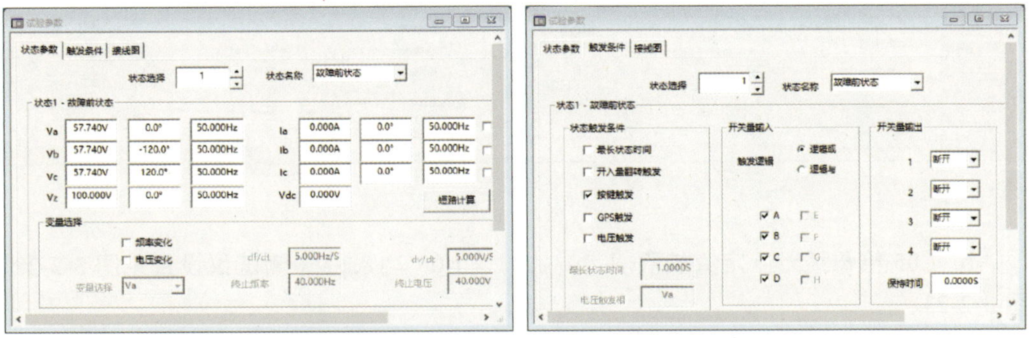

图 3-2-18　状态 1（无流定值 1.05 倍校验）

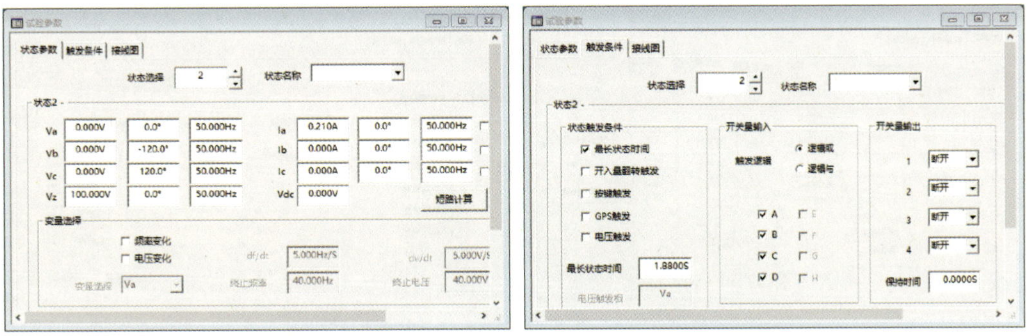

图 3-2-19　状态 2（无流定值 1.05 倍校验）

② 此试验可验证母线无压电压定值 30 V。1.05 倍时不动作，0.95 倍时动作。试验方法见表 3-2-10。注意“母线无压定值”是线电压，测试仪加量时要换算成相电压。备自投充电完成后，状态 1 按键触发至状态 2。

a. 0.95 倍母线无压定值校验。($30/\sqrt{3}$) × 0.95 = 16.4 V。测试仪设置见图 3-2-20、图 3-2-21。

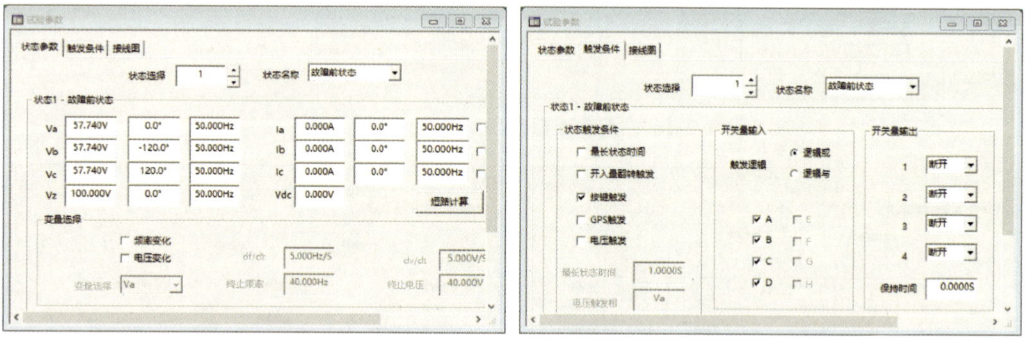

图 3-2-20　状态 1（0.95 倍母线无压定值检验）

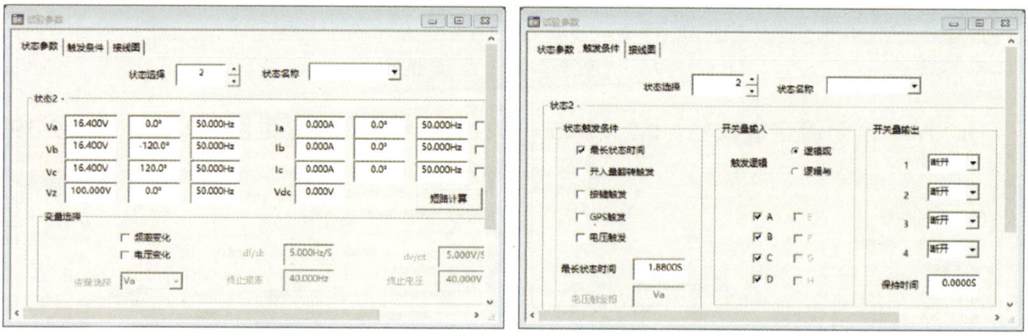

图 3-2-21　状态 2（0.95 倍母线无压定值检验）

b. 1.05 倍母线无压定值校验。($30/\sqrt{3}$) × 1.05 = 18.2 V。测试仪设置见图 3-2-22、图 3-2-23。

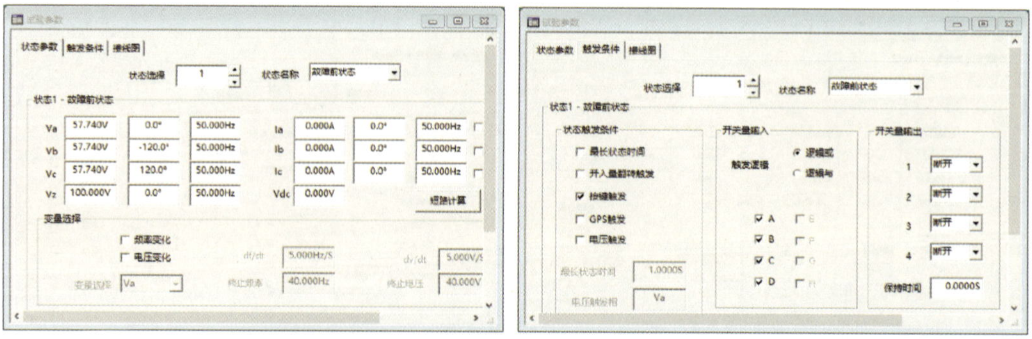

图 3-2-22　状态 1（1.05 倍母线无压定值检验）

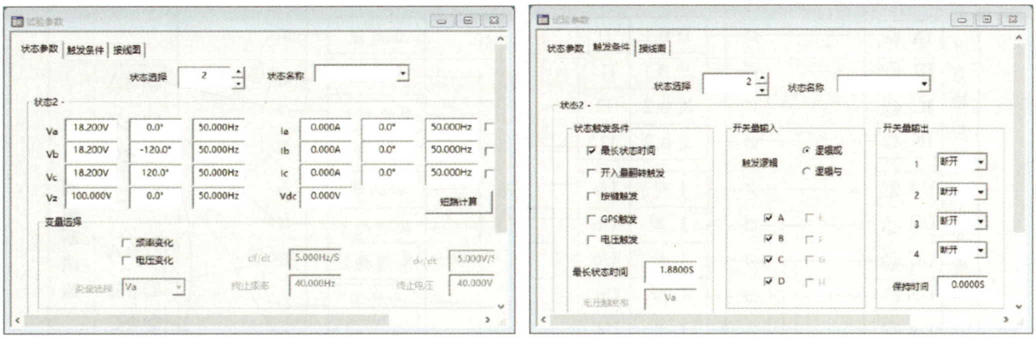

图 3-2-23　状态 2（1.05 倍母线无压定值检验）

（7）第二个试验：模拟分段断路器 3DL 偷跳（可直接在模断处跳开 3DL 开关），3DL 跳开后，2 号母线失压，经跳闸延时补跳内桥断路器 3DL，确认内桥断路器 3 跳开后，延时 0.5 s 合线路断路器 2DL；测试仪可用状态序列菜单完成，试验法见表 3-2-11，也可用手动菜单加量。测试仪设置见图 3-2-24。试验的关键在于 3DL 跳开和 2 号母线电压空开断开的时间配合。

表 3-2-11　模拟分段偷跳试验方法

状态	加量	时间	模拟断路器	试验方法
状态 1	U_a、U_b、U_c 加正常三相正序电压（57.74 V，正序）；U_x 加正常电压（100 V）；电流不加量	按键触发（表示一直有输出）	1DL 合位 3DL 合位 2DL 分位	备自投完成充电后，再模断处跳开 3DL。同时配合拉开 2 号母线电压空开，2 母失压。此时备自投延时补跳 3DL，确认跳开后，延时 0.5 s 合 2DL

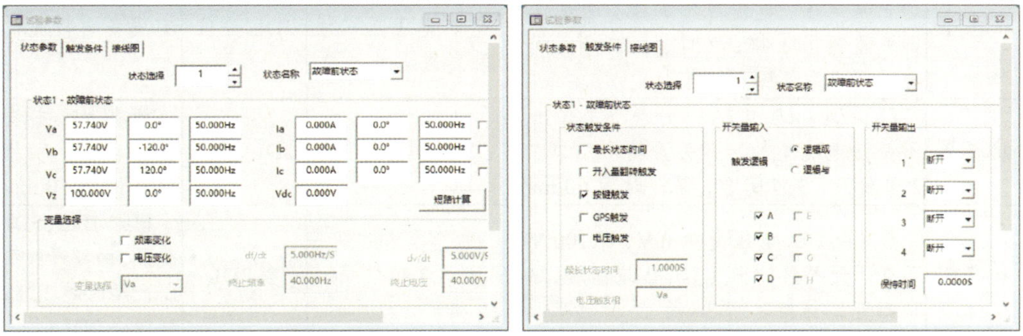

图 3-2-24　分段偷跳试验测试仪加量设置

（8）内桥接线时，模拟 1#变压器保护动作，即同时保护跳进线Ⅰ断路器 1DL 和内桥断路器 3DL 时（需用测试仪开出，给备自投开入“#1 主变保护动作”），母线失压，备自投经跳闸延时补跳内桥断路器 3DL，确认内桥断路器 3DL 跳开后，再延时合进线Ⅱ断路器 2DL。

测试仪接线变动：将模断 1DL、3DL 至备自投位置 TWJ 开入试验线换至测试仪开出；2DL 的 TWJ 开入可仍由模断提供。增加测试仪开出至备自投“#1 主变保护动作”开入试验接线。试验接线见图 3-2-25，试验方法见表 3-2-12，测试仪设置见图 3-2-26、图 3-2-27、图 3-2-28。

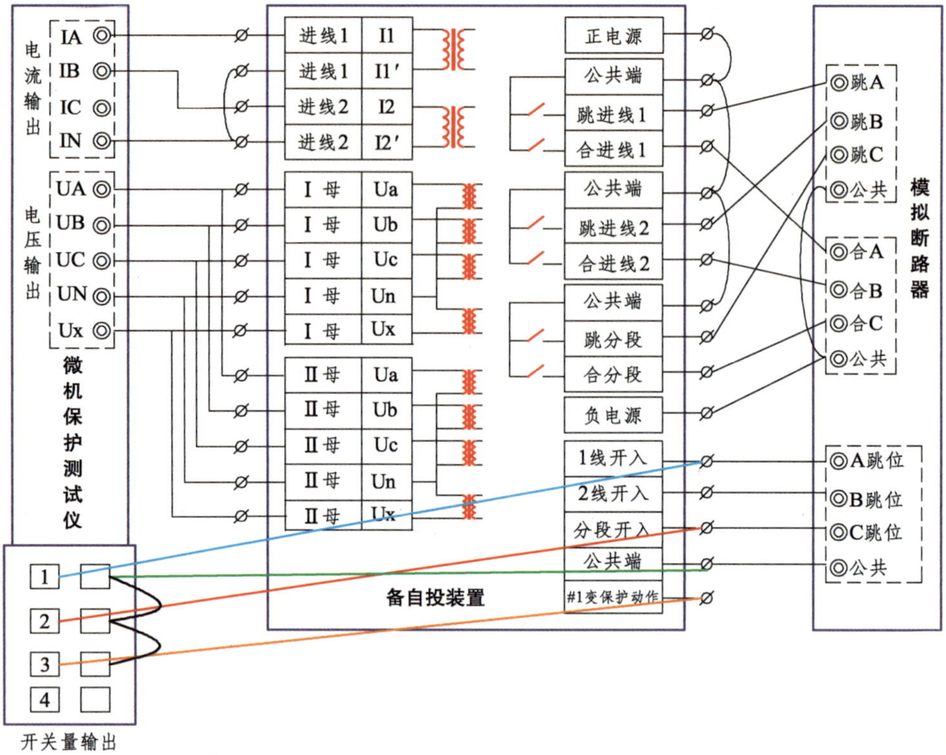

图 3-2-25　模拟#1 主变保护动作接线示意图

表 3-2-12　模拟 1#主变保护动作试验方法

状态	测试仪加量（模拟量和开关量）	测试仪时间设置	模拟断路器	备注
状态 1	U_a、U_b、U_c 加正常三相电压，U_x 加正常电压，电流可不加量。测试仪开关量输出 1 口、2 口、3 口开出闭合时间 0（即断开状态）	按键触发，备自投充电完成后，手动触发进入状态 2	2DL 分位	完成备自投充电
状态 2	U_a、U_b、U_c 和 U_x 保持状态 1 输出不变，电流不加，开关量输出 1 口、2 口断开，3 口闭合，保持时间 60 ms	60 ms	2DL 分位	模拟#1 主变保护动作，动作接点保持 60 ms
状态 3	U_a、U_b、U_c 电压变为 0 V，U_x100 V 不变。开关量输出 1 口、2 口闭合，3 口断开，保持时间 3 s	3 s	合 2DL	模拟 1DL、3DL 跳开，两段母线失压；延时跳 3DL，延时合 2DL

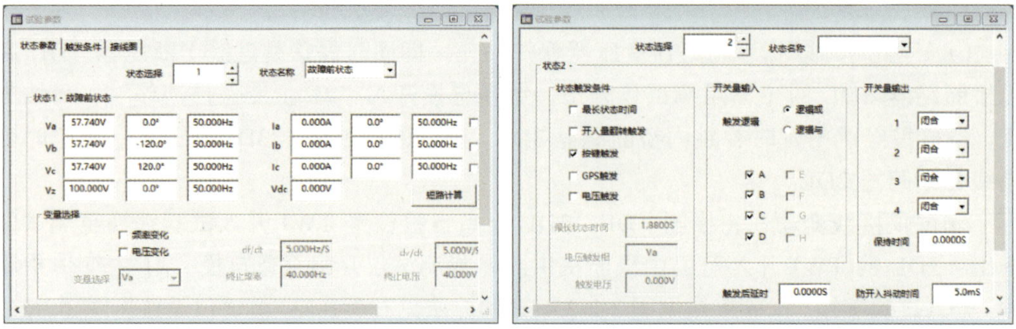

图 3-2-26　状态 1（模拟#1 主变保护动作）

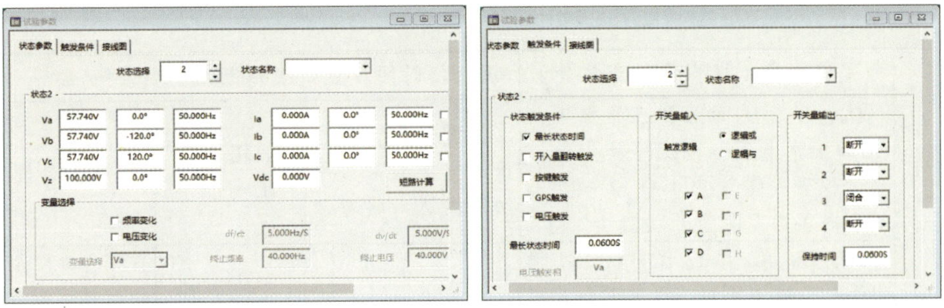

图 3-2-27　状态 2（模拟#1 主变保护动作）

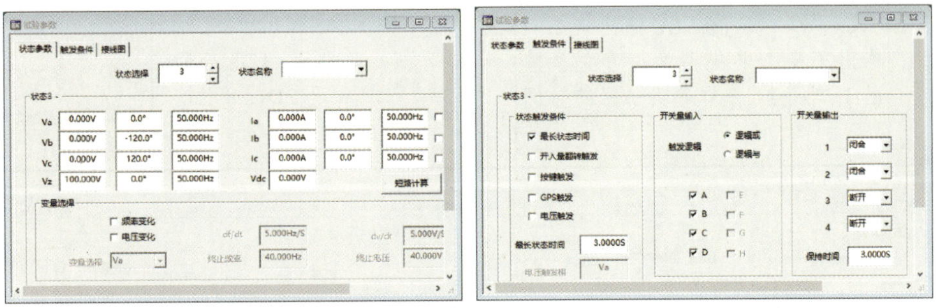

图 3-2-28　状态 3（模拟#1 主变保护动作）

（9）第四个试验：模拟#2 变压器保护动作，即保护跳内桥断路器 3DL 时（在模断处完成），备自投收到“#2 主变保护动作”开入此时备自投立即放电，即备自投被闭锁动作。

测试仪接线变动：将模断 3DL 至备自投位置 TWJ 开入试验线换至测试仪开出；1DL、2DL 的 TWJ 开入可仍由模断提供。增加测试仪开出至备自投“#2 主变保护动作”开入试验接线，如图 3-2-29 所示，试验方法见表 3-2-13，测试仪设置见图 3-2-30、图 3-2-31、图 3-2-32，状态 2 时，备自投方式 1 已经放电。已经验证了动作逻辑，为了完整地模拟故障过程，测试仪可加状态 3。

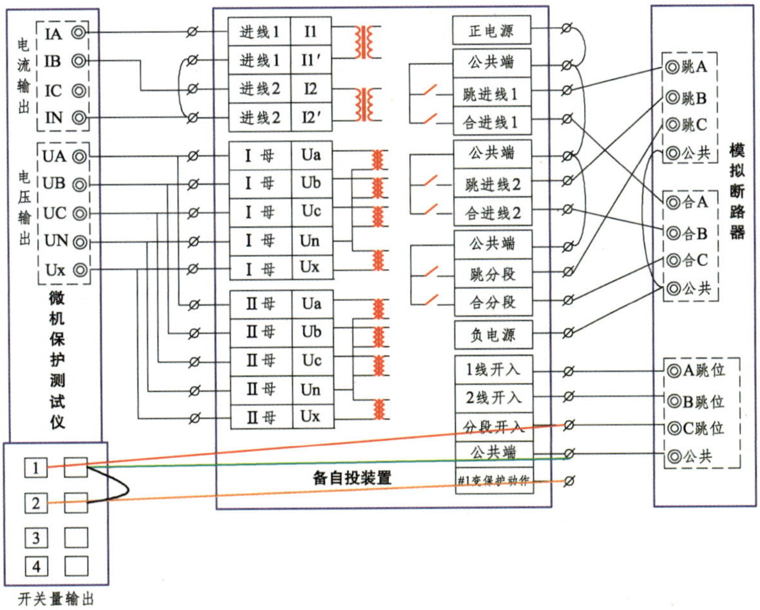

图 3-2-29　模拟#2 主变保护动作试验接线示意图

表 3-2-13　模拟#2 主变保护动作试验方法

状态	测试仪加量（模拟量和开关量）	测试仪时间设置	模拟断路器	备注
状态 1	U_a、U_b、U_c 加正常三相电压，U_x 加正常电压，电流可不加量；测试仪开关量输出 1 口、2 口开出闭合时间 0（即断开状态）	按键触发，备自投充电完成后，手动触发进入状态 2	1DL 合位，2DL 分位	完成备自投充电
状态 2	U_a、U_b、U_c 和 U_x 保持状态 1 输出不变，电流不加，开关量输出 1 口断开，2 口闭合，保持时间 60 ms	60 ms	1DL 合位，2DL 分位	模拟#2 主变保护动作，动作接点保持 60 ms
状态 3	U_a、U_b、U_c 和 U_x 保持状态 1 输出不变，电流不加；开关量输出 1 口闭合，3 口断开，保持时间 3 s	3 s	1DL 合位，2DL 分位	进入状态 3 同时手动断开 2 号母线电压空开，2 号母线失压。模拟 3DL 跳开，备自投闭锁不动作

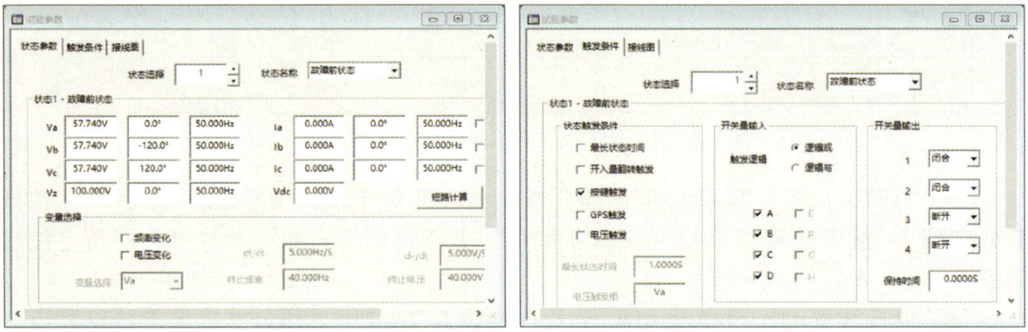

图 3-2-30　状态 1（模拟#2 主变保护动作）

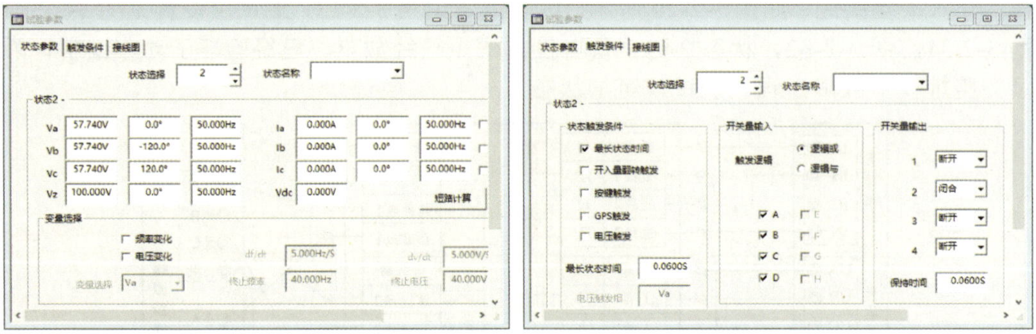

图 3-2-31　状态 2（模拟#2 主变保护动作）

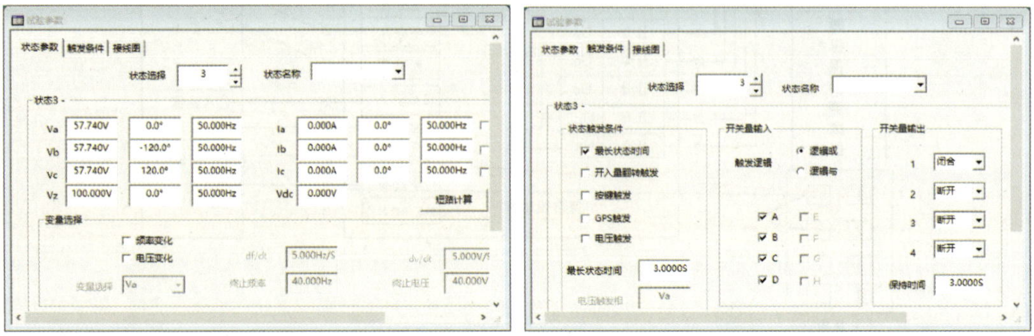

图 3-2-32　状态 3（模拟#2 主变保护动作）

（10）记录试验数据。

（11）清理现场，恢复现场，整理工器具和仪器仪表。

七、评价反馈

（1）学生自评，见附录1《学生自评表》。

（2）团队互评，见附录2《团队互评表》。

（3）教师评价，见表3-2-14。

表3-2-14　教师评价表

备自投方式1、方式2逻辑校验						
序号	作业名称	质量标准	分值	扣分标准	扣分	得分
一、准备工作						
1	着装穿戴	安全帽、工作服、绝缘鞋穿戴正确	5	1. 未穿戴安全帽、工作服、工作鞋，扣1分； 2. 着装穿戴不规范，每处扣1分		
2	工器具检查	检查工器具齐全，符合使用要求	10	工器具选择不正确、未检查，每个扣1分		
3	工作票办理	按照规范办理工作票（口述）	10	1. 未办理工作票，扣1分； 2. 未到现场检查安全措施，扣1分		
二、工作过程						
1	记录压板、空开位置	正确记录压板、空开状态	10	1. 每漏一项扣2分； 2. 操作错误，一处扣2分		
2	试验接线	正确接线	10	每错一项扣2分		
3	测试仪试验数据设置	正确设置试验数据	10	每错一项扣2分		
4	模断设置正确	正确设置运行方式	10	每错一项扣2分		
5	试验前检查装置是否已充电	装置显示充电成功。	10	装置未显示充电成功扣10分		
6	逻辑校验	逻辑试验正确	20	1. 操作不正确扣2分； 2. 试验不正确扣10分		
	母线无压定值校验	校验正确		1. 操作不正确扣2分； 2. 试验不正确扣10分		
	有流定值校验	校验正确				
	模拟#1主变保护动作	逻辑试验正确		1. 操作不正确扣2分； 2. 试验不正确扣10分		
	模拟#2主变保护动作	逻辑试验正确		1. 操作不正确扣2分； 2. 试验不正确扣10分		
三、工作终结						
1	工作票终结	办理工作票终结（口述）	5	未办理工作票终结，扣5分		
合计			100			
考评员栏		成绩：		考评老师：		

八、相关知识点

（1）方式 2 和方式 1 的逻辑试验方法相同，方式 2 请参照方式 1 进行检验。

（2）当接线为内桥时，备自投装置考虑了主变保护动作时，备自投的动作逻辑，现场实际情况时，设计会直接将“主变保护动作”接点开入至“闭锁备自投”开入，这是不正确的。应当按上述情况分析，不能直接闭锁备自投。

（3）当人工切除工作电源时，备自投装置不应动作。

（4）为提高备用电源或设备投入的成功率，备自投装置跳工作电源断路器时应联跳地区电源并网 线和次要负荷，需要时还可联跳并联补偿电容器。

（5）备用电源断路器的合闸命令只允许动作一次；备自投动作应自复归备自投逻辑，在相应充电条件满足后才允许下一次动作。

九、拓展思考

内桥接线时，备自投考虑了#1 主变保护动作开入和#2 主变保护动作开入，如果一次接线为单母分段，并且还配置了母线保护，如何考虑当 1 号母线差动动作时和Ⅱ号母线差动动作时备自投的动作逻辑?

任务 4　备自投方式 3、方式 4 充电试验

一、学习情境描述

本任务为完成对备自投装置方式 3 和方式 4 的充电试验。相关保护定值如表 3-2-15 所示。

表 3-2-15　备自投方式 3、方式 4 充电试验相关定值

序号	定值名称	整定值	备注
保护定值			
1	母线有压定值	70 V	线电压
2	母线无压定值	30 V	线电压
3	电源有压定值	70 V	
4	电源 1 无流定值	0.2 A	1DL
5	电源 2 无流定值	0.2 A	2DL
6	电源 1 跳闸时间	1.8 s	跳 1DL
7	电源 2 跳闸时间	1.5 s	跳 2DL
8	合备用时间长延时	0.6 s	合 1DL、2DL
9	合分段断路器时间	0.5 s	合 3DL
控制字			
1	备自投方式 1	1	投入
2	备自投方式 2	1	投入

续表

序号	定值名称	整定值	备注
控制字			
3	备自投方式 3	1	投入
4	备自投方式 4	1	投入
5	检电源 1 电压	1	投入
6	检电源 2 电压	1	投入
软压板			
1	备自投功能软压板	1	投入
2	备自投方式 1 软压板	1	投入
3	备自投方式 2 软压板	1	投入
4	备自投方式 3 软压板	1	投入
5	备自投方式 4 软压板	1	投入
保护定值			
1	母线有压定值	70 V	线电压
2	母线无压定值		线电压
3	电源有压定值	70 V	
4	电源 1 无流定值		1DL
5	电源 2 无流定值		2DL
6	电源 1 跳闸时间		跳 1DL
7	电源 2 跳闸时间		跳 2DL
8	合备用时间长延时		合 1DL、2DL
9	合分段断路器时间		合 3DL
控制字			
1	备自投方式 1	1	投入
2	备自投方式 2	1	投入
3	备自投方式 3	1	投入
4	备自投方式 4	1	投入
5	检电源 1 电压	1	投入
6	检电源 2 电压	1	投入
软压板			
1	备自投功能软压板	1	投入
2	备自投方式 1 软压板	1	投入
3	备自投方式 2 软压板	1	投入
4	备自投方式 3 软压板	1	投入
5	备自投方式 4 软压板	1	投入

二、学习目标

知识目标

能掌握备自投装置方式 3、方式 4 充电试验的接线要求。
能掌握备自投装置方式 3、方式 4 充电试验的条件。
能掌握备自投装置方式 3、方式 4 充电试验的方法。

能力目标

能对方式 3 进行充电试验。
能对方式 4 进行充电试验。

思政目标

培养团队协作精神。
培养学生严谨认真的学习态度和工作习惯。
培养学生严格遵守劳动纪律。

三、任务书

（1）完成备自投方式 3 充电试验。
（2）完成备自投方式 4 充电试验。

四、任务导入

引导问题 1： 方式 3 对应的一次接线运行方式什么？请画出一次主接线运行方式图。

答案：

引导问题 2： 此任务为方式 3、方式 4 的充电试验，定值中方式 1、方式 2、方式 3、方式 4 的功能均投入，正确吗？为什么？

答案：

五、任务实施

（1）工器具、资料准备：

微机型继电保护测试仪、模拟断路器、计算器、万用表、一字螺丝刀、绝缘胶布、装置图纸、装置说明书、备自投定值。

（2）试验记录单。

表 3-2-16　充电试验电压有压定值检验记录单

定值名称	定值	0.95 倍		1.05 倍	
母线电压有压定值					
填写说明：定值按实际装置定值填写，0.95 倍和 1.05 倍处填写“测试仪输入电压值”和“充电成功”或“充电不成功”					

六、工作实施流程

（1）领取任务：按组分配屏位，每组一个屏位完成任务。

（2）工作前准备：

① 人员准备：指导教师为安全监护人，组长为工作负责人，其余人员为工作组成员，工作人员应清楚工作内容、安全措施，精神状态正常，无妨碍工作的病症。

② 危险点分析，安全预控措施：检查现场符合工作条件，分析本次工作危险点并做好相应预控措施。

（3）工作人员穿着工作服。

（4）装置设置：

① 功能硬压板设置：（“方式 1 投入”“方式 2 投入”“方式 3 投入”“方式 4 投入”功能硬压板可投入。（建议投入，由备自投装置根据一次运行方式自适应。）

a. 投入“方式 1 投入”硬压板。

b. 投入“方式 2 投入”硬压板。

c. 投入“方式 3 投入”硬压板。

d. 投入“方式 4 投入”硬压板。

② 跳闸出口硬压板可暂不投入。

③ 定值设置。

装置定值按表 3-2-15 定值单执行。

（5）试验接线，如图 3-2-33 所示。

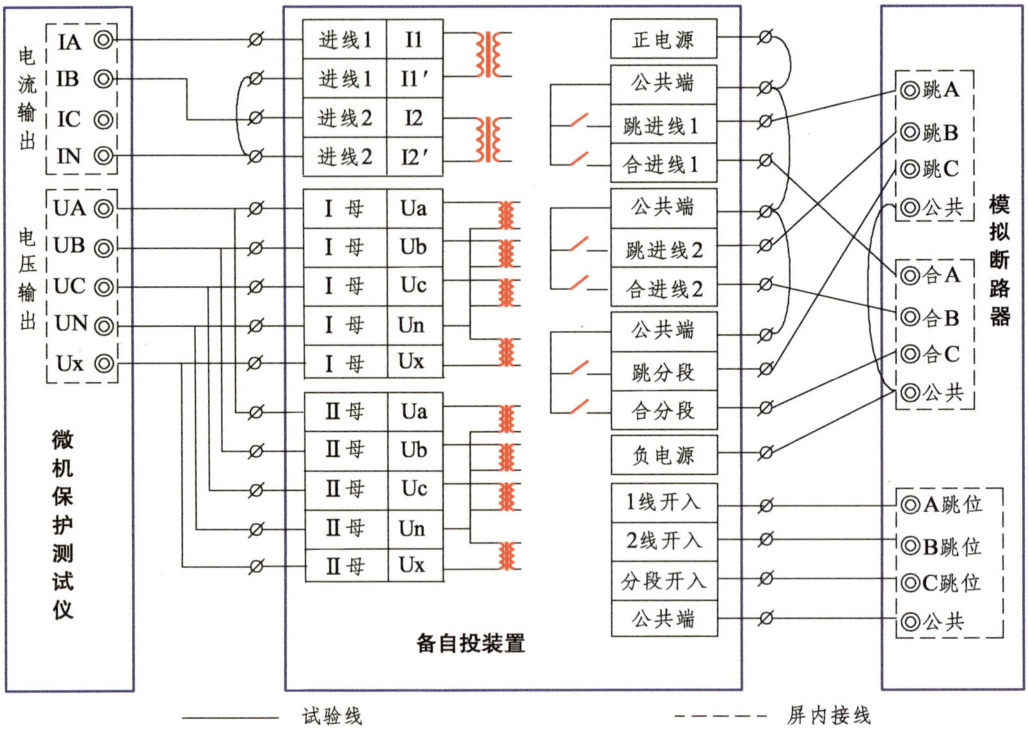

图 3-2-33　方式 3、方式 4 充电试验接线示意图

① 电流回路接线：用于进行电流闭锁定值检验，如不进行闭锁电流值检验时可不接入此电流。

② 电压回路接线：将测试仪的三相电压输出和线路电压输出分别接到Ⅰ母和Ⅱ母电压输入端。注意，母线电压的接线应接在母线电压空开前，做试验时会拉开空开断开电压回路，所以应做好电压回路相应的安全措施。与方式 1 接线相比较，方式 3 不需要接线路电压。

③ 开入回路接线：将模拟断路器的跳位辅助接点接入到备自投装置的进线 1 和进线 2 及分段跳位的开入端，模拟一次运行方式。需说明的是，一些备自投装置通过合后接点 HHJ 进行闭锁控制，则还应满足合后位置条件才能充电。所以此时应将三个断路器的合后位置开入一直与正电短接，即充电试验过程中，HHJ 合后位置一直开入。

④ 开出回路接线：将备自投装置的跳、合进线 1、进线 2 及内桥开关的开出接点接到模拟断路器的跳闸线圈和合闸线圈输入端。即模拟断路器的 A 相模拟进线 1 断路器，B 相模拟进线 2 断路器，C 相模拟分段（内桥）断路器。

（6）充电逻辑校验。

① 测试仪设置：加入Ⅰ母Ⅱ母正常三相正序电压（相电压 57.74 V）。备自投充电试验不需要输入电流。测试仪可用交流试验菜单，设置见图 3-2-34。

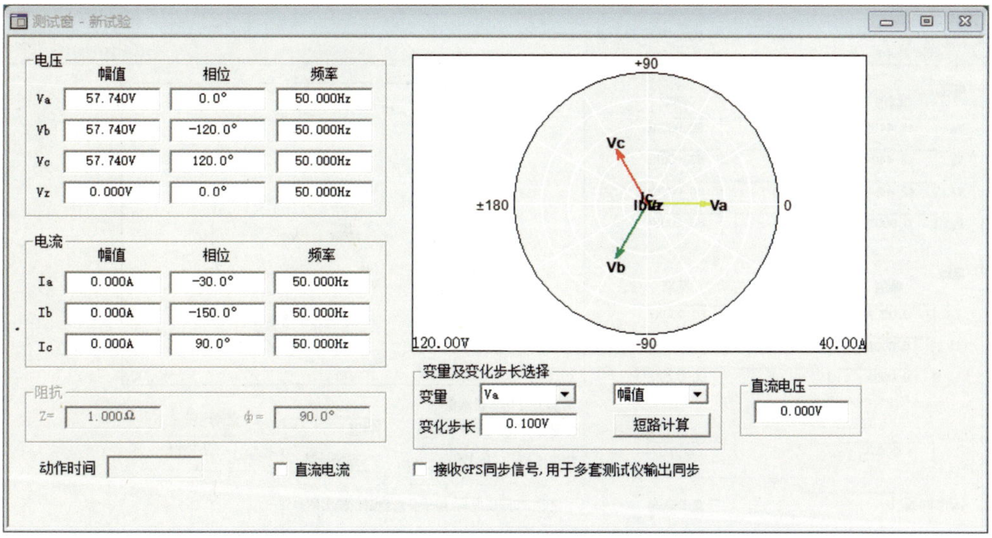

图 3-2-34　继保测试仪设置（备自投方式 3 充电试验）

② 模断设置：模拟断路器模拟方式 3 运行，即进线 1 和进线 2 合位，分段（内桥）断路器分位。使模拟断路器的 A 相（1DL）和 B 相（2DL）在合闸位置，C 相（3DL）在分闸位置。如无模拟断路器，则通过测试仪开出接点或直接短接相应位置开入来实现。模断设置完成后，应进入备自投装置的开入菜单查看断路器位置开入是否正确。

③ 继保测试仪试验开始，加量持续 15～20 s 后，备自投应充电完好。充电完成后，备自投装置应有明显标记，表明充电已完成。

（7）校验母线有压定值。将继保测试仪电压值按定值的 0.95 倍和 1.05 倍输入，测试仪输出时间大于备自投充电时间。注意母线无压定值是线电压。

a. 0.95 倍时，$(70/\sqrt{3})\times 0.95 = 38.39$ V，不能完成充电，测试仪设置见图 3-2-35。

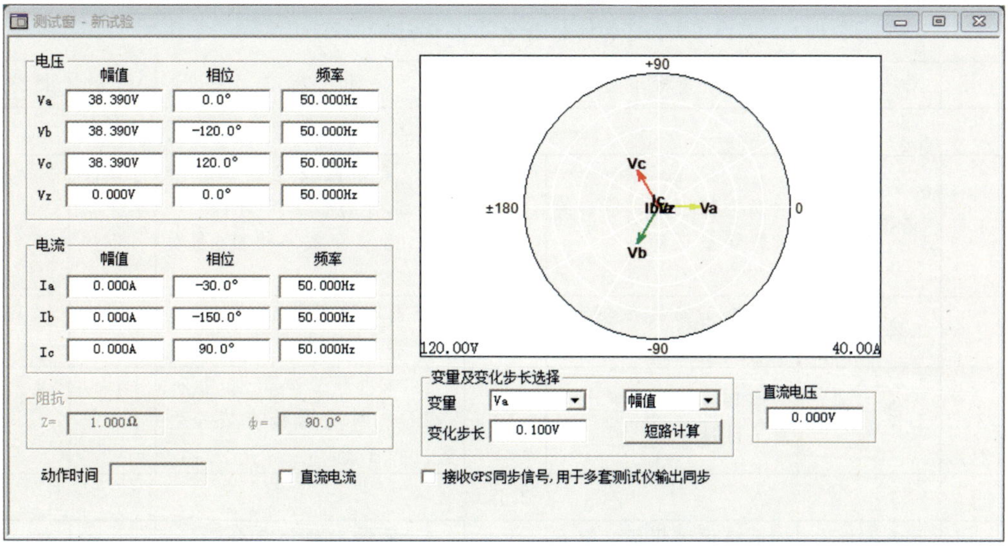

图 3-2-35　继保测试仪设置（0.95 倍母线有压定值检验）

b. 1.05 倍时，$(70/\sqrt{3})\times 1.05 = 42.44$ V，不能完成充电，测试仪设置见图 3-2-36。

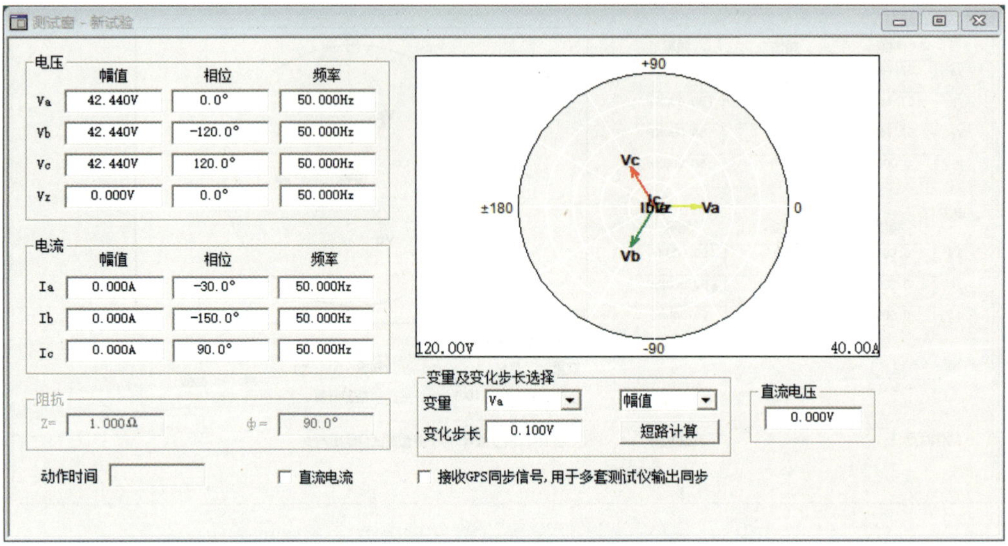

图 3-2-36　继保测试仪设置（1.05 倍母线有压定值检验）

（7）试验完成。

试验结束后，记录试验数据。清理现场，恢复现场安全措施，整理工器具和仪器仪表。

七、评价反馈

（1）学生自评，见附录 1《学生自评表》。

（2）团队互评，见附录 2《团队互评表》。

（3）教师评价，见表 3-2-17。

表 3-2-17　教师评价表

备自投装置充电试验						
序号	作业名称	质量标准	分值	扣分标准	扣分	得分
一、准备工作						
1	着装穿戴	安全帽、工作服、绝缘鞋穿戴正确	5	1. 未穿戴安全帽、工作服、工作鞋，扣 1 分； 2. 着装穿戴不规范，每处扣 1 分		
2	工器具检查	检查工器具齐全，符合使用要求	10	工器具选择不正确、未检查，每个扣 1 分		
3	工作票办理	按照规范办理工作票（口述）	10	1. 未办理工作票，扣 1 分； 2. 未到现场检查安全措施，扣 1 分		
二、工作过程						
1	记录压板、空开位置	正确记录压板、空开状态	10	1. 每漏一项扣 2 分； 2. 操作错误，一处扣 2 分		
2	试验接线	正确接线	15	每错一项扣 5 分		

续表

备自投装置充电试验						
序号	作业名称	质量标准	分值	扣分标准	扣分	得分
二、工作过程						
3	测试仪试验数据设置	正确设置试验数据	10	每错一项扣2分		
4	模断设置	正确设置断路器位置	15	每错一项扣5分		
5	模拟量检查	正确检查模拟量	10	每错一项扣2分		
6	开关量检查	正确检查开关量	10	每错一项扣2分		
7	充电成功	装置显示充电成功	10	装置未显示充电成功扣10分		
三、工作终结						
1	工作票终结	办理工作票终结（口述）	5	未办理工作票终结，扣5分		
合计			100			
考评员栏		成绩：		考评老师：		

八、相关知识点

知识点1：分段（内桥）备自投运行方式。

当两条进线1DL和2DL都在合位运行方式，分段3DL在分位，两段母线分裂运行时，可采用分段（内桥）备自投方式3、方式4，如图3-2-37所示。

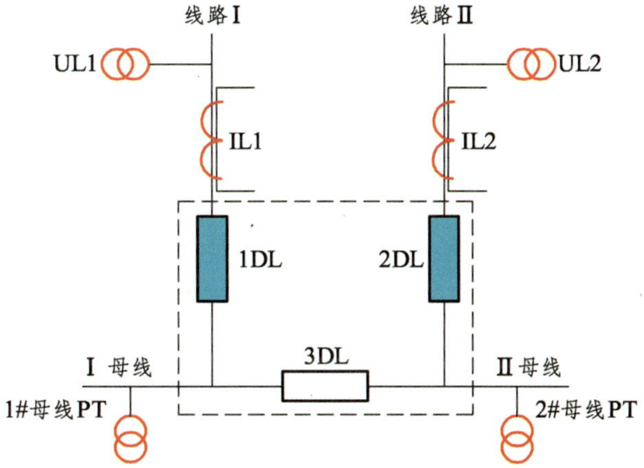

图3-2-37　方式3、方式4运行

知识点2：备自投方式3和方式4工作原理。

方式3和方式4为分段（内桥）备自投方式，线路Ⅰ和线路Ⅱ互为暗备用。以方式3为例，分段（内桥）备自投的工作原理为：备自投装置根据一次运行方式，自适应投入方式3、方式4。当线路Ⅰ永久性故障时，Ⅰ母电压低于无压定值，1DL进线电流小于无流定值，Ⅱ母电压有压，大于有压定值，则延时跳1DL，确认1DL跳开后，再延时合3DL。在进行电源的切换过程中，如分段备自投，可能由于负荷的转移导致分段过负荷等，因此分段备自投还配置了相关的过负荷联切等功能。

知识点 3： 方式 3 和方式 4 的充电逻辑检验方法相同，方式 4 请参照方式 3 进行检验。

知识点 4： 备自投充电状态应能远方监视，充电时间 15 s。

九、拓展思考

备自投充电条件：两段母线线电压均大于有压定值，分段（内桥）断路器在分闸位置，两进线断路器在合闸位置，且无其他闭锁条件。请思考其他闭锁条件有哪些?

任务 5　备自投方式 3、方式 4 放电试验

一、学习情境描述

本任务为完成对备自投装置方式 3 和方式 4 的放电试验。相关保护定值如表 3-2-18 所示。

表 3-2-18　备自投方式 3、方式 4 放电试验相关定值

序号	定值名称	整定值	备注
保护定值			
1	母线有压定值	70 V	线电压
2	母线无压定值	30 V	线电压
3	电源有压定值	70 V	
4	电源 1 无流定值	0.2 A	1DL
5	电源 2 无流定值	0.2 A	2DL
6	电源 1 跳闸时间	1.8 s	跳 1DL
7	电源 2 跳闸时间	1.5 s	跳 2DL
8	合备用时间长延时	0.6 s	合 1DL、2DL
9	合分段断路器时间	0.5 s	合 3DL
控制字			
1	备自投方式 1	1	投入
2	备自投方式 2	1	投入
3	备自投方式 3	1	投入
4	备自投方式 4	1	投入
5	检电源 1 电压	1	投入
6	检电源 2 电压	1	投入
软压板			
1	备自投功能软压板	1	投入
2	备自投方式 1 软压板	1	投入
3	备自投方式 2 软压板	1	投入
4	备自投方式 3 软压板	1	投入
5	备自投方式 4 软压板	1	投入

二、学习目标

知识目标

能掌握备自投装置方式 3、方式 4 放电试验的条件。
能掌握备自投装置方式 3、方式 4 放电试验的方法。

能力目标

能对方式 3 进行放电试验。
能对方式 4 进行放电试验。

思政目标

培养团队协作精神。
培养学生严谨认真的学习态度和工作习惯。
培养学生严格遵守劳动纪律。

三、任务书

（1）完成方式 3 放电试验。
（2）完成方式 4 放电试验。

四、任务导入

引导问题 1：进线及分段（内桥）备自投装置方式 3 充电的条件是什么?
答案：

引导问题 2：进线及分段（内桥）备自投装置方式 3 放电的条件是什么?
答案：

五、任务实施

（1）完成现场安全措施布置。
（2）工器具、资料准备：
微机型继电保护测试仪、模拟断路器、计算器、万用表、一字螺丝刀、绝缘胶布、装置图纸、装置说明书、备自投定值。
（3）试验记录单（见表 3-2-19）。

表 3-2-19　充电试验电压有压定值检验记录单

序号	放电方式	试验结果
1	断路器位置异常、手跳/遥跳闭锁	
2	母线无压定值检验	
3	闭锁备自投开入	
备注	试验结果填写立即放电或延时放电，并填写装置报文	

六、工作实施流程

（1）领取任务：按组分配屏位，每组一个屏位完成任务。

（2）工作前准备：

① 人员准备：指导教师为安全监护人，组长为工作负责人，其余人员为工作组成员，工作人员应清楚工作内容、安全措施，精神状态正常，无妨碍工作的病症。

② 危险点分析，安全预控措施：检查现场符合工作条件，分析本次工作危险点并做好相应预控措施。

（3）工作人员穿着工作服。

（4）装置设置：

① 功能硬压板设置：（“方式 1 投入”和“方式 2 投入”功能硬压板可投入，也可做方式 1 和方式 2 试验时投入。（建议投入，由备自投装置根据一次运行方式自适应。）

a. 投入“方式 1 投入”硬压板。

b. 投入“方式 2 投入”硬压板。

c. 投入“方式 3 投入”硬压板。

d. 投入“方式 4 投入”硬压板。

② 跳闸出口硬压板可暂不投入。

③ 定值设置：

装置定值按表 3-2-18 所示的定值单执行。

（5）试验接线，同充电试验，如图 3-2-38 所示。

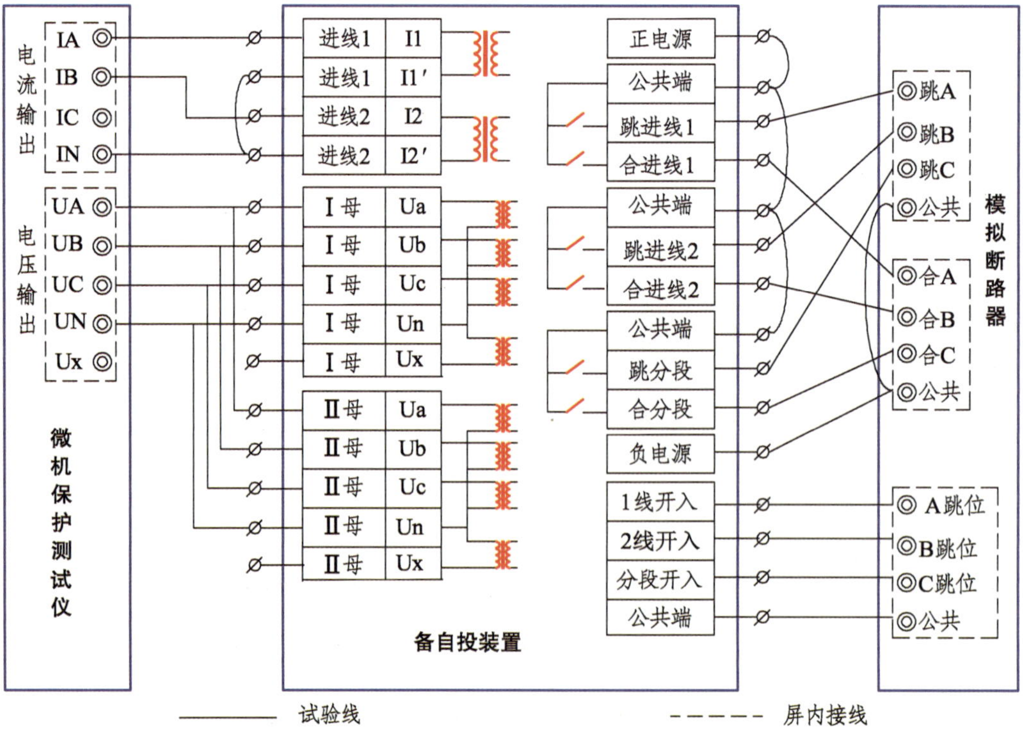

图 3-2-38　方式 3、方式 4 放电试验接线示意图（同方式 3 充电试验）

（6）试验条件：

① 测试仪设置：备自投方式 3 充电已完成。即放电试验前继保测试仪接线不变、输出值不变并一直保持输出。备投投处于充电完成正常运行状态。测试仪设置如图 3-2-39 所示。

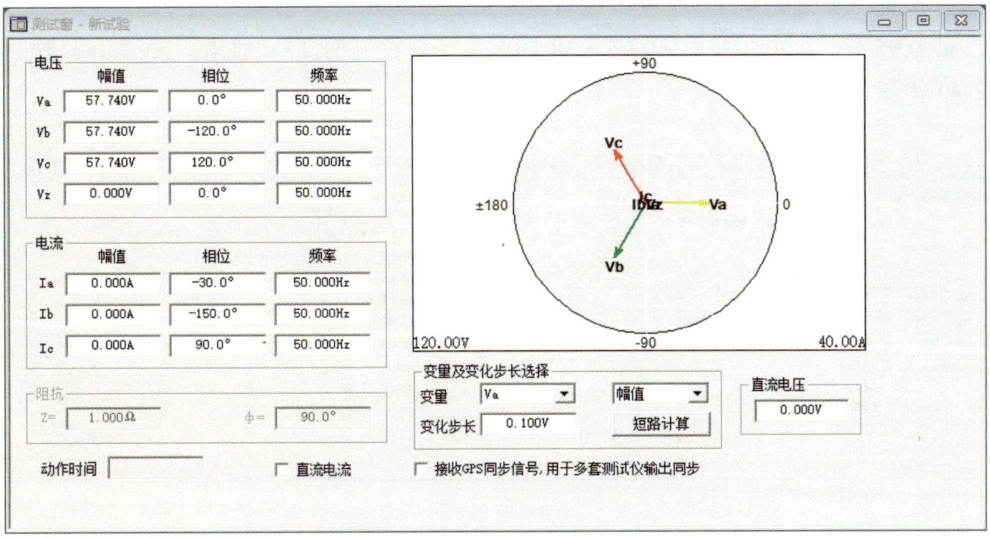

图 3-2-39　放电试验前测试仪设置

② 模断设置：模拟断路器模拟方式 3 运行，即进线 1 和进线 2 断路器合位，分段（内桥）断路器 3 分位。使模拟断路器的 A 相（1DL）和 B 相（2DL）在合闸位置，C 相在分闸位置（3DL）。

（7）放电试验逻辑校验：

① 断路器位置异常、手跳/遥跳闭锁。

a. 模拟手跳 1DL（进线Ⅰ），备自投即放电。

备自投装置有两种方式区分手跳和保护跳，各厂家做法不同：一种是通过操作箱手跳继电器接点开入，来判断是否手跳；另一种是通过操作箱合后位置 HHJ 接点开入，来判断是否手跳。其原理和目的都一样，以后者为例：因为充电试验时，将 1DL 断路器合后位置与正电进行了短接，如果此时在模断处将 1DL 跳开，虽然备自投装置 1DL 的 TWJ = 1，但短接的 HHJ 一直有开入，备自投不判断是手跳，如何模拟手跳 1DL 呢？放电试验前确认备自投已充好电，将 1DL 的 HHJ 开入短接线暂时取下（充好电后，HHJ = 0 不是放电条件，所以不会放电），再在模断处跳开 1DL，此时备自投装置 1DL 的 TWJ = 1 而 HHJ = 0，备自投判断为 1DL 手跳，立即放电。

b. 模拟手跳 2DL 断路器（进线Ⅱ），备自投即放电。

同理，在充电试验前将 2DL 的 HHJ 开入与正电进行了短接。模拟手跳 2DL，应将此短接线暂时取下。备自投充电完成后，在模断处跳开 2DL，备自投判为 2DL 手跳，立即放电。

c. 模拟手合进线 3 断路器，备自投即放电。

同理，在充电试验时，3DL 的 HHJ 一直与正电短接。备自投充电完成后，在模断处合上 2DL，备自投判为 2DL 合位，立即放电。

② 母线有压定值检验。

两段母线电压均低于有压定值延时 15 s 放电。注意此处时延时放电，不是立即放电。备自投充电完成后，同时断开两段母线电压空开，15 s 后，备自投放电。放电试验检验母线有压定值测试仪设置见图 3-2-39，测试仪选用状态序列菜单，模断保持试验条件不变（先充好电）。注意母线有压定值是线电压，要换算成相电压。

a. 0.95 倍，（ $70/\sqrt{3}$ ）$\times 0.95 = 38.39$ V。备自投延时 15 s 放电。测试仪设置见图 3-2-40 和图 3-2-41。

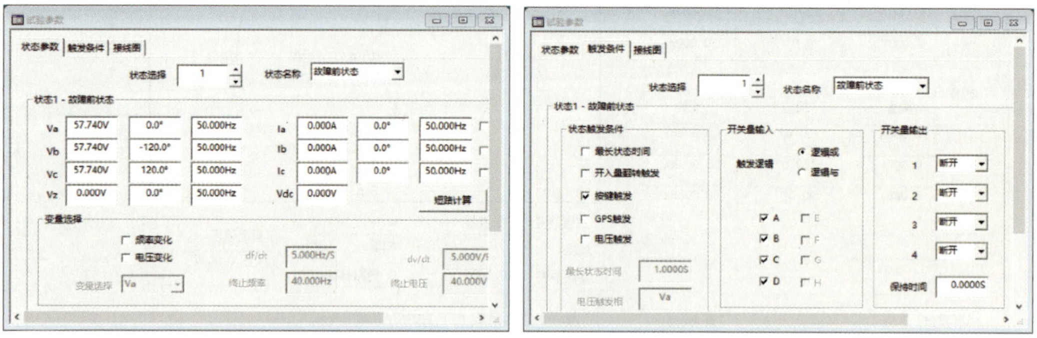

图 3-2-40 状态 1（0.95 倍母线有压定值-放电试验）

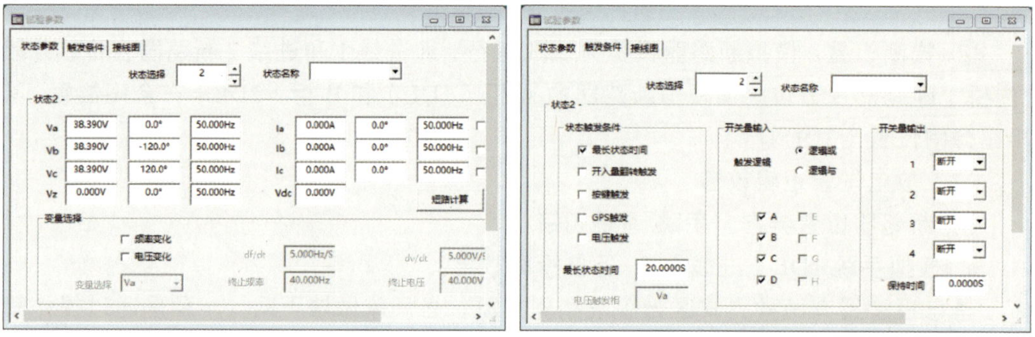

图 3-2-41 状态 2（0.95 倍母线有压定值-放电试验）

b. 1.05 倍，（ $70/\sqrt{3}$ ）$\times 1.05 = 42.44$ V。备自投不能放电。测试仪设置见图 3-2-42 和 3-2-43。

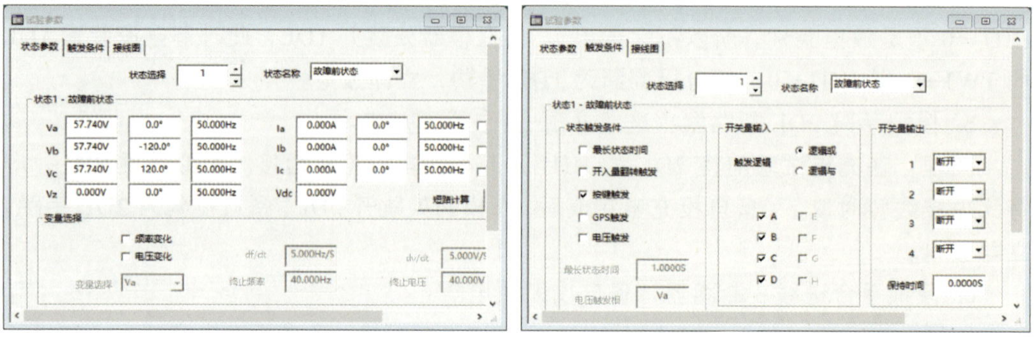

图 3-2-42 状态 1（1.05 倍母线有压定值-放电试验）

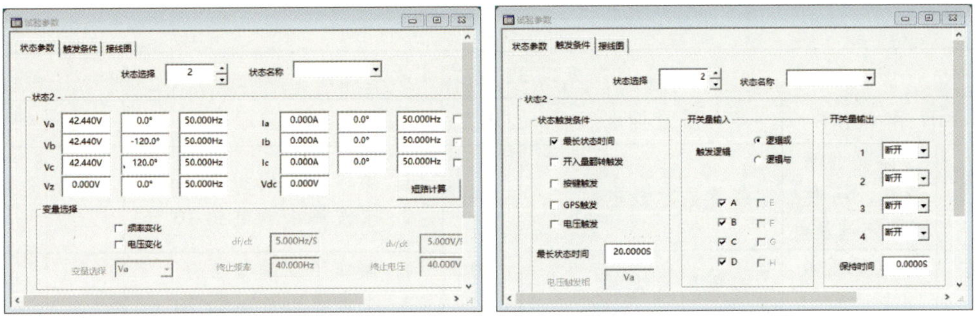

图 3-2-43　状态 2（1.05 倍母线有压定值-放电试验）

③ 短接闭锁备自投开入，备自投即放电。

备自投充电完成后，即保持试验条件不变，见图 3-2-28。然后用试验线，将“闭锁备自投”开入与正电短接，备自投立即放电。

（8）记录试验数据。

（9）清理现场，恢复现场，整理工器具和仪器仪表。

七、评价反馈

（1）学生自评，见附录 1《学生自评表》。

（2）团队互评，见附录 2《团队互评表》。

（3）教师评价，见表 3-2-20。

表 3-2-20　教师评价表

备自投方式 3、方式 4 放电试验						
序号	作业名称	质量标准	分值	扣分标准	扣分	得分
一、准备工作						
1	着装穿戴	安全帽、工作服、绝缘鞋穿戴正确	5	1. 未穿戴安全帽、工作服、工作鞋，扣 1 分； 2. 着装穿戴不规范，每处扣 1 分		
2	工器具检查	检查工器具齐全，符合使用要求	10	工器具选择不正确、未检查，每个扣 1 分		
3	工作票办理	按照规范办理工作票（口述）	10	1. 未办理工作票，扣 1 分； 2. 未到现场检查安全措施，扣 1 分		
二、工作过程						
1	记录压板、空开位置	正确记录压板、空开状态	10	1. 每漏一项扣 2 分； 2. 操作错误，一处扣 2 分		
2	试验接线	正确接线	10	每错一项扣 2 分		
3	测试仪试验数据设置	正确设置试验数据	10	每错一项扣 2 分		
4	模断设置正确	正确设置运行方式	10	每错一项扣 2 分		
5	试验前检查装置是否已充电	装置显示充电成功。	10	装置未显示充电成功扣 10 分		

续表

备自投方式 3、方式 4 放电试验						
序号	作业名称	质量标准	分值	扣分标准	扣分	得分
6	断路器位置异常、手跳/遥跳闭锁放电	装置显示放电	20	1. 操作不正确扣 2 分； 2. 未按要求放电扣 10 分		
	母线无压放电试验	装置显示放电		1. 操作不正确扣 2 分； 2. 未按要求放电扣 10 分		
	开入“闭锁备自投”放电试验	装置显示放电		1. 操作不正确扣 2 分； 2. 未按要求放电扣 10 分		
三、工作终结						
1	工作票终结	办理工作票终结(口述)	5	未办理工作票终结，扣 5 分		
合计			100			
考评员栏		成绩：		考评老师：		

八、相关知识点

知识点 1： 方式 4 和方式 3 的放电试验方法相同，方式 4 请参照方式 3 进行检验。

知识点 2： 放电分为立即放电和延时放电。断路器位置异常和闭锁备自投开入为立即放电，母线无压时为延时放电。

知识点 3： 备自投放电状态应能远方监视。

九、拓展思考

方式 3，两段母线均无压时延时 15 s 放电，为什么不能立即放电？

任务 6　备自投方式 3、方式 4 逻辑检验

一、学习情境描述

本任务为完成对备自投装置方式 3 和方式 4 的逻辑校验。相关保护定值如表 3-2-21 所示。

表 3-2-21　备自投方式 3、方式 4 逻辑检验相关定值

序号	定值名称	整定值	备注
保护定值			
1	母线有压定值	70 V	线电压
2	母线无压定值	30 V	线电压
3	电源有压定值	70 V	
4	电源 1 无流定值	0.2 A	1DL

续表

序号	定值名称	整定值	备注
保护定值			
5	电源 2 无流定值	0.2 A	2DL
6	电源 1 跳闸时间	1.8 s	跳 1DL
7	电源 2 跳闸时间	1.5 s	跳 2DL
8	合备用时间长延时	0.6 s	合 1DL、2DL
9	合分段断路器时间	0.5 s	合 3DL
控制字			
1	备自投方式 1	1	投入
2	备自投方式 2	1	投入
3	备自投方式 3	1	投入
4	备自投方式 4	1	投入
5	检电源 1 电压	1	投入
6	检电源 2 电压	1	投入
软压板			
1	备自投功能软压板	1	投入
2	备自投方式 1 软压板	1	投入
3	备自投方式 2 软压板	1	投入
4	备自投方式 3 软压板	1	投入
5	备自投方式 4 软压板	1	投入

二、学习目标

知识目标

能掌握备自投装置方式 3 逻辑试验方法。
能掌握备自投装置方式 4 逻辑试验方法。

能力目标

能对方式 3 进行逻辑试验。
能对方式 4 进行逻辑试验。

思政目标

培养团队协作精神。

三、任务书

（1）完成方式 3 逻辑试验。
（2）完成方式 4 逻辑试验。

四、任务导入

引导问题 1：进线及分段（内桥）备自投装置方式 3 的工作原理是什么？

答案：

引导问题 2：进线及分段（内桥）备自投装置方式 4 的工作原理是什么？

答案：

五、任务实施

（1）完成现场安全措施布置。

（2）工器具、资料准备：

微机型继电保护测试仪、模拟断路器、计算器、万用表、一字螺丝刀、绝缘胶布、装置图纸、装置说明书、备自投定值。

（3）试验记录单，见表 3-2-22。

表 3-2-22　备自投方式 3、方式 4 逻辑检验

检验内容	试验参数计算	参数状态设置	动作报文
母线无压定值检验			
电源无流定值检验			
模拟内桥接线#1主变保护动作			
模拟内桥接线#2主变保护动作			

六、工作实施流程

（1）领取任务：按组分配屏位，每组一个屏位完成任务。

（2）工作前准备：

① 人员准备：指导教师为安全监护人，组长为工作负责人，其余人员为工作人员，工作人员应清楚工作内容、安全措施，精神状态正常，无妨碍工作的病症。

② 危险点分析，安全预控措施：检查现场符合工作条件，分析本次工作危险点并做好相应预控措施。

（3）工作人员穿着工作服。

（4）装置设置：

① 功能硬压板设置：（“方式 1 投入”和“方式 2 投入”功能硬压板可投入，也

可做方式 1 和方式 2 时试验时投入。（建议投入，由备自投装置根据一次运行方式自适应。）

a. 投入“方式 1 投入”硬压板。

b. 投入“方式 2 投入”硬压板。

c. 投入“方式 3 投入”硬压板。

d. 投入“方式 4 投入”硬压板。

② 跳闸出口硬压板设置：

备自投跳分段（内桥）断路器、备自投合分段（内桥）断路器、备自投跳电源 1 断路器、备自投合电源 1 断路器、备自投跳电源 2 断路器、备自投合电源 2 断路器均投入。

③ 定值设置：

装置定值按表 3-2-21 所示的定值单执行。

（5）试验接线，如图 3-2-44 所示。

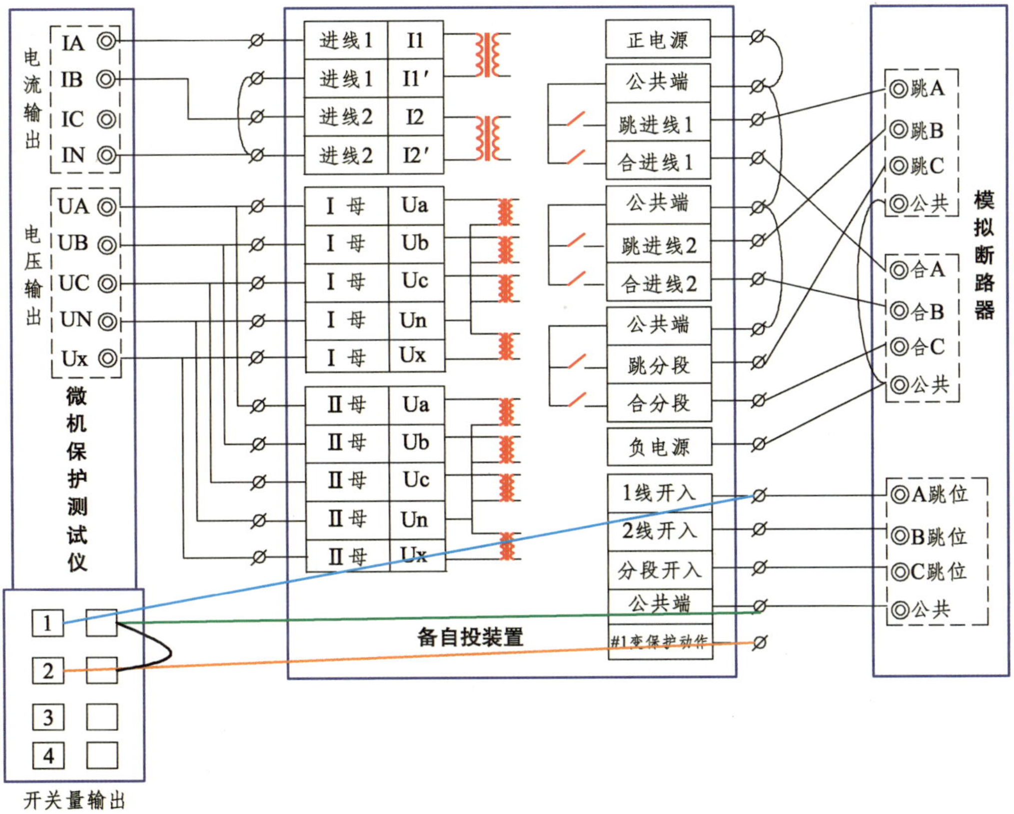

图 3-2-44　方式 3、方式 4 逻辑检验试验接线示意图

（6）第一个试验：试验接线同充电试验接线。充电完成后，#1 母线电压低于无压定值，线路 I 进线无流，#2 母线有压，延时跳线路 I 断路器，确认工作进线断路器跳开后，延时合分段（内桥）断路器 3DL。测试仪可用状态序列菜单完成，也可用手动试验菜单。状态 1 完成备自投充电，即充电试验。充电后，手动拉开#1 母线电压空开，模拟#1 母线失压。试验方法见表 3-2-23，测试仪设置见图 3-2-45。

表 3-2-23　试验方法

状态	加量	时间	模拟断路器	备注
状态 1	U_a、U_b、U_c 加正常三相正序电压（57.74 V，正序）;	按键触发	1DL、2DL 合位；3DL 分位	完成充电
手动拉开#1 母线电压空开，模拟#1 母线失压。此时备自投延时 1.8 s 跳 1DL，确认 1DL 跳开后，再延时 0.5 s 合 3DL				

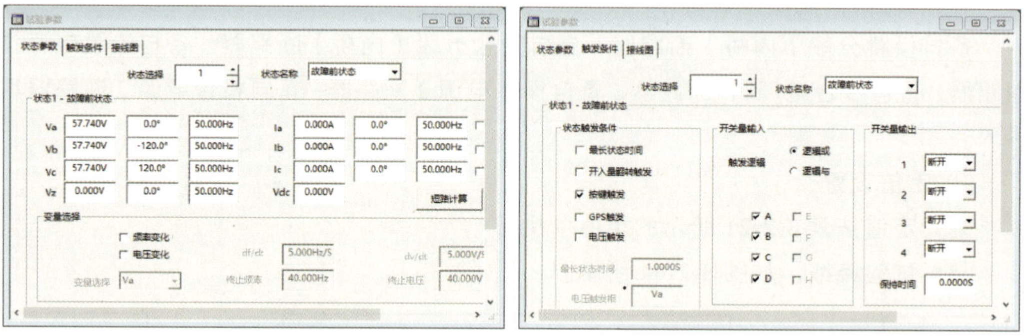

图 3-2-45　测试仪设置（方式 3 逻辑检验）

① 此试验可验证电源 1 无流定值 0.2 A，1.05 倍时备自投不动作，0.95 倍时动作。试验方法见表 3-2-24。

表 3-2-24　进线无流定值检验试验方法

状态	加量	时间	模拟断路器	备注
状态 1	U_a、U_b、U_c 加正常三相正序电压（57.74 V，正序）；电流不加量	大于备自投充电时间（选择按键触发）	1DL、2DL 合位；3DL 分位	完成充电
状态 2	手动拉开#1 母线电压空开			两者要配合同时操作
	U_a、U_b、U_c 加正常三相正序电压（57.74 V，正序）；电流三相加正序 0.21 A（不动作）/0.19 A（动作）	持续输出	1.05 倍时不动作；0.95 倍时，备自投延时 1.8 s 跳 1DL，确认跳开后，延时 0.5 s 合 2DL	

a. 0.95 倍无流定值检验，测试仪设置见图 3-2-46 和图 3-2-47。

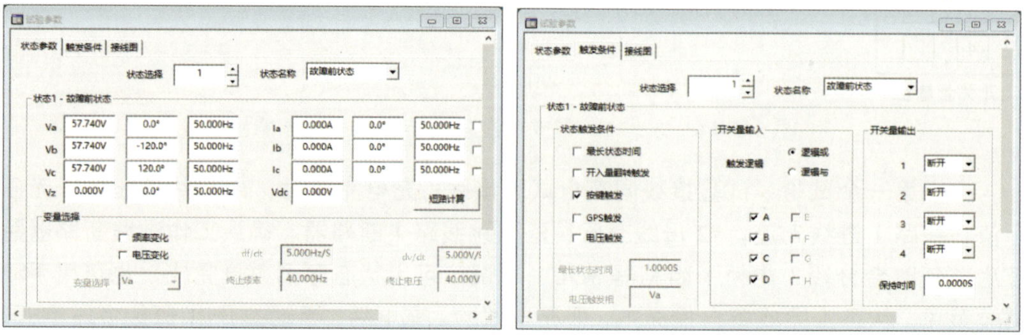

图 3-2-46　状态 1（方式 3 进线无流 0.95 倍定值校验）

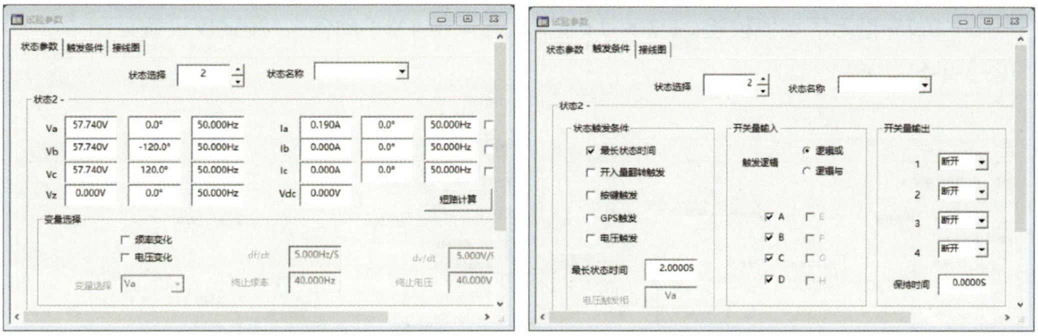

图 3-2-47　状态 2（方式 3 进线无流 0.95 倍定值校验）

b. 1.05 倍无流定值检验。测试仪设置见图 3-2-48 和图 3-2-49。

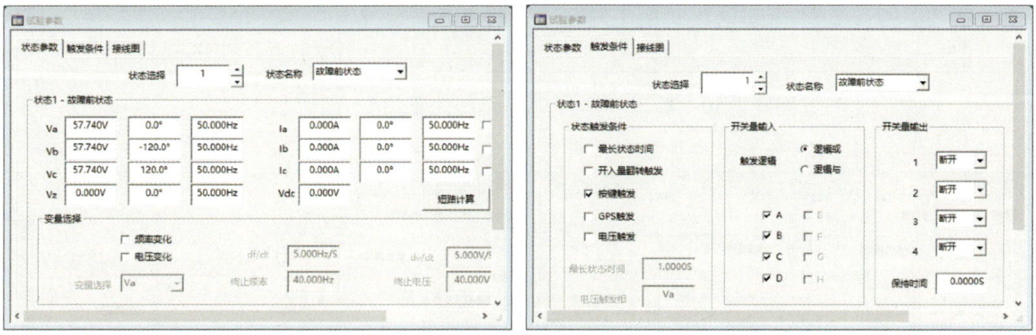

图 3-2-48　状态 1（方式 3 进线无流 1.05 倍定值校验）

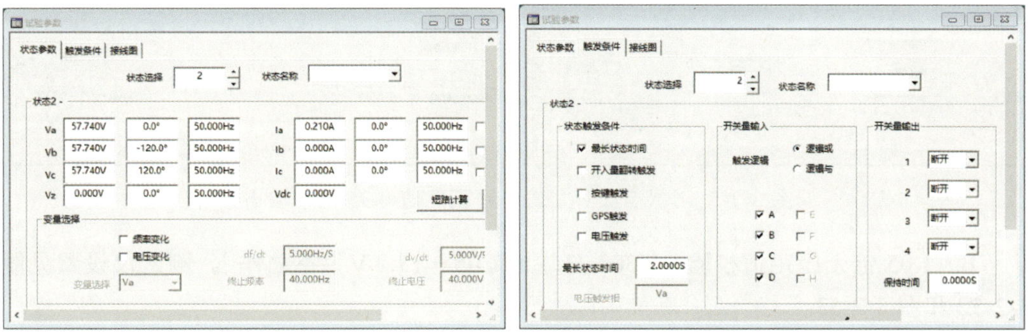

图 3-2-49　状态 2（方式 3 进线无流 1.05 倍定值校验）

② 此试验可验证母线无压电压定值 30 V。1.05 倍时不动作，0.95 倍时动作。但测试仪需用六路电压输出。测试仪选用“状态序列 6×V”菜单。试验方法见表 3-2-35。

表 3-2-25　试验方法

状态	加量	时间	模拟断路器	备注
状态 1	第一组 U_a、U_b、U_c 加正常三相正序电压于#1 母线电压；第二组 U_a、U_b、U_c 加正常三相电源于#2 母线电压，电流不加量	大于备自投充电时间（选择按键触发）	1DL、2DL 合位；3DL 分位	完成充电
状态 2	第一组 U_a、U_b、U_c 为变为 18.2 V（不动作）/16.4 V（动作）；第二组电压保持状态 1 的量不变，电流不加量	大于 1.8 s + 0.08 s	1.05 倍时不动作；0.95 倍时，备自投延时 1.8 s 跳 1DL，确认跳开后，延时 0.5 s 合 2DL	

a. 0.95 倍无压定值校验。($30/\sqrt{3}$) $\times 0.95 = 16.4$ V (动作), 测试仪设置见图 3-2-50 和图 3-2-51。

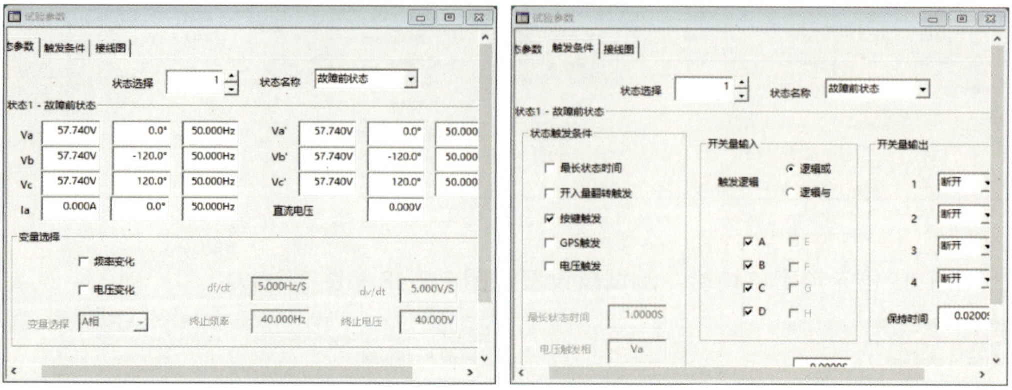

图 3-2-50　状态 1 (方式 3 无压定值 0.95 倍校验)

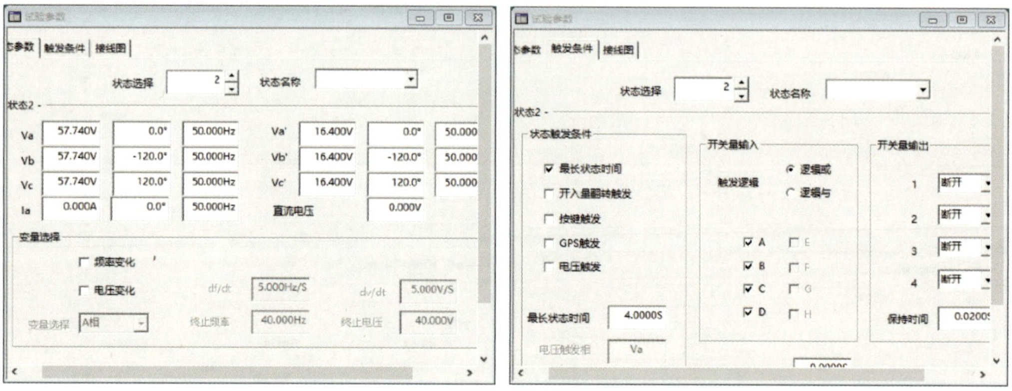

图 3-2-51　状态 2 (方式 3 无压定值 0.95 倍校验)

b. 1.05 倍无压定值校验。($30/\sqrt{3}$) $\times 1.05 = 18.2$ V (不动作)。测试仪设置见图 3-2-52 和图 3-2-53。

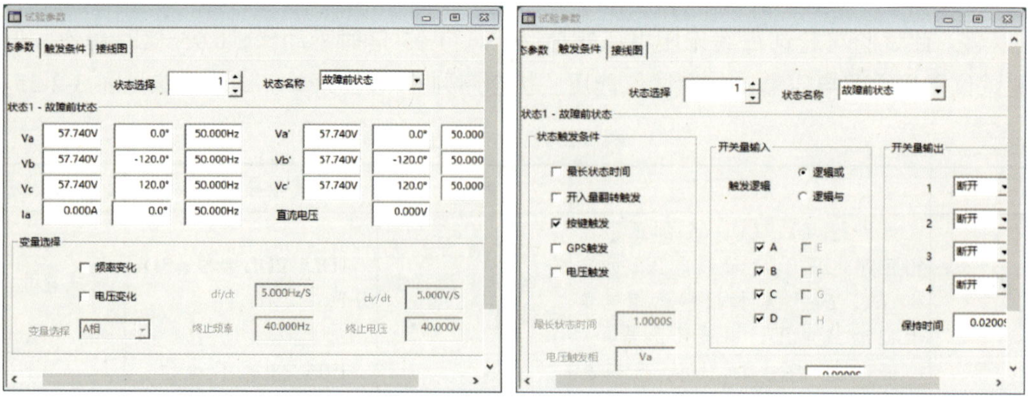

图 3-2-52　状态 1 (方式 3 无压定值 1.05 倍校验)

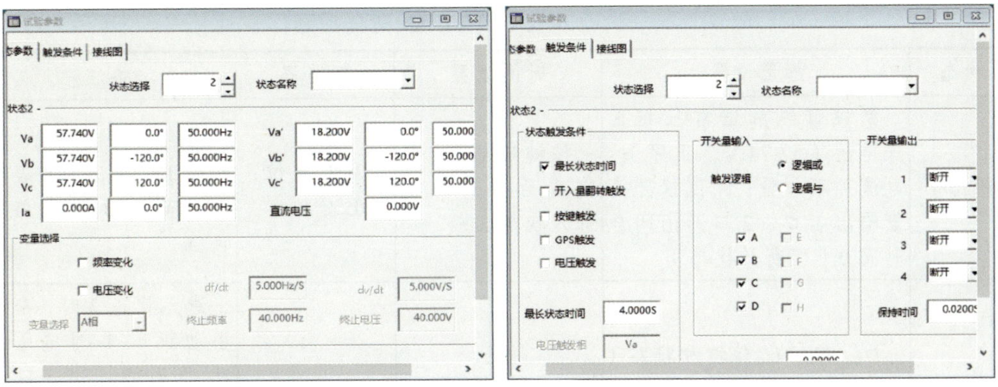

图 3-2-53　状态 2（方式 3 无压定值 1.05 倍校验）

（7）第二个试验：当备自投装置用于内桥接线方式，主变保护动作闭锁备自投动作逻辑。

模拟#1 变压器保护动作，即#1 主变保护跳进线 I 1DL 时，备自投立即放电，即备自投被闭锁动作。

① 测试仪接线：将模断 1DL 至备自投位置 TWJ 开入试验线换至测试仪开出；2DL、3DL 的 TWJ 开入可仍由模断提供。增加测试仪开出至备自投“#1 主变保护动作”开入。试验接线如图 3-2-54 所示。

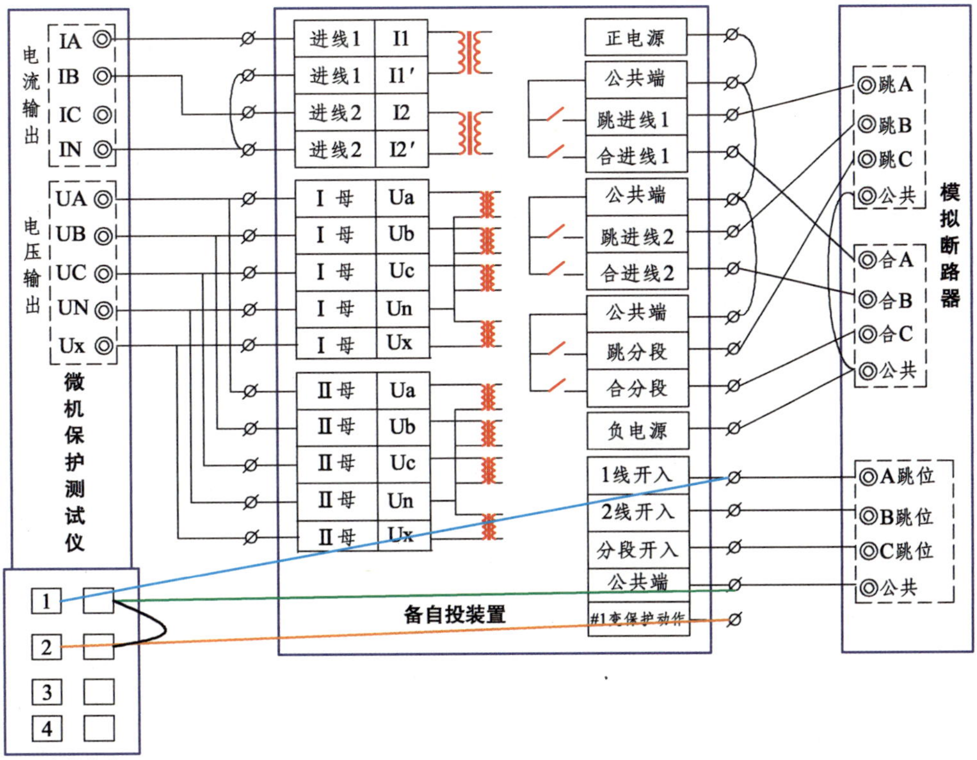

图 3-2-54　试验接线示意图（模拟#1 主变保护动作）

② 测试方法见表 2-2-26。状态 2 时，备自投已经放电，为完整模拟故障现象，加入状态 3。试验方法见表 3-2-26。

表 3-2-26　试验方法（模拟#1 主变保护动作）

状态	加量设置	时间设置	断路器	备注
状态 1	两段母线加正常三相正序电压（57.74 V，正序）；电流可不加量；测试仪开关量输出 1 口、2 口开出闭合时间 0（即断开状态）	按键触发，充电完成后手动触发进入状态 2	2DL 合位；3DL 分位	备自投完成充电。测试仪 1 口输出为 0 表明 1DLTWJ＝0，即断路器合位
状态 2	U_a、U_b、U_c 保持和状态 1 一致；电流不加；测试仪开关量输出 1 口开出断开；2 口开出闭合时间 60 ms	60 ms	2DL 合位；3DL 分位	进入状态 2 时，配合手动断开 1 母电压空开。同时测试仪 3 口开出 60 ms，模拟#1 主变动作，备自投收到“#1 主变保护动作”开入信号
状态 3	U_a、U_b、U_c 电压输出不变；测试仪 1 口开出断开（即闭合状态，TWJ 开入至 1DL，模拟开关跳开）；2 口开出闭合，保持时间 0 ms（即此接点返回）	大于备自投跳闸延时 1.8 s + 合闸延时 0.5 s 之和	2DL 合位；3DL 分位	虽然#1 母线电压无压、线路 I 无流、#2 母线有压条件满足，但备自投被闭锁不动作

③ 测试仪用状态序列菜单，设置见图 3-2-55、图 3-2-56、图 3-2-57。

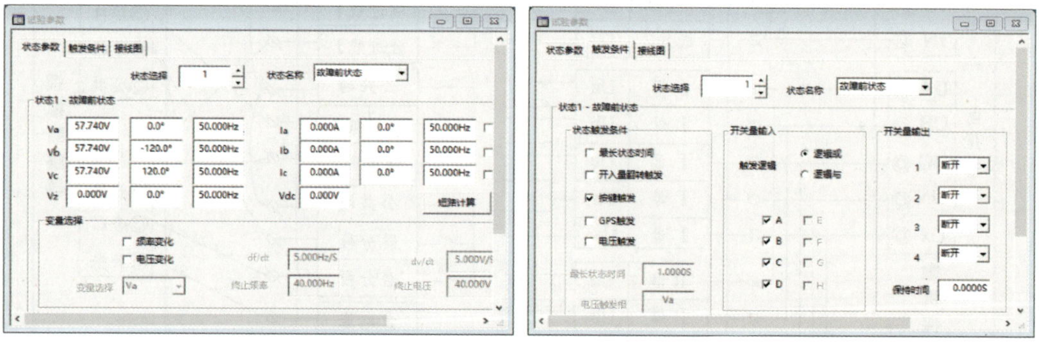

图 3-2-55　状态 1（模拟#1 主变保护动作）

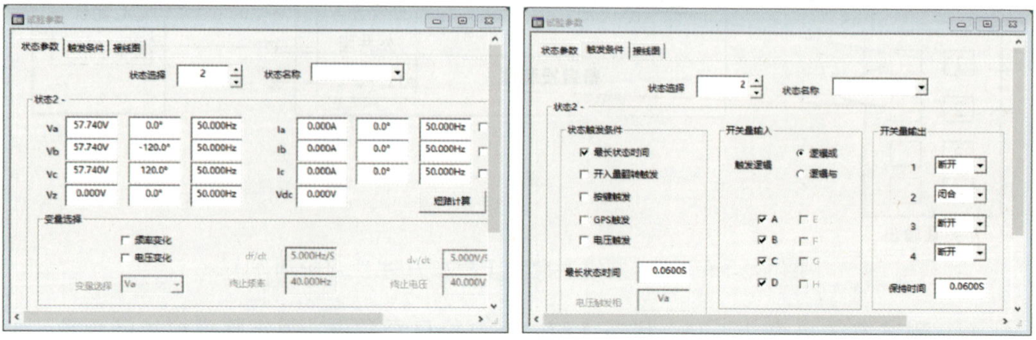

图 3-2-56　状态 2（模拟#1 主变保护动作）

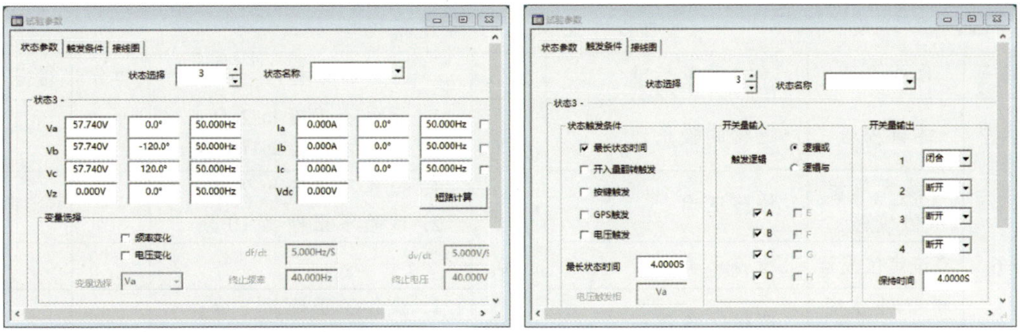

图 3-2-57　状态 3（模拟#1 主变保护动作）

（8）记录试验数据。

（9）清理现场，恢复现场，整理工器具和仪器仪表。

七、评价反馈

（1）学生自评，见附录 1《学生自评表》。

（2）团队互评，见附录 2《团队互评表》。

（3）教师评价，见表 3-2-27。

表 3-2-27　教师评价表

备自投方式 3、方式 4 逻辑校验						
序号	作业名称	质量标准	分值	扣分标准	扣分	得分
一、准备工作						
1	着装穿戴	安全帽、工作服、绝缘鞋穿戴正确	5	1. 未穿戴安全帽、工作服、工作鞋，扣 1 分； 2. 着装穿戴不规范，每处扣 1 分		
2	工器具检查	检查工器具齐全，符合使用要求	10	工器具选择不正确、未检查，每个扣 1 分		
3	工作票办理	按照规范办理工作票（口述）	10	1. 未办理工作票，扣 1 分； 2. 未到现场检查安全措施，扣 1 分		
二、工作过程						
1	记录压板、空开位置	正确记录压板、空开状态	10	1. 每漏一项扣 2 分； 2. 操作错误，一处扣 2 分		
2	试验接线	正确接线	10	每错一项扣 2 分		
3	测试仪试验数据设置	正确设置试验数据	10	每错一项扣 2 分		
4	模断设置正确	正确设置运行方式	10	每错一项扣 2 分		
5	试验前检查装置是否已充电	装置显示充电成功	10	装置未显示充电成功扣 10 分		

续表

备自投方式 3、方式 4 逻辑校验						
序号	作业名称	质量标准	分值	扣分标准	扣分	得分
6	逻辑校验	逻辑试验正确	20	1. 操作不正确扣 2 分； 2. 试验不正确扣 10 分		
	母线无压定值校验	校验正确		1. 操作不正确扣 2 分； 2. 试验不正确扣 10 分		
	有流定值校验	校验正确				
	模拟#1 主变保护动作	逻辑试验正确		1. 操作不正确扣 2 分； 2. 试验不正确扣 10 分		
	模拟#2 主变保护动作	逻辑试验正确		1. 操作不正确扣 2 分； 2. 试验不正确扣 10 分		
三、工作终结						
1	工作票终结	办理工作票终结(口述)	5	未办理工作票终结，扣 5 分		
合计			100			
考评员栏		成绩：		考评老师：		

八、相关知识点

知识点 1：方式 4 和方式 3 的逻辑试验方法相同，方式 4 请参照方式 3 进行检验。

知识点 2：当接线为内桥时，备自投装置考虑了主变保护动作时，备自投的动作逻辑，现场实际情况时，设计会直接将“主变保护动作”接点开入至“闭锁备自投”开入，这是不正确的。应当相应接入“#1 准备保护动作”“#2 主变保护动作”开入端子。

知识点 3：当人工切除工作电源时，备自投装置不应动作。

知识点 4：为提高备用电源或设备投入的成功率，备自投装置跳工作电源断路器时应联跳地区电源并网线和次要负荷，需要时还可联跳并联补偿电容器。

知识点 5：备用电源断路器的合闸命令只允许动作一次；备自投动作应自复归备自投逻辑，在相应充电条件满足后才允许下一次动作。

九、拓展思考

内桥接线时，备自投考虑了“#1 主变保护动作”开入和“#2 主变保护动作”开入，如果一次接线为单母分段，并且还配置了母线保护，如何考虑当 1 号母线差动动作时和 2 号母线差动动作时备自投的动作逻辑？

参考文献

[1] 国家电网公司. 国家电网有限公司十八项电网重大反事故措施（2018 年修订版）及编制说明[M]. 北京：中国电力出版社，2018：15-18.

[2] 国网四川省电力公司. 国网四川省电力公司关于印发《四川电网继电保护及安全自动装置防“三误”工作规定（2018 年版）》的通知（川电调控〔2018〕160 号）[Z]. 2018.

[3] 国家电网公司. 10 kV ~ 110（66）kV 线路保护及辅助装置标准化设计规范：Q/GDW 10766—2015[S]. 北京：中国电力出版社，2016.

[4] 国家电网公司. 10 kV ~ 110（66）kV 元件保护及辅助装置标准化设计规范：Q/GDW 10767—2015[S]. 北京：中国电力出版社，2016.

[5] 国家电力调度通信中心. 国家电网公司继电保护培训教材（上册）[M]. 北京：中国电力出版社，2009：173-387.

[6] 国家电力调度通信中心. 国家电网公司继电保护培训教材（下册）[M]. 北京：中国电力出版社，2009：389-478.

[7] 国家能源局. 继电保护和电网安全自动装置检验规程：DL/T 995—2016[S]. 北京：中国电力出版社，2016.

[8] 廖小君，韩花荣. 现场运维人员继电保护实用技术[M]. 北京：中国电力出版社，2020.

附录 1

学生自评表

任　务	完成情况记录
是否按计划时间完成（15 分）	
相关理论完成情况（15 分）	
技能训练情况（25 分）	
任务完成情况（25 分）	
任务创新情况（10 分）	
收获（10 分）	

附录 2

团队互评表

序号	评价内容	小组互评	签名
1	是否按计划时间完（15 分）		
2	完成上交情况（20 分）		
3	完成质量（25 分）		
4	语言表达能力（15 分）		
5	团队精神（15 分）		
6	创新点（10 分）		